Alfred Oppolzer
Gesundheitsmanagement im Betrieb

Alfred Oppolzer ist Professor für Soziologie mit den Schwerpunkten Industriesoziologie/Arbeits- und Gesundheitswissenschaften an der Universtität Hamburg, Fakultät Wirtschafts- und Sozialwissenschaften, Fachbereich Sozialökonomie.

Alfred Oppolzer

Gesundheitsmanagement im Betrieb

Integration und Koordination menschengerechter Gestaltung der Arbeit

Erweiterte und aktualisierte Neuauflage

VSA: Verlag Hamburg

www.vsa-verlag.de

Erweiterte und aktualisierte Neuauflage der 1. Auflage von 2006.
Unveränderter Nachdruck der Neuauflage, 2011

Druck und Buchbindearbeiten: Appel & Klinger, Schneckenlohe
ISBN 978-3-89965-394-6

Inhalt

Vorwort zur zweiten Auflage

Seit dem Erscheinen der ersten Auflage dieses Buches (2006) hat, verstärkt durch die Finanz- und Wirtschaftskrise 2008/09, der Druck auf die Arbeitsbedingungen vielfach weiter zugenommen. Unsicherheit und Prekarität der Beschäftigung infolge von Personalabbau und arbeitsrechtlicher Deregulierung, steigender Zeit- und Leistungsdruck sowie Intensivierung der Anforderungen und Einkommenseinbußen sind vielfach das Ergebnis. Ebenso wie die Experten befürchten die Beschäftigten selbst negative Auswirkungen der Wirtschaftskrise auf Sicherheit und Gesundheitsschutz. Einer Untersuchung der Europäischen Agentur für Sicherheit und Gesundheitsschutz am Arbeitsplatz zufolge erwartete im Juni 2009 in Deutschland die Mehrzahl der Befragten (57%), dass sich wegen der Wirtschaftskrise die Sicherheits- und Gesundheitsschutzbedingungen verschlechtern werden.

Zudem hat seit 2006 die Thematik des betrieblichen Gesundheitsmanagements noch an Bedeutung gewonnen. Zum einen haben die Ansätze einer integrierten Gesundheitspolitik in die Beratungspraxis der für den Arbeits- und Gesundheitsschutz zuständigen staatlichen Behörden und der Träger der Unfallversicherung ebenso wie in einige Unternehmen und Betriebe stärker Eingang gefunden. Und zum anderen hat der Handlungsbedarf im Hinblick auf die Prävention arbeitsbedingter Gefährdungen, der mit dem klassischen Instrumentarium des technisch-medizinisch orientierten Arbeitsschutzes allein nicht hinreichend gedeckt werden kann, zugenommen. Das gilt insbesondere für die nach wie vor zunehmenden psychischen Belastungen und die steigende Bedeutung psychischer Erkrankungen als Ursache vorübergehender (Krankenstand) oder dauerhafter Arbeitsunfähigkeit (Frühinvalidität), die nach einem ganzheitlichen, in alle Entscheidungen im Betrieb eingebetteten Gesundheitsmanagement verlangen.

Die neue Auflage dieses Bandes ist zum einen aktualisiert worden, indem z.B. die Regelungen zur betrieblichen Gesundheitsförderung nach dem SGB V (2007) sowie die Vorgaben der Gemeinsamen Deutschen Arbeitsschutzstrategie (2007/08) insbesondere im Hinblick auf die stärkere Einbeziehung psychischer Belastungen berücksichtigt wurden; aktualisiert wurden auch die empirischen Angaben über Ausmaß und Verbreitung hauptsächlich psychischer Belastungen und ihrer Ursachen (z.B. aufgrund von Überforderung und Prekarität). Zum anderen ist die neue Auflage um Erkenntnisse über die verschiedenen Formen und Folgen psychischer Belastungen ergänzt und erweitert worden, wobei die Ergebnisse zahlreicher neuer Studien z.B. über extreme Formen gesundheitlicher Gefährdungen (z.B. Burnout, Karoshi, Karojisatsu, Workaholism, Suizid und Depression oder Neuro-Doping, Aufmerksamkeitsdefizit) berücksichtigt werden konnten.

Einleitung

Gesundheit ist mehr als die Abwesenheit von Krankheit, mehr als die optimale biologische Funktionsfähigkeit des Organismus und mehr als das bloße »Schweigen der Organe« – *Gesundheit* umfasst vielmehr sowohl körperliches als auch geistig-seelisches und soziales Wohlbefinden sowie die Fähigkeit zur aktiven Bewältigung der Anforderungen in den verschiedenen Bereichen der Lebens- und Arbeitswelt, den eigenen Bedürfnissen und den gesellschaftlichen Ansprüchen entsprechend. Gesundheit in diesem umfassenden Sinn ist zum einen von den genetischen Anlagen, welche die Individuen von Natur her besitzen, und zum anderen von der gesellschaftlich-kulturellen Umwelt, die von den Menschen geschaffen wird, abhängig. Neben dem (in seinen tatsächlichen Auswirkungen auf die Gesundheit vielfach überschätzten) vor allem medizinischen System der Gesundheitsversorgung und dem gesundheitsrelevanten Verhalten der Menschen (z.B. Ernährung, Genussmittelkonsum, Bewegung) ist es vor allem die (in ihrer Bedeutung für die Gesundheit vielfach unterschätzte) Umwelt, die einen wesentlichen Einfluss auf die Gesundheit der Menschen hat. Neben den Belastungen der natürlichen Umwelt (z.B. Verunreinigung von Luft, Wasser, Boden) sind insbesondere die verschiedenen Sphären der gesellschaftlichen Umwelt (Arbeits- und Lebenswelten) entscheidend für die Gesundheit. Eine Politik zur Sicherung und Verbesserung der Gesundheit der Bevölkerung muss daher an *allen* diesen Bereichen ansetzen.

Gesundheit in diesem umfassenden Sinn des körperlichen, geistig-seelischen und sozialen Wohlbefindens sowie der Leistungsfähigkeit zur aktiven Lebensbewältigung verlangt nach einer *ganzheitlichen* Betrachtung der unterschiedlichen Einflüsse, die in der betrieblichen Arbeitswelt auf die Menschen wirken. Die betriebliche Gesundheitspolitik muss sich daher sowohl auf die körperlichen als auch auf die geistig-seelischen und auf die sozialen Faktoren der Arbeit insgesamt richten. Das Gesundheitsmanagement muss die betrieblichen Maßnahmen, die sich explizit oder implizit auf die Gesundheit der Arbeitenden auswirken können, ganzheitlich in einem integrieren Gesamtkonzept unter aktiver Mitwirkung aller Beteiligten umsetzen. Die Gesundheitspolitik setzt die *normativen Ziele,* und das Gesundheitsmanagement sorgt für die *strategische* und *operative Umsetzung* im Betrieb. Betriebliches Gesundheitsmanagement beinhaltet die gezielte Steuerung und die koordinierte Integration aller betrieblichen Strukturen und Prozesse in der Absicht, die Gesundheit und das Wohlbefinden sowie die Leistungsfähigkeit und die Leistungsbereitschaft der Beschäftigten zu erhalten und zu fördern.

Gesundheitspolitik und Gesundheitsmanagement beinhalten die Erfüllung der öffentlich-rechtlichen Pflichten im Arbeitsschutz ebenso wie die ergänzenden Maßnahmen zur betrieblichen Gesundheitsförderung und auch die Berücksichtigung der Gesundheit der Beschäftigten in allen Managementprozessen. Dieser neue, ganzheitliche Ansatz trägt nicht nur den Rechten der Beschäftigten sowie ihren Interessen an der Erhaltung und Entwicklung ihres Arbeitsvermögens besser Rechnung. Denn die systematische Einbeziehung von Gesundheitsaspekten in alle Entscheidungen und Handlungen des Managements ist für die Erhaltung und Steigerung der Leistungsfähigkeit und Leistungsbereitschaft der Beschäftigten – und damit für die Rentabilität und Wettbewerbsfähigkeit des Unternehmens – von entscheidender Bedeutung. Die Gesundheitspolitik und ihre Umsetzung durch das betriebliche Gesundheitsmanagement bietet die Chance eines *fairen Ausgleichs* zwischen den Arbeitgeberinteressen an der Erzielung möglichst hoher Gewinne und an der langfristigen Sicherung der Existenz des Unternehmens auf der einen sowie den Arbeitnehmerinteressen an dem Schutz, der Erhaltung und der Entwicklung ihrer Arbeitskraft und an einem nachhaltig gesicherten Arbeitsplatz auf der anderen Seite. Ziel sollte sein: *gesunde Unternehmen durch gesunde Beschäftigte.*

Obwohl der Ansatz eines ganzheitlichen Gesundheitsmanagements von den Trägern der gesetzlichen Unfallversicherung und der gesetzlichen Krankenversicherung ebenso empfohlen wird wie von den staatlichen Aufsichtsbehörden für Arbeitsschutz und von den entsprechenden Gesellschaften für das Qualitätsmanagement oder für die Personalführung, kommt der betrieblichen Gesundheitspolitik noch nicht der gebührende Stellenwert zu. Obwohl der Nutzen des Gesundheitsmanagements durch wissenschaftliche Untersuchungen und praktische Erfahrungen vielfach belegt ist, findet der Ansatz betrieblicher Gesundheitspolitik noch zu wenig Berücksichtigung. Woran könnte das liegen?

Noch längst nicht alle Unternehmen und Organisationen haben realisiert, dass insbesondere in den fortgeschrittenen Industrieländern die arbeitenden Menschen heute der entscheidende Leistungs- und Wettbewerbsfaktor für wirtschaftlichen Erfolg sind. Investitionen in die Gesundheit der Beschäftigten werden vielfach noch nicht als lohnende Investitionen betrachtet, die sich im Hinblick auf die Marktposition und die Ertragskraft des Unternehmens rentieren. Vielmehr werden noch zu oft die Beschäftigten in erster Linie als Kostenfaktoren betrachtet, an denen es möglichst zu sparen gilt; das kann sich dann nicht nur in der zahlenmäßigen Reduktion der Belegschaft, sondern auch in den Einsparungen bei den Arbeitsbedingungen ausdrücken.

Noch in zu wenigen Unternehmen versteht das Management seine Leitungsfunktion als einen optimierenden Ausgleich der legitimen Interessen aller beteiligten Parteien im Sinne eines auf nachhaltigen Erfolg und langfristige Sicherung der Existenz des Unternehmens gerichteten »Stakeholder-Managements«, bei dem die Interessen der Eigentümer bzw. Anteilseigner ebenso zu berücksichtigen sind wie die Interessen der Beschäftigten, der Kunden und Lieferanten sowie der Öffentlichkeit. Zu oft begreift das Management, nicht zuletzt unter dem Druck der internationalen Finanzmärkte, seine Aufgabe vor allem in einer einseitigen Steigerung des Unternehmenswertes und der kurzfristigen Rentabilität im Sinne eines »Shareholder-Managements«, bei dem selbst die Existenz des Unternehmens zur Disposition gestellt wird, wenn dies der Gewinnmaximierung für die Eigentümer bzw. Anteilseigner dient.

Nicht in allen Unternehmen herrscht eine Kultur der Arbeitgeber-Arbeitnehmer-Beziehungen, die es ermöglicht, die verschiedenen Interessen beider Betriebsparteien als gleichberechtigt anzuerkennen und einen tragfähigen fairen Ausgleich der Positionen auch im Hinblick auf eine ganzheitliche Gesundheitspolitik zu finden. Vielfach wird die Unterordnung der gesundheitsbezogenen Interessen und Bedürfnisse unter die Markterfordernisse und Rentabilitätsansprüche verlangt; zu oft beharrt man auf einem Herr-im-Hause-Standpunkt bei der Gestaltung der Arbeitsbedingungen und lässt die gebotene Beteiligung der Beschäftigten oder die Mitwirkung ihrer Interessenvertretung nicht oder nur widerwillig zu.

Nicht überall hat sich schon die Erkenntnis durchgesetzt, dass die körperlichen, geistig-seelischen und sozialen Faktoren, die bei der Arbeit wirken, einen überaus starken Einfluss auf die Sicherheit, Gesundheit, Leistungsfähigkeit und Leistungsbereitschaft der Beschäftigten ausüben. Vielfach wird der positive Effekt noch unterschätzt, den ein betriebliches Gesundheitsmanagement auf die Arbeitskosten im Unternehmen sowie für die Systeme der sozialen Sicherung (Unfall-, Kranken-, Renten- und Arbeitslosenversicherung) nachweislich hat. Denn von einer präventiven Gesundheitspolitik im Betrieb gehen nachhaltige Effekte im Sinne einer Kostendämpfung nicht nur im Gesundheitswesen aus, und das gänzlich »ohne Risiken und schädliche Nebenwirkungen« für die Betroffenen.

Nach Schätzungen der Internationalen Arbeitsorganisation (ILO) werden durch arbeitsbedingte Erkrankungen und Arbeitsunfälle jedes Jahr wirtschaftliche Verluste in Höhe von rund 4% des weltweiten Bruttosozialprodukts verursacht (Bödeker/Friedel/Röttger/Schröer 2002: 45). Bei einem Gesamtvolumen von 440 Mio. Arbeitsunfähigkeitstagen 2004 schätzt die Bundesanstalt für Arbeitsschutz und Arbeitsmedizin die volkswirtschaftlichen Produktionsausfälle in Deutschland auf 40 Mrd. Euro (1,8% des Bruttonationaleinkommens) und den Ausfall an Bruttowertschöpfung auf 70 Mrd. Euro (3,1% des Bruttonationaleinkommens) – ein erheblicher Schaden für die Volkswirtschaft, der sich allein aus dem Krankenstandsgeschehen ergibt (Bericht der Bundesregierung: Sicherheit und Gesundheit bei der Arbeit 2004: 27). Berechnungen des Bundesverbandes der Betriebskrankenkassen zufolge beliefen sich die Kosten arbeitsbedingter Erkrankungen in Deutschland im Jahr 1998 insgesamt auf mindestens 27 Mrd. Euro, das entspricht 1,4% des Bruttoinlandsprodukts; dabei entfielen 14 Mrd. Euro auf *direkte* Kosten in Form von Krankheitsbehandlung und 13 Mrd. Euro auf *indirekte* Kosten in Form von Produktivitätsausfall durch Arbeitsunfähigkeit (Bödeker/Friedel/Röttger/Schröer 2002: 48-49).

Die gesetzliche Unfallversicherung ist der einzige Zweig im System sozialer Sicherung, in dem seit Jahren die Beiträge sinken und die Leistungen (z.B. im Bereich der Prävention) zunehmen; das gilt insbesondere für die gewerblichen Berufsgenossenschaften. In allen anderen Zweigen der Sozialversicherung (Kranken-, Renten-, Arbeitslosen- und Pflegeversicherung) sind hingegen die Beiträge (der Arbeitgeber und der Arbeitnehmer) im gleichen Zeitraum zum Teil erheblich angestiegen, und das bei im Allgemeinen verringerten Leistungen. Sicherlich sind die Beiträge zu den Berufsgenossenschaften auch wegen des wirtschaftlichen und beruflichen Strukturwandels mit seinem veränderten Gefährdungsgeschehen gesunken, aber einen wesentlichen Anteil an dem insgesamt verringerten Unfall- und Krankheitsrisiko kommt sicherlich auch den Fortschritten zu, die im Zuge des präventiven Arbeits- und Gesundheitsschutzes erreicht werden konnten.

Die positiven betriebs- und volkswirtschaftlichen Effekte sind in zahlreichen Untersuchungen im In- und Ausland immer wieder belegt worden. So kommt eine Untersuchung des Bundesverbandes der Betriebskrankenkassen und des Hauptverbandes der gewerblichen Berufsgenossenschaften, in der rund 300 Studien über den wirtschaftlichen Nutzen von betrieblichen

Maßnahmen zur Verhaltensprävention (z.B. körperliche Aktivität, Ernährung, Rückenschulen, Stressbewältigung, Raucher- und Alkoholprogramme) systematisch ausgewertet wurden, zu dem Ergebnis, dass im Durchschnitt für jeden zur präventiven Gesundheitsförderung eingesetzten Euro zwischen 2,30 und 10 Euro allein durch eine verringerte Abwesenheit der Beschäftigten eingespart wurden (Kreis/Bödeker 2003: 33). Der wirtschaftliche Nutzen in Form des »Return on Investment« durch Wellness-Programme (Aldana 2005) und durch verhaltenspräventive betriebliche Gesundheitsförderung (Aldane u.a. 2001) oder Maßnahmen zur Förderung eines positiven Krankheits- bzw. Gesundheitsverhaltens der Beschäftigten (Goetzel u.a. 1999) erwies sich mit »cost-benefit-ratios« zwischen 1:2 und 1:15 in aller Regel als sehr erfolgreich. Manchmal unterschätzen aber auch die Beschäftigten selbst ebenso wie ihre Interessenvertretungen die mittel- und langfristigen Gefährdungen der Gesundheit in der Arbeitswelt; vielfach stellen sie angesichts drängender wirtschaftlicher Probleme und drohenden Arbeitsplatzverlustes in der Gegenwart den Schutz und die Verbesserung ihrer Gesundheit in der Zukunft zurück, oder sie sind aufgrund der Ungunst auf dem Arbeitsmarkt und des vielfach unzureichenden Organisationsgrads letztlich nicht in der Lage, ihren Gesundheitsinteressen im Betrieb hinreichend Nachdruck zu verleihen. Dabei erscheint es von ihren Bedürfnissen und Interessen her mehr als geboten.

Nur gut jede/r Dritte (Männer und Frauen in der deutschen Rentenversicherung) erreichte 2004 die Regelaltersrente, nahezu jede/r Fünfte schied vorzeitig wegen verminderter Erwerbsfähigkeit aus dem Arbeitsleben aus, und mehr als jede/r Achte ging aus der Arbeitslosigkeit in Rente (Deutsche Rentenversicherung: Rentenversicherung in Zeitreihen 2005: 54). Jeder zehnte Arbeitsunfähigkeitstag (AU-Tag) ging 2004 auf psychische und Verhaltensstörungen zurück, jeder vierte AU-Tag wurde durch Krankheiten des Muskel-Skelett-Systems und des Bindegewebes verursacht (Bericht der Bundesregierung: Sicherheit und Gesundheit bei der Arbeit 2004: 28). Etwa jeder fünfte Rentenzugang in der gesetzlichen Rentenversicherung wegen verminderter Erwerbsfähigkeit beruhte 2004 auf Krankheiten des Muskel-Skelett-Systems und des Bindegewebes, nahezu jede dritte neue Rente wegen verminderter Erwerbsfähigkeit wurde durch psychische und Verhaltensstörungen verursacht (Bericht der Bundesregierung: Sicherheit und Gesundheit bei der Arbeit 2004: 48).

Untersuchungen des Instituts für Arbeitsmarkt- und Berufsforschung (IAB) der Bundesagentur für Arbeit zufolge wies 2001 jede/r dritte Arbeitslose gesundheitliche Einschränkungen auf, und in zwei von drei Fällen erschwerte dies den Arbeitslosen, eine berufliche Tätigkeit aufzunehmen, die der zuletzt ausgeübten entsprechen würde (Hollederer 2003). Darüber hinaus zeigte sich, dass mit dem Lebensalter und mit der Dauer der Arbeitslosigkeit der Anteil der Arbeitslosen mit gesundheitlichen Einschränkungen steigt und dass gesundheitliche Einschränkungen die Chancen auf eine Wiedereingliederung wesentlich behindern. Amtsärztliche Untersuchungen ergaben in diesem Zusammenhang, dass es sich am häufigsten um Erkrankungen des Muskel-Skelett-Systems sowie um psychische Erkrankungen handelte, denn bei zwei Drittel der Arbeitslosen ließen sich die gesundheitlichen Einschränkungen auf diese beiden Krankheitsarten zurückführen (Hollederer 2003: 2). Der IAB-Studie zufolge kommt es für gesundheitlich beeinträchtigte Arbeitslose zu einem »Teufelskreis«, denn ihre Chancen auf Wiedereingliederung sind niedriger und aufgrund ihres Gesundheitszustandes, ihrer Arbeitslosigkeit und der drohenden Verarmung sind sie »mehrfach belastet« (Hollederer 2003: 5).

Ein verbessertes Gesundheitsmanagement im Betrieb ist geeignet, der vorzeitigen Frühinvalidität in Form verminderter Erwerbsfähigkeit ebenso wie der krankheitsbedingten verfestigten Arbeitslosigkeit wirksam vorzubeugen. Denn bei den wichtigsten Krankheiten, die für die verminderte Erwerbsfähigkeit der Rentner sowie für die gesundheitlichen Einschränkungen der Langzeitarbeitslosen verantwortlich sind, handelt es sich um Erkrankungen, deren Ursachen zu einem erheblichen Teil auf negative Belastungen in der Arbeitswelt zurückzuführen sind. Untersuchungen des Nordischen Ministerrates für die Länder Dänemark, Schweden, Norwegen und Finnland kamen nämlich zu dem Ergebnis, dass der verursachende arbeitsbedingte Anteil bei psychischen Erkrankungen auf 10%, bei Nerven-Erkrankungen auf 20% und bei Erkrankungen des Bewegungsapparates sogar auf 33% geschätzt wurde; des weiteren wurde bei den Herz-Kreislauf-Erkrankungen der arbeitsbedingte Verursachungsanteil auf 20%, bei den Erkrankungen der Atmungsorgane auf 25% und bei den Hauterkrankungen sogar auf 45% geschätzt (Kuhn 1995: 96).

Diese zu einem erheblichen Anteil auf arbeitsbedingten Gefährdungen der Gesundheit beruhenden Krankheitsarten spielen nicht nur bei den Ursachen für Arbeitsunfähigkeit und für Schwerbehinderung sowie für verminderte Erwerbsfähigkeit, sondern z.T. auch für frühzeitigen Tod im Alter zwischen 45 und 64 Jahren eine wichtige Rolle; Krankheiten des Kreislaufsystems, die schätzungsweise zu 20% durch arbeitsbedingte Belastungen verursacht werden, waren 1997 für rund ein Drittel der vorzeitigen Todesfälle bei den Männern und für etwa ein Viertel bei den Frauen verantwortlich (Heuchert/Horst/Kuhn 2001: 26). Durch ein wirksames betriebliches Gesundheitsmanagement könnte daher ein wichtiger Beitrag zur Steigerung der *Lebenserwartung* aufgrund einer Senkung der Sterblichkeit in jener Lebensphase erreicht werden, die sowohl für die Betroffenen als auch für die Gesellschaft mit einem besonders hohen »Gewinn« verbunden ist und in der in der jüngeren Vergangenheit die geringsten Effekte der Steigerung der Lebenserwartung zu verzeichnen waren.

Die Krankheitslast in der Bevölkerung insgesamt beruht offenbar zu einem erheblichen Teil auf arbeitsbedingten Ursachen. Wie eine von der Bundesanstalt für Arbeitsschutz und Arbeitsmedizin herausgegebene Untersuchung ergab, liegt der Anteil arbeitsbedingter Erkrankungen bei den Krankheitsgruppen, die besonders häufig vorkommen, im Allgemeinen bei zum Teil weit über einem Viertel (Bödeker/Friedel/Röttger/Schröer 2002a). Von den Muskel-Skelett-Erkrankungen beruhen demzufolge schätzungsweise 38% auf arbeitsbedingten Faktoren, bei den Hautkrankheiten sind es 34%, von den psychischen Erkrankungen 28% und von den Krankheiten des Nervensystems 26%, von den Herz-Kreislauferkrankungen sind es ebenfalls 26%, und von den Atemwegserkrankungen werden 27% auf Gefährdungen durch die Arbeitswelt zurückgeführt. Die Betroffenen selbst realisieren ebenfalls die gesundheitlichen Gefährdungen, die von der Arbeitswelt ausgehen. Für Deutschland kommt die im Auftrag der Europäischen Agentur für Sicherheit und Gesundheitsschutz am Arbeitsplatz (EU-OSHA) durchgeführte Europäische Meinungsumfrage zu Sicherheit und Gesundheit am Arbeitsplatz (Juni 2009) zu dem Ergebnis, dass 43% der Befragten den Eindruck haben, dass die gesundheitlichen Probleme der Menschen »stark« durch ihre Arbeit verursacht werden; 32% sagen, dass die Arbeit »etwas« Einfluss auf die Gesundheit habe, und nur eine Minderheit meint, die Arbeit wirke sich »kaum« (9%) oder »überhaupt nicht« (12%) auf ihre Gesundheit aus (EU-OSHA 2009). Von der arbeitsweltbezogenen Prävention durch betriebliches Gesundheitsmanagement ist daher ein erheblicher Beitrag zur Verbesserung der Gesundheit der Bevölkerung insgesamt zu erwarten.

Vor dem Hintergrund des demographischen Wandels wird das betriebliche Gesundheitsmanagement zusätzliche Bedeutung erlangen müssen, wenn die Heraufsetzung der Altersgrenze auf 67 Jahre dazu führen soll, dass die Beschäftigten tatsächlich länger arbeiten können und nicht wie bisher mit einem durchschnittlichen Zugangsalter von 62,5 Jahren mit erheblichen

Abschlägen den Bezug ihrer Altersrente aufnehmen müssen und nicht bloß länger arbeitslos sind (Bäcker 2006: 8). Damit aber das faktische Berufsaustrittsalter und die Regelaltersgrenze nicht noch weiter auseinander fallen und damit ein potentieller Fachkräftemangel wegen der schwächer besetzten jüngeren Jahrgänge vermieden werden kann, muss dem Risiko eines arbeitsbedingten Verschleißes der Beschäftigungsfähigkeit im Verlauf der Erwerbsbiographie durch geeignete präventive Maßnahmen vorgebeugt werden. Denn mit zunehmendem Alter steigt das Risiko chronischer und zum Teil mehrfacher Erkrankungen, dem indes durch Verringerung der arbeitsbedingten Gefährdungen und durch Förderung der gesundheitlichen Ressourcen wirksam vorgebeugt werden kann (Schwartz/Walter 1998; Garms-Homolova/Schaeffer 1998; Hurrelmann/Klotz/Haisch 2004).

Nach Repräsentativbefragungen von TNS Infratest Sozialforschung im Rahmen des »DGB-Index Gute Arbeit 2007« waren 50% der Befragten der Ansicht, sie würden ihre jetzige Tätigkeit wahrscheinlich bis zum Rentenalter ausüben können, während 33% nicht damit rechneten; die übrigen wussten das nicht zu beantworten. Differenziertere Untersuchungen zeigten indes einen überaus deutlichen Zusammenhang zwischen der »Qualität der Arbeit«, für die gesundheitliche Belastungen und Ressourcen eine maßgebliche Rolle spielen, und der von den Betroffenen wahrgenommenen Wahrscheinlichkeit, ihre Tätigkeit bis zum Rentenalter ausüben zu können. Denn von den Befragten, deren Arbeitsqualität einen hohen Indexwert erlangte (»gute Arbeit«), waren 73% der Ansicht, sie würden ihre jetzige Tätigkeit bis zum Rentenalter durchführen können, während es von den Beschäftigten mit einem niedrigen Indexwert (»schlechte Arbeit«) nur 27% waren, die eine solche Erwartung äußerten (DGB-Index Gute Arbeit 2007, Der Report).

Betriebliche Gesundheitsförderung, Prävention arbeitsbedingter Gefährdungen der Gesundheit und geeignete Maßnahmen der Rehabilitation im Sinne einer Ausgliederungsvermeidung und Eingliederungsförderung (z.B. »betriebliches Eingliederungsmanagement«) als Bestandteile des Gesundheitsmanagements im Betrieb sind daher eine wichtige Antwort auf die Herausforderungen des demographischen Wandels in der Arbeitswelt.

Nach Berechnungen des Bundesverbandes der Betriebskrankenkassen (BKK) würden sich durch die Vermeidung negativer körperlicher Belastungen in der Arbeitswelt 29% und durch die Verhütung negativer psychischer Belastungen 31% des Erkrankungsgeschehens vermeiden lassen (Röttger/Friedel/Bödeker 2003: 592). Besonders hoch ist der Anteil arbeitsbedingter Faktoren bei den Ursachen von Arbeitsunfällen, die vielfach von einer Kombination körperlicher und psychischer Faktoren verursacht werden; 1998 ließen sich 63% aller Arbeitsunfälle primär auf psychische und 44% primär auf körperliche Belastungen zurückführen, degenerative Wirbelsäulenerkrankungen gingen zu 49% und Krankheiten des Skeletts und der Muskulatur zu 42% auf psychische Belastungen zurück (Bödeker/Friedel/Röttger/Schröer 2002: 45).

Wir wollen mit diesem Buch die Verbreitung und Umsetzung der Gesundheitspolitik und des Gesundheitsmanagements im Betrieb unterstützen, indem wir auf die Möglichkeiten und den Nutzen dieses Ansatzes hinweisen. Wir wollen insbesondere bei den verantwortlichen Führungskräften sowie bei den betroffenen Beschäftigten und ihren Interessenvertretungen für diesen Ansatz einer ganzheitlichen Einbindung der Gesundheit und Leistungsfähigkeit in alle Entscheidungen im Betrieb werben, indem wir den Beitrag zur Lösung zentraler Probleme deutlich machen, vor denen die Personal- und Leistungspolitik, der Gesundheitsschutz und die menschengerechte Arbeitsgestaltung stehen. Daraus ergeben sich die inhaltlichen Schwerpunkte dieses Bandes:

Zunächst wird das Konzept der betrieblichen Gesundheitspolitik und ihre Umsetzung durch das Gesundheitsmanagement vorgestellt. Anschließend werden die Strukturen und Inhalte eines zeitgemäßen Arbeits- und Gesundheitsschutzes, der ergänzenden betrieblichen Gesundheitsförderung und die Gebote menschengerechter Gestaltung der Arbeit im Überblick dargestellt. Ausführlicher wird dann am Beispiel der zunehmend wichtiger gewordenen psychischen Belastungen in der Arbeitswelt aufgezeigt, welche gesundheitlichen Risiken damit verbunden sind und welche Möglichkeiten der Prävention bestehen. In dem anschließenden Teil wird auf die Bedeutung von Kurzpausen und Erholzeiten für die menschengerechte Arbeitsgestaltung eingegangen, wobei den Pausen bei Bildschirmarbeit besondere Aufmerksamkeit geschenkt wird. In einem ausführlichen Abschnitt wird die Fehlzeitenproblematik behandelt, dabei wird den Ursachen hoher Abwesenheit und den Voraussetzungen kontinuierlicher Anwesenheit gleichermaßen nachgegangen. Auf dieser Grundlage werden angemessene und faire Maßnahmen eines wirksamen und nachhaltigen Anwesenheitsmanagements herausgearbeitet. Am Schluss wird das neue Instrument des betrieblichen Eingliederungsmanagements eingehend vorgestellt, durch das dem Verlust des Arbeitsplatzes wegen chronischer Krankheit oder Behinderung vorgebeugt werden kann.

Kapitel 1
Betriebliche Gesundheitspolitik und betriebliches Gesundheitsmanagement

Unter *betrieblicher Gesundheitspolitik (BGP)* kann man die Gesamtheit aller strukturierten betrieblichen Anstrengungen verstehen, arbeitsbedingte Gefährdungen der Gesundheit zu vermeiden oder zu verringern, die Gesundheit und Persönlichkeit der Beschäftigten zu fördern sowie die Arbeit menschengerecht zu gestalten. Betriebliche Gesundheitspolitik zielt darauf ab, durch Strategien und Maßnahmen eine Vermeidung oder Verminderung von betrieblichen Erkrankungsrisiken sowie eine Stärkung der persönlichen Bewältigungsressourcen zu erreichen.

Wenn man unter *Management* in funktionaler Hinsicht die »aufeinander abgestimmten Tätigkeiten zum Leiten und Lenken einer Organisation« versteht (DIN EN ISO 9000: 2000, Qualitätsmanagementsysteme, 3.2.6), dann dient das *betriebliche Gesundheitsmanagement (BGM)* der Umsetzung der betrieblichen Gesundheitspolitik, eingebunden in alle Entscheidungen und Maßnahmen. Gesundheitspolitik und Gesundheitsmanagement stellen eine Kombination von gesetzlichem Arbeits- und Gesundheitsschutz, betrieblicher Gesundheitsförderung und integriertem Management dar. Aufgabe des BGM ist die Sicherung und Verbesserung der Gesundheit sowie der Leistungsfähigkeit und Leistungsbereitschaft der Beschäftigten, was vielfach auf die plakative Formel »*Gesunde Unternehmen durch gesunde Beschäftigte*« gebracht wird.

Das Vorgehen der betrieblichen Gesundheitspolitik und die Schritte des betrieblichen Gesundheitsmanagements können sich im Wesentlichen an dem in den Gesundheitswissenschaften für die gesamtgesellschaftliche Gesundheitspolitik entwickelten »*Public-Health-Policy-Circle*« orientieren (oder »Health Policy Action Cycle«) (Rosenbrock/Lenhardt 1996; Trojan/Legewie 2001: 75f.). Überträgt man dieses Modell auf die *betriebliche* Gesundheitspolitik, ergeben sich für den *Aktionszyklus betrieblicher Gesundheitspolitik* im Grunde genommen die folgenden Schritte (siehe Abbildung 1):

1. *Problembewertung (»assessment«)* dient der Ermittlung und Definition der Probleme in Gestalt der arbeitsbedingten Gefährdungen der Gesundheit (z.B. Erkrankungen) und ihrer Ursachen.

Abbildung 1: Aktions-Zyklus betrieblicher Gesundheitspolitik

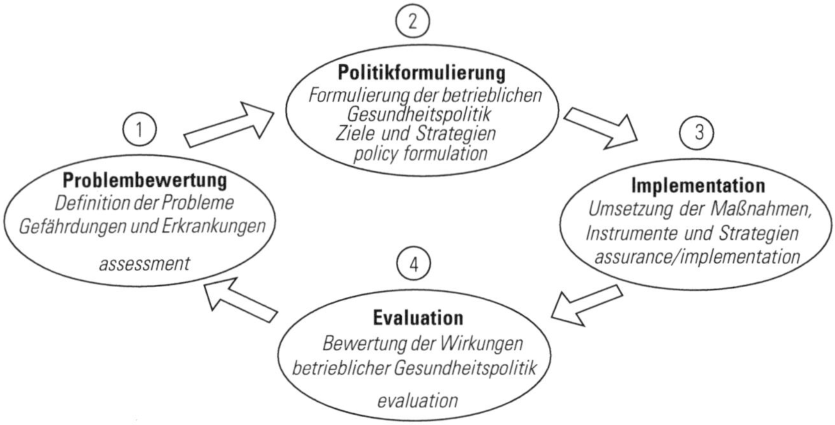

2. *Politikformulierung* (»*policy formulation*«) beinhaltet die explizite Darlegung der betrieblichen Gesundheitspolitik einschließlich ihrer Ziele, die angestrebt werden, und der Strategien, die zu ihrer Erreichung führen sollen.
3. *Implementation (»assurance«* bzw. *»implementation«)* umfasst die Umsetzung von Maßnahmen, die im Rahmen der betrieblichen Gesundheitspolitik durch die Anwendung geeigneter Instrumente und Strategien ergriffen werden.
4. *Evaluation (»evaluation«)* befasst sich mit der bewertenden Auswertung der Wirkungen der Maßnahmen und dient der Prüfung, inwieweit dabei die Ziele der betrieblichen Gesundheitspolitik erfüllt wurden.

1. Drei Säulen der betrieblichen Gesundheitspolitik und des Gesundheitsmanagements

Die betriebliche Gesundheitspolitik beruht im Wesentlichen auf drei Säulen, die auch das betriebliche Gesundheitsmanagement tragen (vgl. im Überblick m.w.N. Oppolzer 2005; Badura/Hehlmann 2003; Walter 2003; Meifert/Kesting 2004; Rudow 2004; Kentner 2003; Brandenburg/Nieder/Susen 2000; Ulich/Wülser 2005; DGFP 2004). Die drei einander ergänzenden Ansätze des Arbeits- und Gesundheitsschutzes können unter dem Dach der »betrieblichen Gesundheitspolitik« bzw. des »betrieblichen Gesundheitsma-

Abbildung 2: Drei Säulen der betrieblichen Gesundheitspolitik und des Gesundheitsmanagements

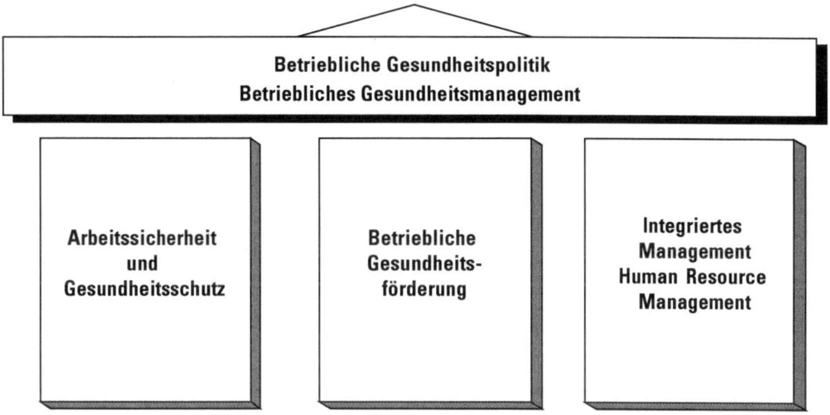

nagements« zusammengefasst werden (vgl. Abbildung 2). Aus diesen drei »Säulen« besteht sozusagen das »Haus« der betrieblichen Gesundheitspolitik und des betrieblichen Gesundheitsmanagements:

1. Der öffentlich-rechtliche *Arbeits- und Gesundheitsschutz*, der die Aufgabe hat, für die Sicherung und Verbesserung von Arbeitssicherheit und Gesundheitsschutz zu sorgen, und dessen Anforderungen sich im Wesentlichen aus dem ArbSchG und aus den nachgeordneten Gesetzen und Verordnungen ergeben.
2. Die *betriebliche Gesundheitsförderung* als ein System von Maßnahmen, die den gesetzlichen Arbeitsschutz ergänzen sollen und die von den Unternehmen fakultativ durchgeführt werden, wobei sie von den Trägern der Gesetzlichen Krankenversicherung (nach § 20a SGB V) und der Gesetzlichen Unfallversicherung (nach § 14 SGB VII) zu unterstützen sind.
3. Das *integrierte Management*, das implizit das Gesundheitsthema in alle Aspekte und Überlegungen des Managements im Sinne einer »Querschnittsaufgabe« einbezieht und explizit im Rahmen der betrieblichen Personalpolitik im Sinne eines *Human Resource Managements* das Ziel verfolgt, die Gesundheit der Beschäftigten als Quelle beruflicher Leistungsfähigkeit und als Faktor wirtschaftlicher Rentabilität zu erhalten und zu fördern.

Auf allen drei Feldern der arbeitsweltbezogenen Gesundheitspolitik und ihrer Umsetzung in das Management haben sich auf europäischer und auf nationaler Ebene eine ganze Reihe von Veränderungen und Neuerungen vollzogen. In den Betrieben hat sich dies in Form zahlreicher neuer Ansätze und Initiativen niedergeschlagen, die auf eine Sicherung und Verbesserung des Arbeits- und Gesundheitsschutzes für die Beschäftigten abzielen.

1.1 Öffentlich-rechtlicher Arbeits- und Gesundheitsschutz: Prävention arbeitsbedingter Gesundheitsrisiken

Im Anschluss an die Einfügung des *Artikels 118a* in den EWG-Vertrag (1987), in dem die Mitgliedstaaten zur Harmonisierung und Verbesserung der nationalen Vorschriften des Arbeits- und Gesundheitsschutzes (die zentralen Formulierungen waren: »*Verbesserung ... und ... Harmonisierung ... bei gleichzeitigem Fortschritt*«) verpflichtet wurden, kam es zunächst auf der europäischen Ebene in Gestalt der *Arbeitsschutz-Rahmenrichtlinie* 89/391/EWG (1989) mit den nachfolgenden Einzelrichtlinien und schließlich, mit einer gewissen Verzögerung auch auf der nationalen Ebene, vor allem in Form des ArbSchG (1996) mit nachfolgenden Einzelrichtlinien zu einer weitgehenden Neuorientierung im öffentlich-rechtlichen Arbeits- und Gesundheitsschutz nach den Grundsätzen der Ganzheitlichkeit, Prävention und Partizipation.

Als 1997 die Aufgaben der Gesetzlichen Unfallversicherung im *SGB VII* (anstelle der alten RVO) neu geregelt wurden, hat der Gesetzgeber diese Neuorientierung insbesondere im Rahmen des »*erweiterten Präventionsauftrages*« auch für die Berufsgenossenschaften verankert. Das führte dazu, dass sich in den Betrieben insbesondere im Hinblick auf die Organisation des Arbeitsschutzes (»Arbeitsschutzmanagement«) und in Bezug auf die Prävention arbeitsbedingter Gesundheitsgefährdungen (»Gefährdungsbeurteilung«) sowie im Zusammenhang mit der Einbeziehung psychischer Belastungsfaktoren zusätzliche Handlungserfordernisse ergaben.

Der auf öffentlich-rechtlichen Vorschriften des Staates oder der Träger der gesetzlichen Unfallversicherung beruhende Arbeits- und Gesundheitsschutz hat seine Wurzeln im 19. Jahrhundert. Er verpflichtet den ArbG dazu, »Sicherheit und Gesundheitsschutz der Beschäftigten bei der Arbeit durch Maßnahmen des Arbeitsschutzes zu sichern und zu verbessern.« (§ 1 Abs. 1 Satz 1 ArbSchG) Dafür kommen drei Arten von Arbeitsschutzmaßnahmen in Frage: Maßnahmen zur Verhütung von »Unfällen bei der Arbeit«, Maßnahmen zur Verhütung von »arbeitsbedingten Gesundheitsgefahren« sowie Maßnahmen zum gesundheitsnahen Bereich der »menschengerechten Gestaltung der Arbeit« (§ 2 Abs. 1 ArbSchG).

Das neue Leitbild eines »zeitgemäßen« Arbeitsschutzes, wie es insbesondere im ArbSchG (1996) und im SGB VII (1997) zum Ausdruck gebracht wurde, unterscheidet sich vom klassischen, primär auf technische Arbeitssicherheit und arbeitsmedizinische Betreuung konzentrierten Arbeitsschutz vor allem durch drei Merkmale:

1. Ganzheitlichkeit und Interdisziplinarität der Betrachtungsweise, d.h. es werden die Gesamtheit aller Belastungen sowie mögliche Wechselwirkungen zwischen einzelnen Faktoren berücksichtigt, die sich auf die Gesundheit negativ auswirken können. Das schließt physische, psychische und umgebungsbedingte Belastungsfaktoren ein und verlangt neben der klassischen Sicherheitstechnik und Arbeitsmedizin eine stärkere Einbeziehung verschiedener Teildisziplinen der Arbeitswissenschaft (z.B. Arbeits- und Organisationspsychologie sowie Arbeits- und Industriesoziologie).
2. Präventive Orientierung und Einbeziehung der Betroffenen, d.h. mögliche arbeitsbedingte Gefährdungen der Gesundheit sollen durch vorbeugende Maßnahmen von vornherein verhütet und nicht erst im Nachhinein durch korrektive Maßnahmen gemindert oder behoben werden. Die Kombination der Expertenkompetenz von Arbeitsschutzfachkräften mit der Betroffenenerfahrung der Beschäftigten kann zu effektiveren und effizienteren Problemlösungen mit höherer Akzeptanz führen. Kernstück dieser Vorgehensweise ist die Gefährdungsbeurteilung (§ 5 ArbSchG).
3. Am Managementgedanken orientierte Organisation des Arbeitsschutzes als kontinuierlicher Verbesserungsprozess, d.h. der Managementkreis von »plan-do-check-act« (PDCA) wird auch für den Arbeitsschutz handlungsleitend. Das bedeutet eine stärkere Orientierung an Zielen und Prozessen statt allein an bloßen Vorschriften und Normvollzug. In Arbeitsschutzmanagementsystemen, die in Betrieben implementiert werden und die dem veränderten Leitbild der staatlichen Aufsichtsbehörden im Arbeitsschutz verpflichtet sind, für die der Wandel von der Einzelfallkontrolle zur Systemüberwachung charakteristisch ist, findet dies ebenfalls seinen Ausdruck.

Der öffentlich-rechtliche Arbeits- und Gesundheitsschutz folgt im Wesentlichen einem *pathogenetischen* Paradigma. Die zentrale Leitfrage lautet: »*Was macht krank*?« Es geht dabei um die Ermittlung von Gesundheitsrisiken bei der Arbeit, die durch präventive Maßnahmen des Arbeitsschutzes vermieden oder möglichst gering gehalten werden sollen. *Prävention* bedeutet hier: Verhütung von *Gesundheitsrisiken*. Der zu Grunde liegende Gesundheits-Begriff ist zwar bereits *ganzheitlicher* Natur und beinhaltet sowohl *physische* als auch *geistig-seelische* Einflüsse, »die sich auf die Gesundheit auswirken und die in einem unmittelbaren Zusammenhang mit der Sicherheit und Gesundheit bei der Arbeit stehen« (ILO-Übereinkommen 155, Artikel 3 e). Aber das zu Grunde liegende Verständnis von *Gesundheit* wird dabei letztlich noch negativ definiert, nämlich als die *Abwesenheit von Krankheit*. Daher orientieren sich die Maßnahmen des öffentlich-rechtlichen Arbeitsschutzes innerhalb der Hierarchie arbeitswissenschaftlicher Kriterien menschengerechter Arbeit im Wesentlichen an drei elementaren Merkmalen:

1. der *Ausführbarkeit* im Hinblick auf Technik, Arbeitsmittel und Arbeitsstätte; d.h. die Arbeit muss z.B. die anthropometrischen Gegebenheiten bei der Dimensionierung von Arbeitsmitteln und Arbeitsraum berücksichtigen, damit es z.B. nicht zu Unfällen kommt,
2. der *Schädigungslosigkeit* und Erträglichkeit im Sinne der »Aushaltbarkeit« nach medizinisch-physiologischen Kriterien; d.h. bei der Arbeit dürfen die zulässigen Grenz- und Richtwerte für physikalische, chemische und biologische Einwirkungen sowie die Dauerleistungsgrenze des menschlichen Organismus nicht überschritten werden, damit es z.B. nicht zu Berufskrankheiten oder anderen arbeitsbedingten Erkrankungen kommt,
3. der gesundheitsnahen *Beeinträchtigungsfreiheit* im Sinne der Störungen des körperlichen, geistig-seelischen oder sozialen Wohlbefindens, sofern sich dadurch z.B. über psychosomatische Wirkungszusammenhänge gesundheitliche Gefährdungen ergeben können, wie dies etwa der Fall sein kann bei Gefährdungen der Gesundheit durch Stress in Folge von gestörter »Worklife-Balance« bei bestimmten Formen flexibler Arbeitszeiten oder bei Erkrankungen durch Störungen des körpereigenen Cirkadianrhythmus hervorgerufen durch Nacht- und Schichtarbeit.

1.2 Betriebliche Gesundheitsförderung: Entwicklung personaler und organisationaler Gesundheitsressourcen

Im Gefolge der Ottawa-Charta der WHO (1986), in der unter anderem als Ziel proklamiert wurde: »*Die Art und Weise, wie eine Gesellschaft die Arbeit, die Arbeitsbedingungen und die Freizeit organisiert, sollte eine Quelle der Gesundheit und nicht der Krankheit sein.* Gesundheitsförderung *schafft sichere, anregende, befriedigende und angenehme Arbeits- und Lebensbedingungen«*, kam es dazu, dass mit dem Gesundheitsreformgesetz (GRG 1988) die betriebliche Gesundheitsförderung in den Leistungskatalog der GKV aufgenommen wurde. Seit 2007 ist die betriebliche Gesundheitsförderung zur Regelleistung der Träger der gesetzlichen Krankenversicherung geworden. In § 20a Abs. 1 SGB V heißt es hierzu: »Die Krankenkassen erbringen Leistungen zur Gesundheitsförderung in Betrieben (betriebliche Gesundheitsförderung), um unter Beteiligung der Versicherten und der Verantwortlichen für den Betrieb die gesundheitliche Situation einschließlich ihrer Risiken und Potenziale zu erheben und Vorschläge zur Verbesserung der gesundheitlichen Situation sowie zur Stärkung der gesundheitlichen Ressourcen und Fähigkeiten zu entwickeln und deren Umsetzung zu unterstützen.« Seit langem werden in zahlreichen Unternehmen, vielfach unterstützt durch die Träger der GKV (z.B. BKK und AOK) oder durch die WHO sowie vereinzelt auch von den Trägern der GUV (z.B. von der BGW im Rahmen des WHO-Pilotprojekts »Health Promoting Hospitals«), gezielte Maßnahmen der betrieblichen Gesundheitsförderung unternommen, die sich insbesondere auf Probleme erstreckten, die vom klassischen Arbeitsschutz alter Prägung kaum beachtet wurden, wie z.B. psychosoziale Belastungen und Fragen der Arbeitsorganisation.

Bei der betrieblichen Gesundheitsförderung (BGF) handelt es sich um einen neuen Ansatz, der in den 1980er Jahren vor allem von der WHO angestoßen und im Laufe der 1990er Jahre in Deutschland vor allem von einigen Krankenkassen (z.B. AOK, BKK und von einzelnen Berufsgenossenschaften, wie der BGW) unterstützt wurde. Diese Art von Maßnahmen wird von den Unternehmen im wirtschaftlichen Eigeninteresse und aus sozialer Verantwortung durchgeführt, *ohne* dass es eine *rechtliche Verpflichtung* etwa durch das ArbG oder das SGB VII dazu gibt. Die betriebliche Gesundheitsförderung stellt ein System von Maßnahmen dar, das den öffentlich-rechtlichen Arbeitsschutz *ergänzen* soll und das von gesetzlichen Krankenkassen durch entsprechende Leistungen zu unterstützen ist. In diesem Zusammenhang sollen die Krankenkassen mit den zuständigen Trägern der gesetzlichen Unfallversicherung und mit den für den Arbeitsschutz zuständigen staatlichen Stellen zusammenarbeiten (§§ 20a und 20b SGB V).

Der Ansatz der betrieblichen Gesundheitsförderung reicht weiter als der des Arbeitsschutzes, weil er auf »sichere, anregende, befriedigende und angenehme Arbeits- und Lebensbedingungen« (Ottawa-Charta der WHO, 1986) abhebt. Damit zielt die BGF auf die Verwirklichung der in der Hierarchie arbeitswissenschaftlicher Kriterien menschengerechter Arbeit *höher* angesiedelten Merkmale ab (Luczak/Volpert 1987: 58-59; Ulich 2001: 135-143; Martin 1994: 23-24.; Fürstenberg 2002); und zwar:

1. auf die *Beeinträchtigungsfreiheit* im Sinne von Wohlbefinden und *Zumutbarkeit* im Hinblick auf den Handlungsspielraum, die Arbeitsumgebung

und die Arbeitsorganisation; d.h. die Arbeit soll von ihren inhaltlichen Anforderungen und Aufgaben her keine Über- oder Unterforderungen oder Fehlbeanspruchungen hervorrufen und insbesondere das psychische Wohlbefinden der Beschäftigten nicht negativ beeinträchtigen und den Standards sozialer Angemessenheit oder den herrschenden gesellschaftlichen Zumutbarkeitskriterien nicht widersprechen,

2. auf die *Persönlichkeitsförderlichkeit* und die *Zufriedenheit* im Hinblick auf anforderungsgerechte und beanspruchungsoptimale Arbeitsinhalte; d.h. die Arbeit soll von ihren Arbeitsinhalten und von den Anforderungen an die Qualifikation her die Entwicklung der Persönlichkeit im Hinblick auf kognitive, emotionale und soziale Kompetenzen sowie in Bezug auf das Selbstkonzept und die Leistungsmotivation fördern (Ulich 2001: 145f.),
3. auf die *Sozialverträglichkeit* in Hinblick auf die Kooperation, Beteiligung und Mitwirkung der Menschen und die Vereinbarkeit von Beruf und Privatleben; d.h. die Arbeit soll die Gelegenheit zur Befriedigung sozialer Bedürfnisse nach Kooperation und Kommunikation sowie zur Mitentscheidung über die Beschäftigten selbst betreffende Angelegenheiten bieten, und sie soll die Möglichkeit zur Synchronisation von beruflichen Erfordernissen und privaten Belangen fördern.

Im Unterschied zum öffentlich-rechtlichen Arbeits- und Gesundheitsschutz folgt die betriebliche Gesundheitsförderung einem *salutogenetischen* Paradigma, für das die Leitfrage »*Was erhält gesund?*« charakteristisch ist. Dabei geht es im Wesentlichen darum, durch geeignete Maßnahmen der Verhältnis- und der Verhaltensprävention die in der Arbeit liegenden betrieblichen und persönlichen Potentiale und Ressourcen zu erschließen und zu entwickeln, um mit der Gesundheit die Leistungsfähigkeit und Leistungsbereitschaft der Beschäftigten zu fördern, damit die Voraussetzungen für Wirtschaftlichkeit und Wettbewerbsfähigkeit der Unternehmen verbessert werden. *Gesundheitsförderung* bedeutet hier: Schaffung und Erhaltung von *Gesundheitsressourcen*.

Grundlage der betrieblichen Gesundheitsförderung ist die positive (utopische) Gesundheitsdefinition der WHO (1946): »*Gesundheit ist ein Zustand vollständig körperlichen, geistig-seelischen und sozialen Wohlbefindens und nicht die bloße Abwesenheit von Krankheit und Gebrechen*« – unter Berücksichtigung des jeweils *individuell* zu erlangenden Niveaus von Gesundheit und Leistungsfähigkeit, sollte man unter Berücksichtigung anthropologischer Gegebenheiten (z.B. Alter, chronische Krankheit, Behinderung) ergänzen (Trojan/Legewie 2001: 19f.).

Die *Instrumente* der betrieblichen Gesundheitsförderung stammen vor allem aus dem Arsenal der Organisationsentwicklung. Neben der hierarchischen Linienorganisation wird im Zuge der *Strukturentwicklung* eine Projektstruktur geschaffen, innerhalb derer die betrieblichen Akteure im Rahmen der *Personalentwicklung* die für innovative Problemlösungen erforderlichen Kompetenzen und Qualifikationen erwerben können. Es wird eine Projektleitung (»Arbeitskreis Gesundheit«) im Sinne einer *Steuerungs- bzw. Lenkungsgruppe* etabliert, in der alle beteiligten Gruppen mit Führungspositionen vertreten sind. Die erforderlichen Informationen über die Gesundheit der Beschäftigten können aus betrieblichen Routinedaten (z.B. Krankenstand, Fluktuation) oder aus einer anonymisierten Auswertung der bei den Krankenkassen vorliegenden Arbeitsunfähigkeitsdaten nach Diagnosegruppen (»betrieblicher Gesundheitsbericht«) und der bei den Berufsgenossenschaften vorliegenden Daten über Arbeitsunfälle und Berufskrankheiten sowie aus einer Mitarbeiterbefragung bzw. einer gruppenbezogenen Arbeitssituationsanalyse gewonnen werden.

Auf dieser Grundlage erarbeiten dann Projektgruppen (»Gesundheitszirkel«), die im Hinblick auf Tätigkeitsbereich oder Status homogen oder heterogen zusammengesetzt sein können, gezielte Verbesserungsvorschläge, die schließlich nach Bewertung durch die Steuerungsgruppe über die lineare Führungsstruktur im Betrieb umgesetzt werden können. Vorteil dieser Vorgehensweise ist es, die Expertenkompetenz der Fachleute und Führungskräfte mit der Erfahrung der Betroffenen zu kombinieren und in einem hierarchiefreien Kooperationsprozess in innovative Problemlösungen umzusetzen.

1.3 Integriertes Management: Einbindung der Gesundheit in alle Managementprozesse und Entscheidungen

Im Verlauf der 1990er Jahre verfestigten und standardisierten sich die Ansätze des *Qualitätsmanagements* z.B. in der ersten Fassung der Normen-Familie DIN EN ISO 9000ff. (1994), die dann eine Überarbeitung in Richtung auf ein Total Quality Management hin in der Neufassung aus dem Jahr 2000 erfuhr. Die Anforderungen an die Unternehmen, ein Qualitätsmanagementsystem zu etablieren, sind vielfältig und reichen von Kunden- oder Lieferantenanforderungen bis zu gesetzlichen Anforderungen (z.B. in § 137 SGB V für Krankenhäuser oder in § 20 SGB IX für Rehabilitationsträger). Zudem wurden in diesem Zeitraum verschiedene Ansätze eines »integrierten Managements« (Bleicher 1996; Seghezzi 2003) entwickelt, das über die Optimierung von Organisation und Leitung in einzelnen Unternehmensbereichen hinaus eine systemische Verbesserung der Managementfunktionen über alle Stufen der Wertschöpfungs- oder Leistungskette hinweg als *»kontinuierlichen Verbesserungsprozess«* anstrebt. Vor diesem Hintergrund entstanden schließlich verschiedene Ansätze der Übertragung der Prinzipien des Managements auf die Organisation des Arbeitsschutzes (»Arbeitsschutzmanagementsysteme«) sowie der Integration des Arbeits- und Gesundheitsschutzes in das Qualitätsmanagement (z.B. BGW-»qu.int.as«).

Mit der Entstehung von Ansätzen eines *»integrierten Managements«*, die insbesondere seit den 1980er Jahren zu beobachten sind (Bleicher 1996; Seghezzi 2003; Schmager 1999), gerät auch das *Gesundheits-Thema* stärker in das Blickfeld der Betrachtung. Insbesondere die Aspekte der Leistungsfähigkeit und Leistungsbereitschaft der Mitarbeiter, die mit ihrer Gesundheit und Zufriedenheit unlösbar verknüpft sind, werden dabei zunehmend als *Erfolgsfaktoren* für die Wettbewerbsfähigkeit und Rentabilität eines Unternehmens erkannt. Mit dem Ansatz des *Integrierten Managements* sind insbesondere zwei Aspekte der *»Integration«* im Management verbunden:

1. Zum einen die *ganzheitliche Betrachtung* der Probleme und die *wechselseitige Abstimmung* der einzelnen Maßnahmen des Managements. Dies erfolgt auf der Grundlage eines *systemischen* Ansatzes der Organisationsanalyse, der über die Optimierung von Teilprozessen hinaus die Leistungs- bzw. Wertschöpfungskette insgesamt als Quelle kontinuierlicher und *synergetischer* Verbesserungsprozesse zu erschließen versucht.
2. Zum anderen die *Einbindung* des *Gesundheits-Themas* in alle Strukturen und Prozesse der Politik und Entscheidungen im Betrieb. Dadurch können die wichtigen Fragen der Leistungsfähigkeit und Leistungsbereitschaft der Beschäftigten an alle Zielsetzungen des Unternehmens *angekoppelt* und als gleichrangig in das Leitbild der Organisation integriert werden.

2. Drei Ebenen des betrieblichen Gesundheitsmanagements

Im Allgemeinen versteht man unter »Management« in funktionaler Hinsicht das »Handhaben oder Bewältigen von einzelnen Problemsituationen« (Staehle 1983: 9) oder die »dispositiven Funktionen der Planung, Organisation und Kontrolle« (Lexikon zur Soziologie 1994: 413) in Unternehmen bzw.

Abbildung 3: Drei Ebenen des betrieblichen Gesundheitsmanagements

Gesundheitspolitik und Gesundheitsmanagement im Betrieb Öffentlich-rechtliche Verpflichtungen, Führungs-und Unternehmensleitlinien, Unternehmenskultur Anforderungen der Shareholder bzw. Stakeholder, Erwartungen der internen und externen Kunden			*normative Ebene*
Arbeitssicherheit und Gesundheitsschutz Ziel: Sicherung und Verbesserung von Sicherheit und Gesundheitsschutz durch Maßnahmen des Arbeitsschutzes zur Verhütung von Unfällen und arbeitsbedingten Gesundheitsgefahren Umsetzung öff.-rechtl. Pflichten (Gesetze/Verordnungen) Zuständigkeiten und Ressourcen: ArbG/Führungskräfte, Sicherheitsbeauftragte, Fachkräfte für Arbeitssicherheit, Betriebsarzt; Betriebsrat (Überwachung, Mitwirkung, Mitbestimmung), Beschäftigte Strategische Partnerschaften mit externen Stellen	**Betriebliche Gesundheitsförderung** Ziel: Sicherung und Verbesserung der Gesundheit durch Stärkung von Ressourcen (Person) und Minderung von Risiken (Betrieb) Programme zur Förderung von Gesundheit und Leistungsfähigkeit über die Pflichten zur Verhütung von Arbeitsunfällen und arbeitsbedingten Gesundheitsgefahren hinaus Verhaltens- und Verhältnis-Prävention Grundlage: Ottawa-Charta WHO, § 20 SGB V	**Integriertes Management** Ziel: Einbettung von »Gesundheit und Leistung« als Querschnittsaufgabe in alle Managementfunktionen Personalplanung, Personalentwicklung, Personalcontrolling, Personalführung Mitarbeiterbeurteilung Vorgesetztenbeurteilung Betriebliche Sozialberatung	*strategische Ebene*
Gefährdungsbeurteilung und Maßnahmen des Arbeitsschutzes, Wirksamkeitsüberprüfung, Dokumentation der Ergebnisse Arbeitsschutzmanagement Brandschutz und Unfallverhütung Betriebsärztliche Betreuung Sicherheitstechnische Begehungen Ergonomie (auch: Software-Ergonomie) Kooperation aller Beteiligten (z.B. Arbeitsschutzausschuss, Betriebsrat, Schwerbehindertenvertretung) Betriebsvereinbarungen zum Arbeitsschutz Betriebliches Eingliederungsmanagement	Gesundheitsförderung durch Organisationsentwicklung (Struktur- und Personalentwicklung): Arbeitskreis Gesundheit, Gesundheitszirkel, Gesundheitsbericht. Sport, Bewegung, Entspannung Ernährung (Beratung, Speiseangebote), Suchtprävention (Alkohol, Rauchen, Drogen) menschengerechte Arbeitsgestaltung Arbeitsorganisation und Arbeitsaufgaben Konfliktmanagement, Führungsverhalten Zufriedenheit und Persönlichkeitsförderung	Fehlzeitenberichte (Statistik) Anwesenheitsmanagement Mitarbeitergespräche Jährliche Mitarbeitergespräche Krankenrückkehrgespräche Teamentwicklung Führungskräftecoaching Sekundäre Individualprävention Berufliche Rehabilitation Drogenberatung, Schuldnerberatung Partner- und Familienberatung	*operative Ebene*

Organisationen oder die »Lenkung, Gestaltung und Entwicklung von Systemen« (Bleicher 1996: 54).

In Anlehnung an das St. Galler Modell des *»Integrierten Managements«* mit seinen *drei Dimensionen des Managements* (Bleicher 1996: 70ff., Seghezzi 2003: 4ff.) kann man *drei Ebenen des betrieblichen Gesundheitsmanagements* unterscheiden (vgl. Abbildung 3): normatives, strategisches und operatives Management zur Umsetzung der betrieblichen Gesundheitspolitik, wobei normatives und strategisches Management auf die »Rahmengestaltung« ausgerichtet sind, innerhalb dessen der »operative Vollzug« stattfindet (Bleicher 1996: 73).

2.1 Normative Ebene des betrieblichen Gesundheitsmanagements

Das *normative Management* »beschäftigt sich mit den generellen Zielen der Unternehmung, mit Prinzipien, Normen und Spielregeln, die darauf ausgerichtet sind, die Lebens- und Entwicklungsfähigkeit der Unternehmung zu ermöglichen.« (Bleicher 1996: 73) Durch das normative Management solle »eine *generelle Zielausrichtung* und eine *Grundorientierung* für das strategische und operative Management« vermittelt werden.« (Bleicher 1996: 116) Aufgabe des normativen Managements ist unter anderem, einen »Interessenausgleich durch Zielharmonisation« bei der Berücksichtigung unterschiedlicher Interessen an und in der Unternehmung herzustellen (Bleicher 1996: 107). Ein konstitutives Element des normativen Managements ist die »*Unternehmenspolitik*, der die prinzipielle Aufgabe zufällt, eine *Harmonisation externer*, zweckbestimmender *Interessen* an der Unternehmung und *intern* verfolgter *Ziele* vorzunehmen« (Bleicher 1996: 104).

Auf der normativen Ebene erfolgt für das *betriebliche Gesundheitsmanagement* die Formulierung der generellen Anforderungen an die Organisation im Hinblick auf die betriebliche Gesundheitspolitik, wie sie sich aus den öffentlich-rechtlichen Verpflichtungen, aus Unternehmens- und Führungsleitlinien, aus der Organisations- bzw. Unternehmenskultur oder aus den Anforderungen ergeben, die von den externen (Lieferanten, wirtschaftlichen Kunden) und internen Kunden (Mitarbeiterinnen und Mitarbeitern, Anteilseignern, Führungskräften) sowie von anderen beteiligten Gruppen (Umwelt, Öffentlichkeit, Tarifparteien, Staat und Politik) gestellt werden.

2.2 Strategische Ebene des betrieblichen Gesundheitsmanagements

Das *strategische Management* »ist auf den Aufbau, die Pflege und die Ausbeutung von Erfolgspotentialen gerichtet, für die Ressourcen eingesetzt werden müssen.« (Bleicher 1996: 74) Dazu gehören »Organisationsstrukturen und Managementsysteme« als eine Rahmenordnung, innerhalb derer die »strategischen Programme« umgesetzt und die »strategischen Erfolgspotentiale« entwickelt werden können (Bleicher 1996: 230). Strategisches Management ist »ähnlich wie im militärischen Bereich – immer mit der Vorstellung verbunden, durch den konzentrierten Einsatz von Kräften ›*Stoßkraft*‹ zu erzeugen, die marktliche und technologische Durchbrüche möglich macht«. (Bleicher 1996: 236) Durch Partnerschaften mit externen Akteuren kann das strategische Management eine »Erweiterung des Handlungsspielraums« erreichen: »*Strategische Allianzen* bieten die Möglichkeit, den durch das bestehende Know-how und die vorhandenen oder erschließbaren Ressourcen beschränkten *Aktionsradius* der eigenen Unternehmung deutlich zu erweitern.« (Bleicher 1996: 243) Strategisches Management verlangt *Organisation, Struktur* und *System*: »Die strategischen Absichten einer Unternehmung müssen durch eine ihnen entsprechende Gestaltung der *Organisation* unterstützt werden. Diese Strukturen der Organisation werden dabei von *Managementsystemen* unterstützt, die prozessual das *Problem-, Leistungs- und Kooperationsverhalten* in eine vorgegebene Richtung lenken wollen.« (Bleicher 1996: 271)

Auf der strategischen Ebene ist für eine geeignete Organisation zur Umsetzung der Gesundheitspolitik im Betrieb zu sorgen, es sind die erforderlichen sachlichen, personellen und finanziellen Ressourcen zu schaffen sowie die notwendigen Zuständigkeiten und Verantwortlichkeiten festzulegen.

1. Für den Bereich des öffentlich-rechtlichen *Arbeits- und Gesundheitsschutzes* bedeutet das auf der strategischen Ebene des betrieblichen Gesundheitsmanagements, dass die gesetzlichen Vorschriften über die betriebliche Struktur und Organisation des Arbeitsschutzes umzusetzen sind und dass die hierfür erforderlichen Ressourcen geschaffen und bereitgestellt werden. Die Ziele der Sicherung und Verbesserung von Arbeitssicherheit und Gesundheitsschutz durch Maßnahmen des Arbeitsschutzes sowie der Verhütung von Arbeitsunfällen und arbeitsbedingten Gefährdungen der Gesundheit sollen dadurch erreicht werden, dass die einschlägigen Gesetze und Verordnungen (z.B. ArbSchG, ASiG) sowie die berufsgenossenschaftlichen Vorschriften, Regeln und Grundsätze von den zuständigen betrieblichen Verantwortlichen (ArbG/Führungskräfte, Fachkräfte für Arbeitssicherheit bzw. Sicherheitsingenieure, Betriebsärzte) umgesetzt werden. Dafür müssen die Zuständigkeiten und Verantwortlichkeiten für die Ermittlung und Erfüllung der öffentlich-rechtlichen Pflichten festgelegt und die erforderlichen sachlichen, personellen und finanziellen Ressourcen zur Verfügung gestellt werden. Regelungen zur Einbeziehung der Beschäftigten und ihrer Interessenvertretungen sowie zur Ausgestaltung ihrer Mitbestimmungs-, Mitwirkungs- und Beteiligungsrechte und -pflichten (z.B. in Form von Betriebs- oder Dienstvereinbarungen) können die Akzeptanz und Compliance der Betroffenen und damit den Nutzen der Maßnahmen selbst wirksam fördern. Durch strate-

gische Partnerschaften mit externen Stellen und Experten (z.B. mit den staatlichen Aufsichtsbehörden und den Berufsgenossenschaften) kann zudem der Wirkungsgrad des Arbeits- und Gesundheitsschutzes im Betrieb verbessert und gesteigert werden.

2. Für die *betriebliche Gesundheitsförderung* und ihr Ziel der Sicherung und Verbesserung der Gesundheit durch Stärkung von Ressourcen und Minderung von Risiken im Sinne der Verhaltens- und Verhältnisprävention bzw. personen- und bedingungsbezogener Interventionen müssen auf der strategischen Ebene des betrieblichen Gesundheitsmanagements die für diesen Ansatz besonders wichtigen organisatorischen Strukturen geschaffen werden (»Gesundheitsförderung durch Organisationsentwicklung«), damit die über die öffentlich-rechtliche Verpflichtung zur Verhütung von Arbeitsunfällen und arbeitsbedingten Gesundheitsgefahren hinausgehenden, ergänzenden Programme zur Förderung der Gesundheit und Leistungsfähigkeit der Beschäftigten umgesetzt werden können. Dies schließt die Bereitstellung der erforderlichen sachlichen und finanziellen Mittel (Budget) ebenso ein wie die personellen Zuständigkeiten und Verantwortlichkeiten auf der Ebene der Führungskräfte und der betrieblichen Experten (z.B. Gesundheitsmanager/-in, Gesundheitsbeauftragte). Als Partner strategischer Allianzen mit externen Stellen kommen hierbei vor allem die Träger der gesetzlichen Krankenkassen und der gesetzlichen Unfallversicherung sowie spezielle Berater in Fragen betrieblicher Gesundheitsförderung oder mögliche Sponsoren (z.B. Anbieter gesunder Ernährung, Fitness- und Wellness-Studios) in Betracht.
3. Im Rahmen des *integrierten Managements* kommt es auf dieser strategischen Ebene darauf an, die Themen »Gesundheit und Leistung« als Querschnittsaufgabe für alle Managementfunktionen zu verankern. Das gilt nicht nur für die »gesundheitsnahen« Bereiche der betrieblichen Sozialberatung (z.B. Sucht-, Schuldner-, Partnerberatung) und für die Aufgaben in der Personalpolitik (Personalplanung, -entwicklung, -führung, -controlling) oder für die Mitarbeiter- und die Vorgesetztenbeurteilung, sondern auch für die Managemententscheidungen im Hinblick auf Produktentwicklung, Beschaffungswesen oder Vertragsgestaltung mit Lieferanten und Kunden. Alle Entscheidungen in diesen Managementbereichen sollten auf ihre »Gesundheitsverträglichkeit« hin überprüft werden, damit die Ziele der betrieblichen Gesundheitspolitik in allen diesen Managementfunktionen umgesetzt werden können.

2.3 Operative Ebene des betrieblichen Gesundheitsmanagements

Das *operative Management* sorgt für die Umsetzung des normativen und strategischen Managements »im *operativen Vollzug*, der im *Ökonomischen* auf leistungs-, finanz- und informationswirtschaftliche Prozesse ausgerichtet ist. Zum Aspekt der wirtschaftlichen *Effizienz* tritt in der operativen Dimension die *Effektivität* des Mitarbeiterverhaltens im sozialen Zusammenhang.« (Bleicher 1996: 75)

»Operatives Management ist im Kern auftragsbezogene lenkende, gestaltende und entwickelnde Willensbildung, -durchsetzung und -sicherung in Prozessen durch Projekte.« (Bleicher 1996: 371) »Der operativen *Lenkung* kommt die Aufgabe zu, die konzeptionell gestalteten normativen und strategischen Vorgaben durch *operatives* Handeln des Managements umzusetzen. Sie ist auf den *Vollzug* an spezifischen *Objekten* ausgerichtet. (...) Die *Lenkung als traditionelle Kernaufgabe operativen Managements* stellt auf die *Problemlösung im Einzelfall* ab.« (Bleicher 1996: 372) Dabei geht es darum, »aufgetretene Probleme bei der Zielrealisation zu erkennen, zu analysieren, Handlungsalternativen zu eruieren, zu bewerten und eine zielführende Lösung auszuwählen. (...) Die Willensdurchsetzung ist notwendiger und unverzichtbarer Bestandteil des operativen Managements. Sie umfasst die Steuerung, Regelung und Veranlassung von Handlungen.« (Bleicher 1996: 372) Dieses Vorgehen folgt den »Anforderungen an lernende Systeme« (Bleicher 1996: 373), die auf ständige Verbesserung abzielen.

Auf der operativen Ebene des *betrieblichen Gesundheitsmanagements* kommt es darauf an, die normativen Ziele der betrieblichen Gesundheitspolitik mittels der strategischen Ressourcen und Strukturen in konkreten, zielgerichtet gesteuerten Prozessen im Einzelnen konkret zu realisieren.

1. Im Bereich des öffentlich-rechtlichen *Arbeits- und Gesundheitsschutzes* sind auf der operativen Ebene die Umsetzung der Gefährdungsbeurteilung und der ggf. erforderlichen Maßnahmen des Arbeitsschutzes sowie die Überprüfung ihrer Wirksamkeit und die Dokumentation der Ergebnisse (nach dem ArbSchG) von besonderer Bedeutung. Hinzu kommen die Tätigkeit der Betriebsärzte im Rahmen der arbeitsmedizinischen Betreuung und die sicherheitstechnischen Begehungen der Fachkräfte für Arbeitssicherheit (nach dem ASiG) sowie das konkrete, aufgabenbezogene Zusammenwirken aller betrieblichen Akteure (Führungskräfte und Beschäftigte, Fachkräfte und Betriebsärzte, Betriebs- bzw. Personalräte) und ihre Kooperation in den dafür vorgesehenen organisatorischen Strukturen (z.B. Arbeitsschutzausschuss).

2. Bei der *betrieblichen Gesundheitsförderung* kommt es auf der operativen Ebene darauf an, dass die Ermittlung und Bewertung des Handlungsbedarfs sowie die Entwicklung und Umsetzung geeigneter Gestaltungsmaßnahmen im Rahmen der hierfür geschaffenen organisatorischen Strukturen (z.B. Arbeitskreis Gesundheit und Gesundheitszirkel oder Projektleitung und Projektgruppen) mithilfe der herangezogenen Instrumente (z.B. Gesundheitsbericht, Mitarbeiterbefragung, Arbeitssituationsanalyse) erfolgt und dass integriert in die betrieblichen Strukturen und Prozesse die erforderlichen Veränderungen in den betrieblichen Arbeitsbedingungen (z.B. Arbeitsumgebung und Arbeitsaufgaben) sowie die geeigneten Angebote zur Veränderung des persönlichen Verhaltens (z.B. Bewegung, Ernährung, Suchtprävention) umgesetzt werden können.
3. Im Rahmen des *integrierten Managements* sind auf der operativen Ebene die Ermittlung und Bewertung der Informationen über Gesundheit und Leistungsfähigkeit der Beschäftigten (z.B. Fehlzeitenstatistik, Fluktuationsbewegungen, Umsetzungsanträge) vorzunehmen, um auf dieser Grundlage durch geeignete Instrumente (Anwesenheits- und Fehlzeitenmanagement, Mitarbeitergespräche, Führungskräfteentwicklung) darauf hinzuwirken, dass die Gesundheitsziele – als wichtige Voraussetzung für die Realisierung wirtschaftlicher Ziele – der Organisation verwirklicht werden. Dazu gehört auch die individuelle Beratung und Hilfe bei gesundheitlichen Problemen (durch berufliche Rehabilitation) oder bei persönlichen Schwierigkeiten (z.B. Familien- oder Partnerproblemen) und in finanziellen Notlagen (z.B. Schuldnerberatung) im Rahmen der betrieblichen Sozialberatung.

Operatives Management ist auf Prozesse orientiert (»prozessorientiertes Management«) und betrachtet diese entlang einer bestimmten Leistungskette (»Wertschöpfungskette«). Als Visualisierung bzw. bildliche Vorstellung vom Ablauf dieses prozessorientierten Managements hat sich in der internationalen Managementliteratur der so genannte »*Managementkreis*« (auch: Management-Zyklus) etabliert (vgl. z.B. Seghezzi 2003: 13).

Diese *prozessorientierte* Gliederung der operativen Aufgaben des Managements in vier Schritte ist weltweit anerkannt; sie wurde von der Internationalen Normungsorganisation ISO zunächst in die Norm DIN EN ISO 8402 (»Qualitätsmanagement und Darlegung des Qualitätsmanagementsystems – Begriffe«) aufgenommen und liegt schließlich auch der Qualitätsmanagement-Norm DIN EN ISO 9000: 2000 zugrunde (Seghezzi 2003: 72).

Abbildung 4: Kernprozesse des betrieblichen Gesundheitsmanagements

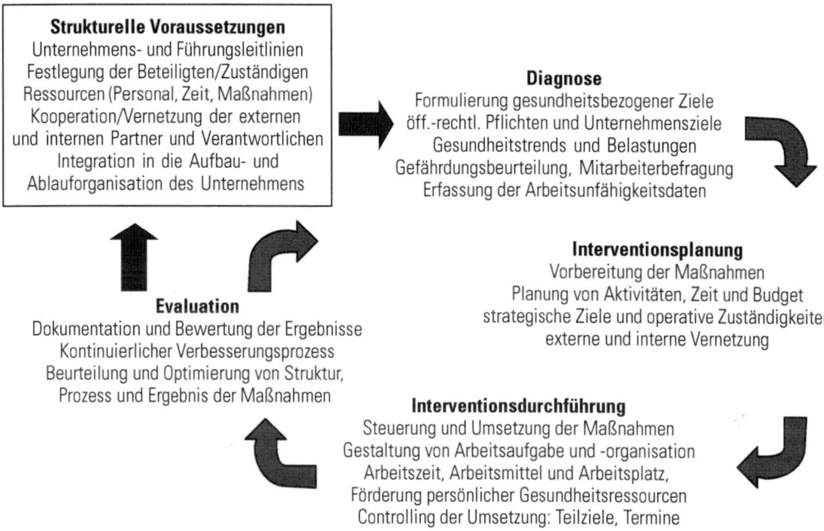

Daraus können *vier Kernprozesse* für das betriebliche Gesundheitsmanagement abgeleitet werden, die einen ständigen organisationalen Lernprozess kontinuierlicher Verbesserung beinhalten (Badura/Ritter/Scherf 1999: 45 und Walter 2003: 86; sowie Rudow 2004: 334ff.) (vgl. Abbildung 4):

1. *Diagnose*, d.h. Erfassung des Ist-Zustandes, »die systematische Erfassung der gesundheitlichen Situation der Beschäftigten und möglicher Einflussgrößen mit unterschiedlichen Methoden und Instrumenten«, die »zudem stets aus pathogenetischer und aus salutogenetischer Perspektive erfolgen« und daher »nach Ursachen schlechter wie guter Gesundheit« fragen sollte (Walter 2003: 87).
2. *Interventionsplanung*, d.h. inhaltliche und organisatorische Vorbereitung der Maßnahmen, welche die strategische, operative und dispositive Planung umfasst (Badura et al. 1999: 93). Unter Planung wird hierbei der »Prozess der Festlegung von Zielen und Maßnahmen sowie die Erarbeitung einer Handlungsabfolge für die nachfolgende Intervention« verstanden (Walter 2003: 91).
3. *Interventionsdurchführung*, d.h. »die systematische Durchführung und Steuerung von gesundheitsbezogenen Maßnahmen (...) entsprechend der in der Planung inhaltlich und konzeptionell festgelegten Vorgehensweise« (Walter 2003: 93f.). Hierfür ist eine »operative Infrastruktur« eben-

so erforderlich wie die Einbeziehung externer Experten und Berater (BG, GKV). Schließlich sollten die verschiedenen Zielgruppen informiert und beteiligt werden, damit die Maßnahmen auf Akzeptanz stoßen.

4. *Evaluation*, d.h. Erfolgsbewertung der Maßnahmen; »die systematische Bewertung der implementierten Strukturen und Prozesse sowie der erzielten Ergebnisse« (Walter 2003: 96) ist eine wichtige Voraussetzung für den kontinuierlichen Verbesserungsprozess, der das BGM als »lernendes System« bzw. »lernende Organisation« qualifiziert, wobei insbesondere die Fragen nach der Effektivität und der Effizienz der Maßnahmen und Programme im Vordergrund stehen (Badura/Ritter/Scherf 1999: 112).

3. Qualität und Effekte der betrieblichen Gesundheitspolitik und des betrieblichen Gesundheitsmanagements

Bei der Beurteilung und Evaluation der Qualität und der Effekte der betrieblichen Gesundheitspolitik und des betrieblichen Gesundheitsmanagements kann man sich im Wesentlichen an einem für die gesamte Qualitätssicherung im Gesundheitswesen grundlegenden Modell orientieren, das drei Dimensionen unterscheidet: Struktur-, Prozess- und Ergebnisqualität (Badura/Ritter 1998: 226). Diese Unterscheidung, die ursprünglich von dem Gesundheitsforscher Donabedian (University of Michigan) im Hinblick auf die Qualitätssicherung in der Gesundheitsversorgung entwickelt wurde, hat unter der Bezeichnung »Donabedian's Trias« bei der Bewertung von Struktur, Prozess und Ergebnis gesundheitsbezogener Maßnahmen in die Qualitätssicherung und Evaluationsforschung Eingang gefunden und kann inzwischen eine gewisse Allgemeingültigkeit *(»state of the art«)* beanspruchen (Donabedian 1980: 85ff.).

Zwischen diesen drei Dimensionen der Qualität (»structure, process, and outcome«; Donabedian 2003: 46) bestehen bestimmende Beziehungen insofern, als die Strukturqualität die Prozessqualität und die Prozessqualität die Ergebnisqualität wesentlich beeinflussen. Diese Zusammenhänge mögen im Einzelfall nicht zwingend sein und vielmehr auf Wahrscheinlichkeiten beruhen, aber je größer die Wahrscheinlichkeiten für diese Zusammenhänge sind und je besser sie wissenschaftlich nachgewiesen sind, um so zuverlässiger sind die Vorhersagen über die Qualität der Ergebnisse, die auf der Grundlage von Angaben über die Prozesse sowie über die zu Grunde liegenden Strukturen getroffen werden können (Donabedian 2003: 49).

Abbildung 5: Qualitätsrelevante Dimensionen und Kriterien von betrieblicher Gesundheitspolitik und betrieblichem Gesundheitsmanagement

Struktur-Dimensionen (structure) Ressourcen (sachlich, personell, organisational)	**Prozess-Dimensionen** (process) Ablauf, Durchführung, Verknüpfung, PDCA-Kreis	**Ergebnis-Dimensionen** (outcome) Wirkungen, Haupt- und Neben-Effekte, Nutzen
Struktur-Kriterien (1) Materielle bzw. sachliche Ressourcen: Infrastruktur, Technik, Budget (2) Personelle bzw. Human-Ressourcen: Verantwortliche, Qualifikation, Position (3) Organisationale Ressourcen: Beteiligung, Kooperation, Vernetzung	**Prozess-Kriterien** (1) Ermittlung des Handlungsbedarfs: Diagnose arbeitsbedingter Gefährdungen (2) Planung/Abstimmung der Maßnahmen: Zusammenwirken der Experten/Beschäftigten (3) Umsetzung der Maßnahmen: Einbeziehung aller Beteiligten (extern/intern) (4) Auswertung und Bewertung: Soll-Ist-Vergleich (Haupt- und Nebeneffekte)	**Ergebnis-Kriterien** Erfassung der beabsichtigten Effekte (1) Sicherheit der Arbeit (2) Gesundheit der Beschäftigten (3) Zufriedenheit der Beschäftigten (4) Motivation der Beschäftigten (5) Anwesenheit der Beschäftigten Kriterien zur Beurteilung der Wirkungen (1) Effektivität – Grad der Zielerreichung (2) Effizienz – Wirtschaftlichkeitsgrad (3) Akzeptanz – Erwartungskonformität (4) Chancengleichheit – Gerechtigkeit

Auf diese Weise ist es möglich, die Voraussetzungen für eine Sicherung der Qualität der Ergebnisse durch die Sicherstellung der Qualität der Struktur und des Prozesses einer Maßnahme zu gewährleisten.

Das erlaubt schließlich die Prognose des Erfolgs einer Maßnahme, indem sich die Ergebnisse mit einer bestimmten Evidenz, Plausibilität oder Wahrscheinlichkeit aufgrund einer Beurteilung der Strukturen und Prozesse, die schließlich zu diesen Ergebnissen führen werden, prospektiv vorhersagen lassen.

Über die verschiedenen qualitätsrelevanten Dimensionen von Struktur, Prozess und Ergebnis der betrieblichen Gesundheitspolitik selbst kann jeweils eine Reihe von Kriterien näheren Aufschluss liefern. Wichtige qualitätsrelevante Kriterien für den Erfolg der einzelnen Dimensionen des betrieblichen Gesundheitsmanagements sind (vgl. Abbildung 5):

1. Bei den *Struktur-Dimensionen* des betrieblichen Gesundheitsmanagements verdient die Anlage und Einrichtung sowie die Ausstattung und die Bereitstellung geeigneter Ressourcen besondere Aufmerksamkeit. Hinzu kommen die Verankerung der betrieblichen Gesundheitspolitik in

die Unternehmenskultur und ihre Integration in alle Unternehmensziele sowie die Kommunikation und Information über die durchzuführenden Maßnahmen im Betrieb. Im Hinblick auf die Strukturqualität des betrieblichen Gesundheitsmanagements sind insbesondere drei Arten von *Ressourcen* wichtig:
(a) *Materielle* bzw. sachliche Ressourcen, wie z.B. technische Einrichtungen, Räume und finanzielle Ausstattung (Budget), die für eine Maßnahme bereit gestellt werden.
(b) *Personelle* bzw. Human-Ressourcen, wie z.B. das eingesetzte Personal (Anzahl, Position) und die vorhandenen Qualifikationen im Hinblick auf das Ziel der Maßnahme.
(c) *Organisatorische* bzw. organisationale Ressourcen, wie z.B. die Einbettung in die Aufbau- und Ablauforganisation des Betriebes, die Festlegung von Zuständigkeiten und Verantwortlichkeiten sowie systematische Vernetzung interner und externer Ressourcen.

2. Im Hinblick auf die *Prozess-Dimensionen* des betrieblichen Gesundheitsmanagements kommen dem zeitlichen Ablauf und der inhaltlichen Abstimmung der einzelnen Schritte im Rahmen der betrieblichen Gesundheitspolitik besondere Bedeutung zu, wobei vor allem die Kommunikation und die Kooperation zwischen den verschiedenen Akteuren sowie die Partizipation und die Einbeziehung aller Beteiligten wichtig sind. Als Kriterien für die Prozessqualität können gelten:
(a) Die Ermittlung des Handlungsbedarfes und die *Beurteilung* arbeitsbedingter Gefährdungen der Gesundheit stellen die Grundlage (»Diagnose«) für erforderliche Maßnahmen des Gesundheitsmanagements dar.
(b) Die *Planung* und Abstimmung der Maßnahmen sowie das Zusammenwirken der Experten für das betriebliche Gesundheitsmanagement und die Einbeziehung der betroffenen Beschäftigten bei der Entwicklung geeigneter Maßnahmen im Betrieb.
(c) Die *Kooperation* und die Partnerschaft (»strategische Partnerschaften«) mit externen Institutionen und Experten (z.B. Berufsgenossenschaften, staatlichen Aufsichtsbehörden, Krankenkassen, Beratern und möglichen Sponsoren bzw. Unterstützern) erweitert die Kompetenz- und Ressourcenbasis für die betriebliche Gesundheitspolitik.
(d) Bei der *Umsetzung* der Maßnahmen kommt der Einbeziehung aller Verantwortlichen und den Betroffenen besondere Bedeutung zu, damit die geplanten Veränderungen tatsächlich in vollem Umfang und in der vorgesehenen Weise verwirklicht werden (»Umsetzungscontrolling«).

(e) Bei der Auswertung und *Bewertung* der erzielten Effekte des betrieblichen Gesundheitsmanagements (»Evaluation«) ist ein Soll-Ist-Vergleich zwischen geplanten und tatsächlich realisierten Maßnahmen anzustellen, und es sind ggf. die erforderlichen Anpassungsmaßnahmen vorzunehmen.

3. Die *Ergebnis-Dimensionen* des betrieblichen Gesundheitsmanagements umfassen die Gesamtheit der Wirkungen, die im Rahmen der betrieblichen Gesundheitspolitik bei den Beschäftigten tatsächlich hervorgebracht werden. Dabei sind die beabsichtigten, intendierten und spezifischen Haupt-Effekte ebenso in die Betrachtung einzubeziehen wie die unbeabsichtigten und die unspezifischen Neben-Wirkungen des betrieblichen Gesundheitsmanagements. Den Zielsetzungen der betrieblichen Gesundheitspolitik entsprechend sind die erreichten Ergebnisse im Hinblick auf die Arbeitssicherheit (gemessen an Arbeitsunfällen verschiedener Art und unterschiedlichen Schweregrades), die arbeitsbedingte Gefährdung der Gesundheit (gemessen an Berufskrankheiten und arbeitsbedingten Erkrankungen sowie Fehlzeiten- bzw. Anwesenheitsquoten), die Förderung der Gesundheit (gemessen an gesundheitsförderlichen betrieblichen Angeboten und persönlichen Verhaltensweisen) und schließlich in Bezug auf die Leistungsfähigkeit und Leistungsbereitschaft der Beschäftigten (gemessen an der Zufriedenheit der Beschäftigten und der Produktivität der Arbeit). Für die verschiedenen Dimensionen der Qualität, anhand derer die erzielten Ergebnisse bewertet werden können (Donabedian 2003: 4-27), lassen sich folgende *Kriterien* formulieren:
(a) Die *Effektivität* (Wirksamkeit) gibt Aufschluss darüber, in welchem Grad das angestrebte Ziel erreicht wurde (Zielerreichungsgrad), wobei zwischen der potentiellen, unter optimalen Rahmenbedingungen erreichbaren Effektivität (*efficiacy*) und der tatsächlich unter den gegebenen Bedingungen erreichten Effektivität (*effectiveness*) unterschieden werden kann. Die potentielle Effektivität stellt als mögliche Bestleistung die Referenz dar, auf die bezogen jeweils der konkret realisierte Grad der Zielerreichung »gemessen« und insofern beurteilt werden kann.
(b) Die *Effizienz* (Wirtschaftlichkeit) bringt zum Ausdruck, in welchem Verhältnis die tatsächlich erreichten Ergebnisse zu dem hierfür erforderlichen Gesamtaufwand (in Kosten ausgedrückt: *cost efficiency*) stehen. In diesem Zusammenhang kommt es darauf an, auf dem Wege eines kontinuierlichen Verbesserungsprozesses die Kosten für die Erreichung eines bestimmten Effektes zu senken oder bei gleichen Kosten die zu erreichenden

Effekte (Nutzen) zu erhöhen. Ziel ist die Optimierung (*Optimalität*) der Leistungssteigerung auf der einen im Verhältnis zur Kostenentwicklung einer Maßnahme auf der anderen Seite (*optimality*: »balancy of improvements ... against the costs of such improvements« bzw. »best or optimum relationship between costs and benefits«; Donabedian 2003: 11).

(c) Die *Akzeptanz* ist ein Maß dafür, inwieweit die Ergebnisse mit den Wünschen, Erwartungen und Bedürfnissen der Adressaten einer Maßnahme übereinstimmen (Erwartungskonformität). Dabei kann zwischen der *individuellen Akzeptanz* (*acceptability* bzw. *acceptability to individuals*) aus der Sicht der einzelnen Betroffenen bzw. Empfänger einer Maßnahme und der *sozialen Akzeptanz* (*legitimacy* bzw. *social acceptability*) aus der Sicht der Gesellschaft, wie sie sich aus den herrschenden ethischen Prinzipien, Normen, Werten, Gesetzen und Regelungen ergibt, unterschieden werden.

(d) Die *Gerechtigkeit* bzw. Billigkeit (*equity*) ist ein Maß dafür, inwieweit die Ergebnisse mit den Prinzipien der Gleichheit bzw. Chancengleichheit übereinstimmen und inwieweit sie dem entsprechen, was man als angemessen und fair im Hinblick auf die Verteilung einer Leistung und in Bezug auf den Zugang zu den Ergebnissen betrachten kann. Was indes aus gesellschaftlicher Sicht als »gerecht« (*social equity*) erscheint, muss nicht, wie bei einer ungleichen Verteilung zum Zwecke des Ausgleichs struktureller Benachteiligungen, zwangsläufig auch mit der Überzeugung eines jeden Individuums darüber übereinstimmen, was ihm subjektiv billiger Weise zusteht.

Die Evaluation kann im Anschluss an die abgeschlossene Intervention erfolgen (*»summative Evaluation«*) und/oder die Maßnahmen bzw. das Interventionsprogramm begleiten (*»formative Evaluation«*) (Rossi/Freeman/Lipsey 1999: 36ff.; Bortz/Döring 2003: 112f.). Aufgabe der *summativen* Evaluation ist es, aus den Erfahrungen, die mit einer Maßnahme gemacht wurden, für künftige Interventionen systematisch Erkenntnisse zu gewinnen, durch welche die Effektivität und die Effizienz der Interventionen gesichert und gesteigert werden können. Im Rahmen der *formativen* Evaluation werden die bei der Implementation und Durchführung gesammelten Erfahrungen dazu genutzt, kurzfristig für die Sicherung und Steigerung der Effektivität und Effizienz der noch laufenden Maßnahmen entsprechende Schlussfolgerungen zu treffen.

Kapitel 2
Arbeitssicherheit, Gesundheitsschutz und Gesundheitsförderung

1. Rechtliche Grundlage und institutionelle Gliederung

Die Wurzeln des für Deutschland charakteristischen *dualen* Systems des Arbeits- und Gesundheitsschutzes reichen zurück ins ausgehende 19. Jahrhundert. Seither beruht der *öffentlich-rechtliche* Arbeitsschutz zum einen auf dem *staatlichen* Arbeitsschutzrecht, das in Form von Gesetzen (z.B. ArbSchG, ASiG, ArbZG, MuSchG, JArbSchG) und Verordnungen (z.B. ArbStättV, GefStoffV, BetrSichV, BildscharbV, LasthandhabV) von der Legislative beschlossen bzw. von der Exekutive erlassen wird, und zum anderen auf dem *autonomen* Arbeitsschutzrecht, das in Gestalt von Unfallverhütungs- bzw. Berufsgenossenschaftlichen Vorschriften von den Trägern der Gesetzlichen Unfallversicherung erlassen wird. Hinzu kommen privatrechtliche Regelungen, die den Arbeitgeber (ArbG) *individualrechtlich* durch Gesetz verpflichten, den Arbeitnehmer (ArbN) »gegen Gefahr für Leben und Gesundheit« (§ 618 BGB) bzw. »gegen eine Gefährdung seiner Gesundheit« (§ 62 HGB) so weit zu schützen, »als es die Natur der Dienstleistung« (BGB) bzw. »die Natur des Betriebs gestattet« (HGB). Diese gesetzlichen Pflichten des ArbG können im Einzelarbeitsvertrag sowie durch *kollektivvertragliche* Regelungen in Form von Tarifvertrag oder Betriebsvereinbarung konkretisiert oder erweitert werden (z.B. Regelungen zu bezahlten Kurzpausen bei Fließband- oder Bildschirmarbeit).

Der öffentlich-rechtliche Arbeitsschutz findet seine *verfassungsrechtliche* Grundlage in Art. 1 Abs. 1 (»Die Würde des Menschen ist unantastbar.«) und in Art. 2 Abs. 2 (»Jeder hat das Recht auf Leben und körperliche Unversehrtheit. Die Freiheit der Person ist unverletzlich.«) sowie in Art. 20 Abs. 1 GG (»Die Bundesrepublik Deutschland ist ein demokratischer und sozialer Bundesstaat.«). Diese allgemeinen Vorschriften werden konkretisiert auf der privatrechtlichen Seite durch das individuelle (§ 618 BGB) und das kollektive (Tarifvertrag und Betriebsvereinbarung; BetrVG, PersVG) sowie auf der öffentlich-rechtlichen Seite durch das staatliche (z.B. ArbSchG, ASiG) und das autonome unfallversicherungsrechtliche (SGB VII, UVV/BGV) Arbeitsschutzrecht.

Repräsentanten des dualen Systems im Arbeits- und Gesundheitsschutz sind auf der staatlichen Seite die Arbeitsschutzbehörden der Bundesländer (je nach Bundesland: Amt für Arbeitsschutz oder Gewerbeaufsichtsamt), die aus der »Gewerbepolizei« des 19. Jahrhunderts hervorgegangen sind und die im Länderausschuss für Arbeitsschutz und Sicherheitstechnik (LASI) zusammenarbeiten. Auf der Seite der Träger der gesetzlichen Unfallversicherung sind es die nach Wirtschaftszweigen gegliederten gewerblichen Berufsgenossenschaften (2001: 55,251 Mio. Versicherungsverhältnisse), die im Hauptverband der gewerblichen Berufsgenossenschaften (HVBG) zusammengeschlossen sind, sowie die Unfallversicherungsträger der öffentlichen Hand (2001: 16,904 Mio. Versicherungsverhältnisse), deren Dachorganisation der Bundesverband der Unfallversicherungsträger der öffentlichen Hand (BAGUV) ist, und die Landwirtschaftlichen Berufsgenossenschaften (2001: 4,254 Versicherungsverhältnisse) (Unfallverhütungsbericht Arbeit, BT-Drucks. 14/03, 8.1.2003, S. 123).

Die Aufgaben der staatlichen *Aufsichtsbehörden* im Arbeitsschutz sind im Wesentlichen im ArbSchG §§ 21-23 geregelt. Diese haben den gesetzlichen Auftrag, den ArbG (ebenso den Betriebs- bzw. Personalrat) bei der Erfüllung ihrer Pflichten im Arbeitsschutz zu *beraten*, die Einhaltung der gesetzlichen Arbeitsschutzvorschriften zu *überwachen* und für den *Vollzug* der Vorschriften durch Anordnungen sowie die Durchsetzung und Sanktionierung dieser Anordnungen zu sorgen. Für diese Aufgaben stehen ihnen insbesondere Gewerbeaufsichtsbeamte und Gewerbeärzte zur Verfügung.

Die Aufgaben der Träger der gesetzlichen Unfallversicherung (GUV) ergeben sich aus dem VII. Band des Sozialgesetzbuches (SGB VII). Demnach haben die *Berufsgenossenschaften* und die Unfallversicherungsträger der öffentlichen Hand zum einen die Aufgabe, Arbeitsunfälle sowie Berufskrankheiten und arbeitsbedingte Gesundheitsgefahren zu *verhüten* und zum anderen durch medizinische Leistungen und *Rehabilitation* nach Arbeitsunfällen oder Berufskrankheiten die Gesundheit und Leistungsfähigkeit der Betroffenen wieder herzustellen bzw. sie oder ihre Hinterbliebenen finanziell zu *entschädigen* (§ 1 SGB VII). Zur Verhütung von Arbeitsunfällen, Berufskrankheiten und arbeitsbedingten Gesundheitsgefahren sowie für Maßnahmen zur Ersten Hilfe erlassen die Träger der gesetzlichen Unfallversicherung (§ 14 SGB VII) als autonomes Recht spezielle Unfallverhütungsvorschriften (UVV) bzw. Berufsgenossenschaftliche Vorschriften (BGV). Die technischen *Aufsichtsdienste* mit ihren Aufsichtspersonen (§§ 18 und 19 SGB VII) sowie die *Präventionsdienste* der Berufsgenossenschaften haben dafür zu sorgen, dass eine *Überwachung* der Einhaltung der UVV bzw. BGV sowie eine *Beratung* des ArbG sowie der Beschäftigten und der Betriebs- und Personalräte in diesen Fragen erfolgt (§ 17 SGB VII).

2. Inner- und überbetriebliche Akteure

Verantwortlich für den Arbeits- und Gesundheitsschutz im Betrieb ist stets der *Arbeitgeber* bzw. sein gesetzlicher Vertreter (vgl. 618 BGB, § 62 HGB). Der ArbG ist daher der vorrangige Normadressat des ArbSchG, das in §§ 3-14 dessen gesetzliche Pflichten im Arbeitsschutz aufführt. Die berufsgenossenschaftliche Unfallverhütungsvorschrift »Grundsätze der Prävention« (BGV A1) regelt in §§ 2-14 die »Pflichten des Unternehmers« besonders eingehend. Der Arbeitgeber kann zuverlässige und fachkundige Personen (»Pflichtenübertragungsinhaber«), die über die erforderliche Eignung und Qualifikation verfügen, mit der Wahrnehmung dieser Pflichten beauftragen (§ 13 Abs. 2 ArbSchG, § 13 BGV A1).

In Unternehmen mit regelmäßig mehr als 20 Beschäftigten hat der ArbG nach den Bestimmungen des § 22 SGB VII unter Berücksichtigung der bestehenden Unfall- und Gesundheitsgefahren und der Zahl der Beschäftigten »*Sicherheitsbeauftragte*« zu bestellen, die ihn bei der Durchführung von Maßnahmen des Arbeitsschutzes zu unterstützen haben. Die Zahl der Sicherheitsbeauftragten richtet sich nach der Betriebsgröße (Anlage 2 zu § 20 Abs. 1 der Unfallverhütungsvorschrift »Grundsätze der Prävention« BGV A1 vom 1.1.2004); ab 35 Beschäftigten ist mindestens ein Sicherheitsbeauftragter, ab 150 Beschäftigten sind mindestens zwei, ab 500 Beschäftigten mindestens drei und ab 1.000 Beschäftigten mindestens vier Sicherheitsbeauftragte zu bestellen.

Der ArbG hat darüber hinaus nach den Bestimmungen des Arbeitssicherheitsgesetzes (ASiG) entsprechend fachkundige und qualifizierte *Fachkräfte für Arbeitssicherheit* und *Betriebsärzte* zu bestellen, die ihn »beim Arbeitsschutz und bei der Unfallverhütung unterstützen« (§ 1 ASiG). Diese Verpflichtung gilt für alle Betriebe. Die Zahl der zu bestellenden Fachkräfte für Arbeitssicherheit bzw. deren Einsatzzeiten im Betrieb richtet sich zum einen nach dem Gefährdungspotential (Gefahrtarif der jeweiligen Betriebsart bzw. Branche) und zum anderen nach der Anzahl der Beschäftigten.

Die Bestellung, die Aufgaben und die Anforderungen an die *Betriebsärzte* sind in §§ 2-4 ASiG geregelt. Die Betriebsärzte haben gem. § 3 ASiG insbesondere die Aufgabe, den ArbG und die für den Arbeitsschutz verantwortlichen Personen bei allen Fragen des Arbeitsschutzes und der Arbeitsgestaltung zu beraten, die ArbN arbeitsmedizinisch zu betreuen (d.h. untersuchen, beurteilen, beraten), die Durchführung des Arbeitsschutzes zu beobachten (z.B. durch Begehungen) sowie auf ein sicherheits- und gesundheitsgerechtes Verhalten der Beschäftigten hinzuwirken (z.B. durch Belehrungen). Das Nähere legen die verschiedenen Berufsgenossenschaften für die bei ihnen versicherten Betriebe unter Berücksichtigung des branchenspezifischen Gefährdungspotentials in der Unfallverhütungsvorschrift »Betriebsärzte« (BGV A7) im Einzelnen fest; dazu gehört insbesondere die Berechnung der jährlichen Einsatzzeiten der Betriebsärzte je Arbeitnehmer nach Betriebsart bzw. Gefahrtarif (§ 2 und DA zu § 2 BGV A7).

Die Bestellung, die Aufgaben und die Anforderungen an die *Fachkräfte für Arbeitssicherheit* (je nach Ausbildung: Sicherheitsingenieure, Sicherheitstechniker, Sicherheitsmeister) sind in §§ 5-7 ASiG geregelt. Die Fachkräfte für Arbeitssicherheit haben gem. § 6 ASiG insbesondere die Aufgabe, den ArbG und die für den Arbeitsschutz verantwortlichen Personen bei allen Fragen des Arbeitsschutzes und der sicherheits- und gesundheitsgerechten Arbeitsgestaltung zu beraten, die Betriebsanlagen und Arbeitsmittel sicherheitstechnisch zu überprüfen, die Durchführung des Arbeitsschutzes und der Unfallverhütung zu beobachten (z.B. durch Begehungen) sowie darauf hinzuwirken, dass sich die Beschäftigten sicherheits- und gesundheitsgerecht verhalten. Das Nähere legen die verschiedenen Berufsgenossenschaften für die bei ihnen versicherten Betriebe unter Berücksichtigung des branchenspezifischen Gefährdungspotentials in einer speziellen Unfallverhütungsvorschrift »Fachkräfte für Arbeitssicherheit« (BGV A6) im Einzelnen fest; dazu gehört insbesondere die Berechnung der Einsatzzeiten der Fachkräfte für Arbeitssicherheit (Stunden/Jahr je Arbeitnehmer) je nach Betriebsart bzw. Gefahrtarif (§ 2 und DA zu § 2 BGV A6).

Die Pflichten und Rechte der *Beschäftigten* im Arbeits- und Gesundheitsschutz sind insbesondere in §§ 15-17 ArbSchG und in §§ 15-18 der Unfallverhütungsvorschrift über die »Grundsätze der Prävention« (BGV A1) geregelt. Zunächst einmal haben die Beschäftigten die *Pflicht*, für die eigene Sicherheit und Gesundheit sowie für die von Personen, die durch ihre Handlungen oder Unterlassungen betroffen sein können, nach ihren Möglichkeiten sowie »gemäß der Unterweisung und Weisung des Arbeitgebers« Sorge zu tragen (§ 15 Abs. 1 ArbSchG). Sie sind verpflichtet, die technischen Arbeitsmittel und die zur Verfügung stehenden persönlichen Schutzausrüstungen »bestimmungsgemäß zu verwenden« (§ 15 Abs. 1 ArbSchG) und insbesondere »jede von ihnen festgestellte unmittelbare und erhebliche Gefahr für die Sicherheit und Gesundheit sowie jeden an den Schutzsystemen festgestellten Defekt« »dem Arbeitgeber oder dem zuständigen Vorgesetzten« zu melden (§ 16 Abs. 1 ArbSchG). Darüber hinaus haben sie den ArbG gemeinsam mit den Fachkräften für Arbeitssicherheit und den Betriebsärzten darin zu unterstützen, die Sicherheit und den Gesundheitsschutz zu gewährleisten und die entsprechenden rechtlichen Pflichten zu erfüllen (§ 16 Abs. 2 ArbSchG).

Die Beschäftigten haben nach § 17 Abs. 1 ArbSchG das ausdrückliche *Recht*, »dem Arbeitgeber Vorschläge zu allen Fragen der Sicherheit und des Gesundheitsschutzes bei der Arbeit zu machen.« Unter ganz bestimmten, allerdings sehr eng gefassten Voraussetzungen haben sie sogar das Recht, sich direkt an die zuständige staatliche Aufsichtsbehörde (Amt für Arbeitsschutz bzw. Gewerbeaufsichtsamt) zu wenden (§ 17 Abs. 2 ArbSchG), ohne dass ihnen daraus Nachteile entstehen dürfen. Allerdings gilt dies nur dann, wenn sie »auf Grund konkreter Anhaltspunkte« zu der Auffassung gelangt sind, »dass die vom Arbeitgeber getroffenen Maßnahmen und bereitgestellten Mittel nicht ausreichen, um die Sicherheit und den Gesundheitsschutz bei der Arbeit zu gewährleisten«, und wenn der ArbG trotz der Beschwerden von Beschäftigten nicht für Abhilfe sorgt. Diese Voraussetzungen dürften nur in seltenen Fällen erfüllt sein; in der Regel bleiben indes die innerbetrieblichen Instanzen, in erster Linie der ArbG bzw. der unmittelbare Vorgesetzte, die Fachkräfte für Arbeitssicherheit und der Betriebsarzt, und, sofern vorhanden, der Betriebs- bzw. Personalrat die Adressaten für entsprechende Reklamationen und Beschwerden im Arbeits- und Gesundheitsschutz.

Die gesetzliche Interessenvertretung (Betriebs- bzw. Personalrat) besitzt im Arbeits- und Gesundheitsschutz eine Reihe von Überwachungs-, Mitwirkungs- und Mitbestimmungsrechten bzw. -pflichten, die sich insbesondere aus dem BetrVG ergeben. Am wichtigsten sind dabei die folgenden Regelungen:

- Nach § 80 Abs. 1, Nr. 1 BetrVG hat der *Betriebsrat* die Aufgabe, »darüber zu wachen, dass die zugunsten der Arbeitnehmer geltenden Gesetze, Verordnungen, Unfallverhütungsvorschriften, Tarifverträge und Betriebsvereinbarungen durchgeführt werden«.
- Nach § 89 Abs. 1 BetrVG hat der Betriebsrat die staatlichen Arbeitsschutzbehörden, die Träger der gesetzlichen Unfallversicherung (Berufsgenossenschaften) und alle anderen Stellen »bei der Bekämpfung von Unfall-

und Gesundheitsgefahren ... durch Anregung, Beratung und Auskunft zu unterstützen« und sich für die Durchführung der entsprechenden Arbeitsschutzvorschriften einzusetzen. Darüber hinaus haben der ArbG und die für den Arbeitsschutz zuständigen Stellen (vor allem staatliche Aufsichtsbehörden und Berufsgenossenschaften) den Betriebsrat »bei allen im Zusammenhang mit dem Arbeitsschutz oder der Unfallverhütung stehenden Besichtigungen und Fragen bei Unfalluntersuchungen hinzuzuziehen« (§ 89 Abs. 2 BetrVG).

- Nach § 90 BetrVG hat der ArbG den Betriebsrat über die Planung von baulichen, technischen und organisatorischen Veränderungen zu informieren und mit ihm die Auswirkungen auf die ArbN zu beraten; dies hat so rechtzeitig zu geschehen, »dass Vorschläge und Bedenken des Betriebsrats« sowie »die gesicherten arbeitswissenschaftlichen Erkenntnisse über die menschengerechte Gestaltung der Arbeit« berücksichtigt werden können. Sofern die ArbN durch Veränderungen der Arbeitsplätze, des Arbeitsablaufs oder der Arbeitsumgebung, »die den *gesicherten* arbeitswissenschaftlichen Erkenntnissen über die menschengerechte Gestaltung der Arbeit *offensichtlich* widersprechen, in *besonderer Weise belastet*« werden, »kann der Betriebsrat *angemessene* Maßnahmen zur *Abwendung*, *Milderung* oder zum *Ausgleich* der Belastungen verlangen«, wobei er über ein zwingendes Mitbestimmungsrecht verfügt (§ 91 BetrVG; Hervorhebungen vom Verf.). So positiv diese bei der Novellierung des BetrVG 1972 eingefügten Regelungen aus arbeitswissenschaftlicher Sicht zwar sind, haben sie aber in der betrieblichen Praxis so gut wie keine Rolle gespielt, weil sich die zahlreichen restriktiven Voraussetzungen, an die das korrigierende Mitbestimmungsrecht des Betriebsrats in diesem Falle gebunden ist (siehe obige Hervorhebungen), in der Regel als allzu hohe Hürde erwiesen.
- Weitaus wirksamer kann das *Mitbestimmungsrecht* im Arbeits- und Gesundheitsschutz nach § 87 Abs. 1 Nr. 7 BetrVG wahrgenommen werden; demzufolge hat der Betriebsrat, »soweit eine gesetzliche oder tarifvertragliche Regelung nicht besteht«, mitzubestimmen bei »Regelungen über die Verhütung von Arbeitsunfällen und Berufskrankheiten sowie über den Gesundheitsschutz im Rahmen der gesetzlichen Vorschriften und der Unfallverhütungsvorschriften«. Bei vielen Fragen insbesondere des technischen Arbeitsschutzes greift dieses Mitbestimmungsrecht nicht, weil durch Gesetze (z.B. Arbeitszeitgesetz, Gerätesicherheitsgesetz, Mutterschutzgesetz) oder durch Unfallverhütungsvorschriften (z.B. Lärm,

Leitern) entsprechende Vorschriften bestehen, die abschließend und unmittelbar wirken und daher dem ArbG keinen Handlungs- bzw. Ermessensspielraum belassen. Wenn indes der ArbG keinen Entscheidungsspielraum hat, kann auch das Mitbestimmungsrecht des BetrR nicht geltend gemacht werden.

Die Umsetzung des ArbSchG (seit 7. August 1996 die »Magna Charta des Arbeitsschutzes«) eröffnet allerdings dem ArbG mit seinen zahlreichen ausfüllungsbedürftigen Rahmenvorschriften einen erheblichen Spielraum bei der betrieblichen Durchführung des Arbeits- und Gesundheitsschutzes. Durch das ArbSchG kam die Bundesregierung ihrer Verpflichtung nach, die EG-Arbeitsschutzrahmenrichtlinie (89/391/EWG) in nationales Recht umzusetzen. Daher orientiert sich das ArbSchG »an der Regelungssystematik des umzusetzenden EG-Rechts. Die Regelungssystematik der Arbeitsschutz-Richtlinien ist es, Schutzziele und allgemein gehaltene Anforderungen vorzugeben und nicht detaillierte Verhaltensvorgaben zu formulieren. (...) In allen Fällen erlaubt der relativ hohe Abstraktionsgrad der Vorschriften den einzelnen Betrieben an die konkrete Gefährdungssituation angepasste und kostengünstige Arbeitsschutzmaßnahmen.« Dem folgt das ArbSchG: »Bei der Übernahme der Bestimmungen wird auf eine hohe Praktikabilität geachtet. Durch weit gefasste Formulierungen wird bewusst Spielraum für an die Situation der Betriebe angepasste Arbeitsschutzmaßnahmen gelassen.« (aus der Amtl. Begründung zum Gesetzentwurf für ein ArbSchG, Bundesrats-Drucksache 81/95 vom 29.12.1995)

In einer höchstrichterlichen Entscheidung hat das Bundesarbeitsgericht hierzu als Leitsatz formuliert: »Das Mitbestimmungsrecht nach § 87 Abs. 1, Nr. 7 BetrVG setzt eine Handlungspflicht des Arbeitgebers voraus, die aus Vorschriften des Arbeits- und Gesundheitsschutzes folgt und die wegen Fehlens einer zwingenden Vorgabe einer konkreten betrieblichen Regelung bedarf.« (BAG 15.1.2002, 1 ABR 13/01)

Damit wird dem ArbG ein Ausfüllungs-Spielraum eingeräumt und dem BetrR daher ein weites Feld für sein *Mitbestimmungsrecht* bei der Umsetzung des ArbSchG und der nachfolgenden Verordnungen (z.B. BildscharbV, LasthandhabV, BetrSichV) im Rahmen von § 87 Abs. 1 Nr. 7 eröffnet. Dieses Mitbestimmungsrecht (BAG vom 8.6.2004, Az. 1 ABR 4/03 und 1 ABR 13/03; LAG Hamburg 21.9.2000, Az.: 7 TaBV 3/98; BAG 15.1.2002, Az.: 1 ABR 13/01; LAG Niedersachsen 20.3.2003, Az.: 4 TaBV 108/00; LAG Hamburg vom 27.3.2003, Az.: 7 TaBV 5/02) erstreckt sich insbesondere auf folgende *Regelungsbereiche*:

1. Durchführung der Gefährdungsbeurteilung nach § 5 ArbSchG und § 3 BildscharbV.
2. Ausgestaltung der Dokumentation der Gefährdungsbeurteilung, der festgelegten Maßnahmen des Arbeitsschutzes und der Ergebnisse der Wirksamkeitsüberprüfung nach § 6 ArbSchG.
3. Durchführung der Unterweisung der Beschäftigten über Sicherheit und Gesundheitsschutz nach § 12 ArbSchG.
4. Umsetzung von Arbeitsschutzmaßnahmen nach §§ 3 Abs. 1 und 4 ArbSchG sowie §§ 4 und 5 BildscharbV.
5. Betriebliche Organisation des Arbeits- und Gesundheitsschutzes nach § 3 Abs. 1 und 2 ArbSchG.
6. Beauftragung fachkundiger Personen mit Aufgaben des Arbeits- und Gesundheitsschutzes nach § 13 Abs. 2 ArbSchG.
7. Ausgestaltung arbeitsmedizinischer Vorsorgeuntersuchungen nach § 11 ArbSchG und § 6 BildscharbV.

Die Ausgestaltung dieses Mitbestimmungsrechts des Betriebsrats kann im Einzelnen in *Betriebsvereinbarungen* näher geregelt werden; dafür liegen in der Praxis zahlreiche Beispiele vor, die z.T. auch veröffentlicht sind (vgl. z.B.: AiB 9/2000: 534-540; AiB 10/2003: S. 604-612).

3. Neue Leitbilder für einen zeitgemäßen Arbeits- und Gesundheitsschutz

Seit 1996/97 vollzog sich in Deutschland ein Prozess nachholender Modernisierung im Arbeits- und Gesundheitsschutz, in dessen Verlauf bestehende Lücken geschlossen werden sollten. Bei allen Vorzügen und Erfolgen, auf die das rund hundert Jahre alte und immer wieder erweiterte und ergänzte System des klassischen, überwiegend technisch und medizinisch orientierten Arbeitsschutzes zurückblicken konnte, wurde doch eine Modernisierung immer dringlicher.

Zwar hatte der traditionelle Arbeitsschutz vor allem bei der Verhütung von Arbeitsunfällen und von Berufskrankheiten erhebliche Erfolge zu verzeichnen. Dafür waren nicht zuletzt der hohe Stand der Professionalisierung und die Expertenkompetenz der betrieblichen Verantwortlichen und der überbetrieblichen Fachleute der Berufsgenossenschaften oder der staatlichen Aufsichtsbehörden sowie die vielfach hohe Regelungsdichte vor allem im Bereich der technischen Arbeitssicherheit verantwortlich. Aber die arbeitsbedingten Erkrankungen insgesamt, die weit über den engen Bereich der Berufskrankheiten hinaus reichen, sowie die auf arbeitsorganisatorische, aufgabeninhaltliche oder psychische Belastungsfaktoren zurückzuführenden gesundheitlichen Gefährdungen wurden dem gegenüber weitgehend vernachlässigt. Hinzu kamen die erheblichen Vollzugs- und Kontrolldefizite bei der Überwachung der bestehenden Vorschriften und die überwiegend auf die Korrektur erkannter Sicherheitsmängel konzentrierten und insofern eher reaktiven und korrigierenden Maßnahmen des Arbeitsschutzes.

Aufgrund des technisch-organisatorischen Wandels mit seinen Rationalisierungs- und Automatisierungseffekten sowie in Folge des wirtschaftlichen und des beruflichen Strukturwandels kam es im Laufe der letzten Jahrzehnte zu einem Wandel im Belastungs- und Gefährdungspotential in der Arbeitswelt. Dadurch sind zwar die klassischen, überwiegend physisch wirkenden Risikofaktoren (z.B. durch Umgebungseinflüsse, körperliche Belastungen, technische Sicherheit) nicht verschwunden, sondern bestehen in vielen Arbeitsbereichen weiter fort. Aber daneben haben andere, überwiegend psychisch wirkende Belastungen (z.B. durch Arbeitsintensität, Arbeitszeitflexibilität, Arbeitsorganisation) an Bedeutung sehr stark zugenommen (vgl. z.B. Unfallverhütungsbericht Arbeit, BT-Drucks. 14/03, 8.1.2003).

Von diesem Strukturwandel des Belastungs-Beanspruchungs-Profils in der Arbeitswelt ging ein zunehmender Modernisierungsdruck aus, der schließlich vor dem Hintergrund der Entstehung eines gemeinsamen europäischen Marktes zu einer Umgestaltung der rechtlichen Regelungen und konzeptionellen Ansätze im Bereich der Arbeitssicherheit und des Gesundheitsschutzes in Deutschland geführt hat. Die Neuorientierung im deutschen Arbeitsschutz fand ihren Ausgangspunkt letztlich in der europäischen Rechtsetzung.

Bereits 1987 waren durch die Einheitliche Europäische Akte (EEA) zur Verwirklichung der »sozialen Dimension des Binnenmarktes« unter anderem die Artikel 118 a und 100 a in den EG-Vertrag (EG-V) aufgenommen worden, um die Zusammenarbeit zwischen den Mitgliedsstaaten auf den Gebieten der Verhütung von Berufsunfällen und Berufskrankheiten sowie dem Gesundheitsschutz bei der Arbeit weiter zu entwickeln. Dadurch sollte die Arbeitsumwelt sowie der Schutz von Sicherheit und Gesundheit der Arbeitnehmer bei der Arbeit verbessert werden, indem eine Harmonisierung der Vorschriften in den Mitgliedsstaaten bei gleichzeitigem Fortschritt (Art. 118 a EG-V 1987) bzw. auf einem hohen Schutzniveau (Art. 100 a EG-V 1987) angestrebt wurde. Auf dieser Grundlage wurden anschließend von der Europäischen Kommission eine Reihe von Richtlinien zum Arbeits- und Gesundheitsschutz erlassen, von denen die Arbeitsschutzrahmenrichtlinie (89/391/EWG) sowie die Einzelrichtlinien zur Bildschirmarbeit (90/270/EWG) und zur manuellen Handhabung von Lasten (90/269/EWG) zu den bekanntesten gehören. Damit sie in Deutschland in vollem Umfang zur Geltung gebracht werden konnten, mussten sie in nationales Recht umgesetzt werden; dies erfolgte 1996 durch das Arbeitsschutzgesetz (ArbSchG) sowie durch die Bildschirmarbeitsverordnung (BildscharbV) und die Lastenhandhabungsverordnung (LasthandhabV).

Die Notwendigkeit einer Neuregelung des Arbeits- und Gesundheitsschutzes resultierte indes nicht allein aus der EU-Rechtsetzung, sondern darüber hinaus auch aus dem *Einigungsvertrag* zur Wiedervereinigung Deutschlands (1990), in dem als »Aufgabe des gesamtdeutschen Gesetzgebers« in Art. 30 Abs. 1 Nr. 2 verlangt wird, »den öffentlich-rechtlichen Arbeitsschutz in Übereinstimmung mit dem Recht der Europäischen Gemeinschaften und dem damit konformen Teil des Arbeitsschutzrechts der Deutschen Demokratischen Republik zeitgemäß neu zu regeln.« (Einigungsvertrag vom 31. August 1990, BGBl. II S. 889) Neben dem ArbSchG und den nachgeordneten Verordnungen hat die Neuorientierung des Arbeits- und Gesundheitsschutzes vor allem im Sozialgesetzbuch Band VII (SGB VII), in dem seit 1997 die Aufgaben der gesetzlichen Unfallversicherung, die bis dahin in der Reichsversicherungsordnung (RVO) niedergelegt waren, geregelt sind, ihren Niederschlag gefunden.

Die *Leitbilder*, denen der zeitgemäße Arbeits- und Gesundheitsschutz folgt, lassen sich im Wesentlichen in drei Komplexen zusammenfassen:

3.1 Ganzheitlichkeit und Prävention

Der zeitgemäße Arbeits- und Gesundheitsschutz ist *ganzheitlich* angelegt. Das ArbSchG gilt für alle Beschäftigtengruppen und alle Tätigkeitsbereiche. Ausgenommen sind lediglich aufgrund ihrer Sonderstellung die Hausangestellten in Privathaushalten sowie die Heimarbeiter und die Beschäftigten auf Seeschiffen sowie im Bergbau, wobei für die beiden letzteren andere, spezifischere Vorschriften gelten, die den dort vorkommenden Gefährdungen in besonderer Weise Rechnung tragen. Das ArbSchG gilt für Arbeiter, Angestellte und Beamte, für Richter und Soldaten, für die Privatwirtschaft ebenso wie für den öffentlichen Dienst, für Auszubildende, für arbeitnehmerähnliche Personen und für die in Werkstätten für behinderte Menschen beschäftigten Personen (§ 1 Abs. 1 und § 2 Abs. 2 ArbSchG). Damit gibt es zum ersten Mal in der Geschichte in Deutschland ein *einheitliches* Arbeitsschutzrecht für alle Beschäftigten.

Der Arbeitsschutz wurde erweitert zum Arbeits- und Gesundheitsschutz; Gegenstand des Schutzes sind *Sicherheit und Gesundheit* bei der Arbeit (§ 1 Abs. 1 ArbSchG). Der Arbeits- und Gesundheitsschutz ist nicht mehr beschränkt auf die Verhütung von Arbeitsunfällen und Berufskrankheiten, sondern umfasst darüber hinaus die Vermeidung bzw. Verringerung aller arbeitsbedingten Gefährdungen unter Einbeziehung der gesundheitlichen Aspekte der menschengerechten Gestaltung der Arbeit (§ 2 Abs. 1 ArbSchG; § 1und 14 SGB VII). Ziel ist nicht allein die *reaktive* Abwehr von manifesten Gefahren, sondern darüber hinaus die *präventive* Vermeidung potentieller gesundheitlicher Gefährdungen bei der Arbeit. Die Pflicht des Arbeitgebers, für alle Arbeitsplätze eine Gefährdungsbeurteilung vorzunehmen (§ 5 ArbSchG), ist daher ein Kernstück dieses *erweiterten Präventionsansatzes*, sie soll für eine Vorverlagerung der Prävention sorgen, indem noch im Vorfeld der Gefahrenverhütung bereits die Ermittlung von Gefährdungen erfolgt, damit erforderlichenfalls geeignete und wirksame Maßnahmen des Arbeitsschutzes ergriffen werden können. Die beispielhafte Aufzählung möglicher Gefährdungsbereiche in § 5 Abs. 3 ArbSchG macht deutlich, dass sowohl die »harten« Faktoren (physische Belastungen) der Umgebungseinflüsse und der körperlichen Belastungen als auch die »weichen« Faktoren (psychische Belastungen) der Arbeitsorganisation, des Arbeitsablaufs, der Arbeitszeit und der Qualifikation der Beschäftigten zu ermitteln und zu bewerten sind. Die Gefährdungsbeurteilung ist in dem Sinne ganzheitlich vorzunehmen, dass sämtliche Belastungsarten und Gefährdungsursachen einzubeziehen sind.

Der Arbeits- und Gesundheitsschutz darf sich daher nicht auf *korrektive* Maßnahmen beschränken, durch die im Nachhinein problematische Arbeitsbedingungen korrigiert werden, damit eine gesundheitliche Gefährdung vermieden oder verringert wird. Vielmehr muss darüber hinaus durch *präventive* Maßnahmen einer Gefährdung der Gesundheit von vornherein vorgebeugt werden. Schließlich sollten durch *prospektive* Maßnahmen menschengerechter Arbeitsgestaltung solche Arbeitsbedingungen geschaffen werden, die der Gesundheit und der Persönlichkeit förderlich sind.

Im Grunde genommen können Maßnahmen zur *Prävention* arbeitsbedingter Gefährdungen der Gesundheit an zwei unterschiedlichen Interventionspunkten ansetzen. Dem Grundsatz des § 4 Nr. 2 und 5 ArbSchG (»Gefahren sind an ihrer Quelle zu bekämpfen« und »individuelle Schutzmaßnahmen sind nachrangig zu anderen Maßnahmen«) folgend ist zunächst (1) bei den objektiven *betrieblichen Arbeitsbedingungen* dafür zu sorgen, »dass eine Gefährdung für Leben und Gesundheit möglichst vermieden, die verbleibende Gefährdung möglichst gering gehalten« (§ 4 Nr. 1 ArbSchG) und der »Stand von Technik, Arbeitsmedizin und Hygiene sowie sonstige gesicherte arbeitswissenschaftliche Erkenntnisse« (§ 4 Nr. 3 ArbSchG) berücksichtigt werden. Diese *bedingungsbezogene Verhältnisprävention* verfolgt im Wesentlichen zwei Ziele: Zum einen sollen potentielle *Krankheitsrisiken*, die sich aus den Arbeitsbedingungen ergeben können (z.B. Lärm, Heben und Tragen schwerer Lasten, Nachtarbeit), möglichst vermieden werden, und zum anderen sollen potentielle *Gesundheitsressourcen*, die sich aus der Arbeitssituation ergeben können (z.B. Handlungsspielraum, gegenseitige Unterstützung, persönliche Entwicklung), möglichst gefördert werden. Die Präventionsmaßnahmen können aber auch (2) am *individuellen Verhalten* der Beschäftigten ansetzen, um die Gesundheit und Leistungsfähigkeit zu erhalten oder sogar zu verbessern. Bei dieser *personenbezogenen Verhaltensprävention* soll das Verhalten der Beschäftigten verändert werden, wodurch ebenfalls zwei Ziele verfolgt werden: Zum einen wird (a) die Vermeidung oder zumindest Verringerung *gesundheitsschädlicher Verhaltensweisen* bei der allgemeinen Lebensführung (z.B. Alkohol, Rauchen, Bewegungsmangel, Fehlernährung) und die Einhaltung sicherer Verhaltensweisen im Betrieb (z.B. Beachtung von Sicherheitsvorschriften, Tragen von persönlicher Schutzausrüstung) durch Informations- und Motivationsmaßnahmen verfolgt, und zum anderen wird (b) die Übernahme *gesundheitsförderlicher Verhaltensweisen*, die eine bessere Bewältigung der objektiven Arbeitsbelastungen bewirken sollen (z.B. Rückenschulen, Entspannungstraining, Stressimmunisierung), angestrebt.

Dem zeitgemäßen Arbeitsschutz liegt ein *ganzheitlicher Gesundheitsbegriff* zugrunde, der physische, psychische und soziale Aspekte von Gesundheit einschließt und der sich an dem von der Weltgesundheitsorganisation (WHO) in ihrer Gründungsdeklaration 1946 postulierten Anspruch orientiert, demzufolge Gesundheit nicht als »bloße Abwesenheit von Krankheit und Gebrechlichkeit«, sondern vielmehr als ein »Zustand vollständigen körperlichen, geistig-seelischen und sozialen Wohlbefindens« zu verstehen ist. Ein solcher erweiterter Gesundheitsbegriff ist auch im Übereinkommen Nr. 155 (Art. 3 e) der Internationalen Arbeits-Organisation (ILO) formuliert. Demnach ist Gesundheit »im Zusammenhang mit der Arbeit nicht nur das Freisein von Krankheit und Gebrechen, sondern umfasst auch die physischen und geistig-seelischen Faktoren, die sich auf die Gesundheit auswirken und die in einem unmittelbaren Zusammenhang mit der Sicherheit und der Gesundheit bei der Arbeit stehen«. Durch dieses *biopsychosoziale* Verständnis von Gesundheit und Krankheit können insbesondere die Gefährdungen durch psychische Belastungen, die an Bedeutung gewonnen haben, besser erklärt werden als durch die herkömmlichen *biomedizinischen* Modelle. Denn Krankheit wird nicht mehr nur als das Ergebnis von anlagebedingten Funktionsstörungen und Fehlentwicklungen des Organismus oder als Resultat der Einwirkung schädigender biologischer, chemischer oder physikalischer Einflüsse verstanden, sondern es wird in die Betrachtung mit einbezogen, dass psychische und soziale Faktoren die physiologischen Mechanismen der Krankheitsentstehung entscheidend beeinflussen können.

Ob man nun die im Sinne einer positiven Utopie verstandene WHO-Definition oder aber das pragmatische, auf die Arbeitswelt bezogene ILO-Verständnis von Gesundheit zugrunde legt, festzuhalten ist, dass die Formulierungen in der EG-Arbeitsschutzrahmenrichtlinie (Art. 6 Abs. 2 d: Berücksichtigung des Faktors »Mensch« als allgemeiner Grundsatz bei der Prävention arbeitsbedingter Gefährdungen durch Maßnahmen des Arbeitsschutzes) und im ArbSchG (§ 2 Abs. 1: Einbeziehung aller arbeitsbedingten Gesundheitsgefahren und der Maßnahmen zur menschengerechten Gestaltung der Arbeit in den Arbeitsschutz) auf ein *ganzheitliches Gesundheitsverständnis* abheben. Ziel des Arbeits- und Gesundheitsschutzes ist daher bei der Arbeit die Vermeidung bzw. Verringerung

1. *physischer* Störungen und Schädigungen der Gesundheit im Sinne der körperlichen Funktionsfähigkeit,
2. *psychischer* Beeinträchtigungen und Störungen der Gesundheit im Sinne des psychischen Wohlbefindens und
3. *sozialer* Beeinträchtigungen und Gefährdungen der Gesundheit im Sinne sozialer Beziehungen und Sicherheit.

Die Prinzipien der Ganzheitlichkeit und der Prävention im Arbeitsschutz liegen auch den Ansätzen des *Betrieblichen Gesundheitsmanagements* (BGM) zugrunde (Badura/Ritter/Scherf 1999; Badura/Hehlmann 2003; Kentner 2003; Brandenburg/Nieder/Susen 2000). Es beruht auf drei Säulen und stellt eine Verknüpfung von öffentlich-rechtlichem *Arbeits- und Gesundheitsschutz, betrieblicher Gesundheitsförderung* und den gesundheitsrelevanten *Managementfunktionen* (z.B. integriertes Management, Human Resource Management, Total Quality Management) dar. Durch das BGM soll das Gesundheitsthema in alle Strukturen und Prozesse der Politik und

Entscheidungen im Betrieb eingebettet werden; die Fragen der Gesundheit, Leistungsfähigkeit und Leistungsbereitschaft der Beschäftigten sollen dadurch an alle Zielsetzungen des Unternehmens angekoppelt und als gleichrangig in das Leitbild der Organisation integriert werden. Ziele des BGM sind nicht nur der Schutz vor Arbeitsunfällen und arbeitsbedingten Erkrankungen, sondern auch die Erhaltung und Förderung der physischen und psychischen Leistungsfähigkeit und Leistungsbereitschaft sowie der Persönlichkeit der Beschäftigten. Ein in der betrieblichen Praxis besonders wichtiger Aspekt des BGM ist das Anwesenheits- oder Fehlzeiten-Management (Brandenburg/Nieder 2003), bei dem Elemente des Arbeitsschutzes, der Gesundheitsförderung und der Personalbetreuung kombiniert werden, um den Krankenstand zu reduzieren und die Anwesenheit zu fördern.

3.2 Partizipation und Kooperation

Der klassische experten- und vorschriftenorientierte Arbeitsschutz fand, ungeachtet aller Erfolge bei der Verhütung von Arbeitsunfällen und Berufskrankheiten, vielfach seine Grenzen an der Bereitschaft der Betroffenen zur Mitwirkung und an der Aufsplitterung der Zuständigkeiten bei der Umsetzung. Dem herkömmlichen Verständnis von Arbeitsschutz entsprechend, wurden die erforderlichen Maßnahmen eher vormundschaftlich zum Wohle der Betroffenen von den zuständigen Experten getroffen, die sich dann entweder pädagogisch-psychologisch oder appellativ-administrativ darum bemühten, für die Befolgung und Einhaltung der Sicherheitsvorschriften zu sorgen.

Diese Trennung von aktivem Subjekt und passivem Objekt in Gestalt von Experten auf der einen und Beschäftigten auf der anderen Seite, erwies sich in der Regel als eine erhebliche Barriere bei der Umsetzung von Strategien und Maßnahmen des Arbeitsschutzes, die vor allem dort hinderlich war, wo eine aktive Akzeptanz und einverständige Mitwirkung im Sinne von »compliance« oder im Sinne einer mitwirkenden Selbstverpflichtung (»commitment«) der Betroffenen unabdingbar ist. Das trifft indes nicht nur auf Maßnahmen zu, die auf ein sicherheitsgerechtes Verhalten im Sinne der Gefahrenkontrolle bei gefahrgeneigten, unfallträchtigen Tätigkeiten abzielen (»Verhaltens-Prävention«), sondern gilt ebenso für die Entwicklung und Umsetzung von Maßnahmen zur Vermeidung bzw. Verringerung von technisch-organisatorischen Arbeitsbedingungen, von denen eine Gefährdung der Sicherheit und Gesundheit der Beschäftigten ausgeht (»Verhältnis-Prävention«). Vielfach sind die Betroffenen selbst aufgrund ihrer Erfahrung und

Detailkenntnis sehr gut in der Lage, an geeigneten, wirksamen und praxisgerechten Maßnahmen des Arbeitsschutzes mitzuwirken.

Ideal wäre es, die Erfahrungen der Betroffenen und die Kompetenz der Experten bei der Entwicklung und Umsetzung betrieblicher Maßnahmen des Arbeits- und Gesundheitsschutzes durch geeignete Formen der Partizipation und Kooperation zusammenzuführen. Dieses Ziel verfolgt daher die Arbeitsschutzrahmenrichtlinie der EG (89/391/EWG), die in ihren Erwägungsgründen eine stärkere Information und Mitwirkung der Beschäftigten und ihrer Interessenvertreter verlangt und in der es für erforderlich gehalten wird, »die Unterrichtung, den Dialog und die ausgewogene Zusammenarbeit im Bereich der Sicherheit und des Gesundheitsschutzes am Arbeitsplatz zwischen den Arbeitgebern und den Arbeitnehmern bzw. ihren Vertretern durch geeignete Verfahren und Instrumente entsprechend den nationalen Rechtsvorschriften bzw. Praktiken auszuweiten«.

In Deutschland boten z.B. die bestehenden Regelungen des *BetrVG*, insbesondere die Bestimmungen zur Mitbestimmung nach § 87 Abs. 1 Nr. 7 (§ 75 Abs. 3 Nr. 11 BPersVG), zur Information und Beratung nach § 89 oder zur Überwachung nach § 80 Abs. 1 Nr. 1 des Betriebsrates im Arbeits- und Gesundheitsschutz sowie die Bestimmungen des *ASiG*, vor allem nach § 9 die Pflicht zur Zusammenarbeit der Betriebsärzte und der Fachkräfte für Arbeitssicherheit mit dem Betriebsrat oder nach § 11 zur Bildung eines Arbeitsschutzausschusses bereits einen geeigneten Rahmen, der z.B. durch die Einfügung von Unterrichtungs- und Erörterungspflichten des Arbeitgebers im Hinblick auf Unfall- und Gesundheitsgefahren (auch in betriebsratsfreien Unternehmen) in § 81 BetrVG im Zusammenhang mit der Umsetzung der EG-Arbeitsschutzrahmenrichtlinie im *ArbSchG* (1996) weiter ergänzt wurde.

Der Mitwirkung der Beschäftigten beim Arbeits- und Gesundheitsschutz ist im ArbSchG sogar ein eigener Abschnitt gewidmet (Dritter Abschnitt. Pflichten und Rechte der Beschäftigten). Dort wird nicht nur ihre Pflicht, selbst »für ihre Sicherheit und Gesundheit bei der Arbeit Sorge zu tragen« und die Arbeitsmittel und Schutzausrüstungen bestimmungsgemäß zu verwenden (§ 15 ArbSchG) sowie die verantwortlichen Führungskräfte, die Betriebsärzte und die Fachkräfte für Arbeitssicherheit beim Arbeits- und Gesundheitsschutz zu unterstützen sowie festgestellte Mängel und Defekte zu melden (§ 16 ArbSchG), sondern auch ihr Recht hervorgehoben, dem Arbeitgeber »zu allen Fragen der Sicherheit und des Gesundheitsschutzes bei der Arbeit« Verbesserungsvorschläge zu machen sowie sich, unter bestimmten

Voraussetzungen, an die zuständigen Behörden zu wenden, wenn schwerwiegenden Gefährdungen trotz Beschwerden der Beschäftigten nicht abgeholfen wird (§ 17 ArbSchG).

Der Verbesserung der Zusammenarbeit zwischen den verschiedenen über- bzw. außerbetrieblichen Institutionen bzw. Akteuren des Arbeits- und Gesundheitsschutzes dienen eine Reihe von gesetzlichen Neuerungen: Durch § 21 ArbSchG (1996) und durch § 20 SGB VII (1997) soll das Zusammenwirken der staatlichen Arbeitsschutzbehörden und der Träger der gesetzlichen Unfallversicherung verstärkt werden; durch § 20 SGB V (2000) soll das Zusammenwirken der Träger der gesetzlichen Krankenversicherung (Krankenkassen) mit dem der gesetzlichen Unfallversicherung (Berufsgenossenschaften) verbessert werden.

3.3 Dynamik und Flexibilität

Im Unterschied zum klassischen Arbeitsschutz, der in der Regel Vorschriften setzte und anschließend deren Vollzug kontrollierte, geht es im modernen Arbeitsschutz im Wesentlichen darum, einen dynamischen Prozess zu gestalten, der eine kontinuierliche Verbesserung der Sicherheit und des Gesundheitsschutzes der Beschäftigten bei der Arbeit herbeiführt. Dieses Gebot eines kontinuierlichen Verbesserungsprozesses findet seinen Ausdruck insbesondere in § 1 Abs. 1 ArbSchG (Ziel des ArbSchG ist es, »Sicherheit und Gesundheitsschutz der Beschäftigten bei der Arbeit durch Maßnahmen des Arbeitsschutzes zu sichern und zu *verbessern*«) sowie in § 3 ArbSchG, dem zufolge der ArbG unter Berücksichtigung der vorliegenden Gefährdungen die erforderlichen Maßnahmen des Arbeitsschutzes zu treffen, deren Wirksamkeit zu überprüfen und ggf. sich ändernden Gegebenheiten anzupassen hat, wobei »er eine *Verbesserung* von Sicherheit und Gesundheitsschutz der Beschäftigten anzustreben« hat (§ 3 Abs.1 ArbSchG; Hervorhebungen: A.O.). Das Gebot einer ständigen Verbesserung des Arbeits- und Gesundheitsschutzes ergibt sich auch aus der Vorschrift des § 4 Nr. 3 ArbSchG, derzufolge bei den Maßnahmen des Arbeitsschutzes nicht mehr nur die »allgemein anerkannten Regeln der Technik«, sondern darüber hinaus der jeweilige »Stand der Technik« zu berücksichtigen sind, unter dem nach § 3 Abs. 6 BImSchG und der BVerfG (Beschluss vom 8.8.1978 in: NJW 1979: 359) ein »Entwicklungsstand fortschrittlicher Verfahren, Einrichtungen und Betriebsweisen, unter der die praktische Eignung einer Maßnahme« zu verstehen ist, wobei der »rechtliche Maßstab für das Erlaubte oder Gebotene ... an die Front der technischen Entwicklung verlagert« wird. Dem be-

**Abbildung 1: Verhütung gesundheitlicher Gefährdungen
Arbeitsschutzmanagement nach PDCA-Zyklus**

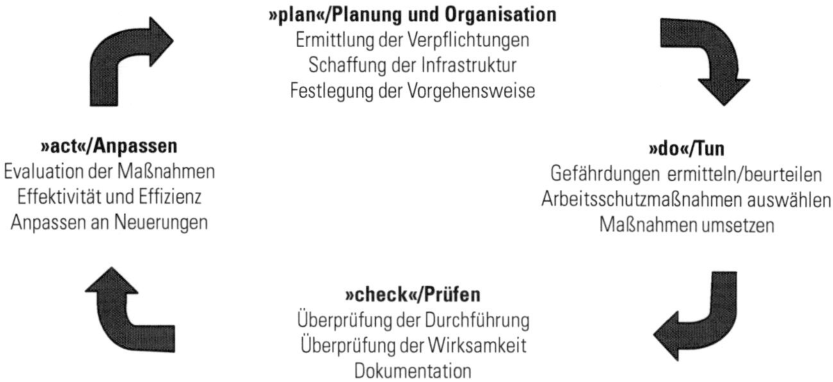

trieblichen Arbeitsschutz wird der für alle Managementaufgaben geeignete PDCA-Kreis (*plan-do-check-act*) zugrunde gelegt (siehe Abbildung 1):

- *plan* (Planung und Organisation): Ermittlung der öffentlich-rechtlichen Verpflichtungen, Schaffung einer geeigneten Infrastruktur und Festlegung der Vorgehensweise im Arbeitsschutz.
- *do* (Tun): Ermittlung und Beurteilung der Gefährdungen, Ableitung und Entwicklung, Umsetzung und Durchführung von Maßnahmen des Arbeitsschutzes.
- *check* (Prüfen): Überwachung der Umsetzung, Überprüfung der Wirksamkeit der Arbeitsschutzmaßnahmen und Dokumentation sämtlicher Schritte und Ergebnisse.
- *act* (Anpassen): Evaluation der Maßnahmen im Hinblick auf den Grad der Zielerreichung (Effektivität) und das Verhältnis von Aufwand und Ergebnis (Effizienz), Anpassung der Maßnahmen an veränderte Gegebenheiten.

Zu diesem Zweck hat der ArbG »für eine *geeignete Organisation* des Arbeitsschutzes zu sorgen«, die dafür sorgt, dass die Maßnahmen des Arbeitsschutzes »*eingebunden in die betrieblichen Führungsstrukturen* beachtet werden« (§ 3 Abs. 2 ArbSchG; Hervorhebungen: A.O.). Diese Anforderungen werden insbesondere von *Arbeitsschutz-Management-Systemen (AMS)* erfüllt, welche die Eckpunkte des Bundesministeriums für Arbeit und Sozialordnung (1999), die Kriterien des auf der Grundlage des Leitfadens der Internationalen Arbeitsorganisation für Arbeitsschutzmanagementsysteme

(ILO-OSH 2001) in Abstimmung zwischen dem Bundesministerium für Arbeit und Sozialordnung, den obersten Arbeitsschutzbehörden der Bundesländer, der Träger der gesetzlichen Unfallversicherung und der Sozialpartner entwickelten Nationalen Leitfadens AMS (2002), die Vorgaben des Länderausschusses für Arbeitsschutz und Sicherheitstechnik (LASI-Spezifikation LV 21) oder des Leitfadens für Arbeitsschutzsysteme der Bundesanstalt für Arbeitsschutz und Arbeitsmedizin (BAuA 2002) berücksichtigen. Beispiele solcher prozessorientierter AMS sind das vom bayerischen Landesamt für Arbeitsschutz entwickelte, umfangreiche »Occupational Health- and Risk-Managementsystem« (OHRIS) und das vor allem in Großbritannien entwickelte »Occupational Health and Safety Assessment Series« (OHSAS 18001:2001).

Diese management- und prozessorientierte Perspektive ist nicht nur auf der betrieblichen Ebene zeitgemäß, sie bestimmt zunehmend auch die Aufsichtstätigkeit der staatlichen Arbeitsschutzbehörden und der Berufsgenossenschaften. Bei beiden ist ein Wandel im Aufsichts- und Beratungsverständnis zu beobachten, denn an die Stelle der herkömmlichen *Einzelfallüberwachung* tritt mehr und mehr die *Systemkontrolle*. Bisher konzentrierte sich ihre Tätigkeit weitgehend darauf, bei den in der Regel in größeren zeitlichen Abständen erfolgenden Betriebsbesuchen der staatlichen Gewerbeaufsichtsbeamten und des berufsgenossenschaftlichen technischen Aufsichtsdienstes die Einhaltung der öffentlich-rechtlichen Vorschriften zu überwachen und ggf. durch die Erteilung von Auflagen oder die Verhängung von Sanktionen durchzusetzen. Das konnte in Anbetracht der begrenzten Ressourcen der Aufsichtsdienste und der großen Zahl von Betrieben bzw. Arbeitsstätten nur sehr lückenhaft geschehen und blieb letztlich unbefriedigend. Diese strukturellen Überwachungsdefizite sollen durch einen Wandel in den Aufsichtsmodellen behoben oder wenigstens verringert werden. Das vom Hamburger Amt für Arbeitsschutz empfohlene ABS-Modell (Aufsicht, Beratung und Systemüberwachung), das von der Hessischen Gewerbeaufsicht entwickelte ASCA-Programm (Arbeitsschutz und Sicherheitstechnischer Check in Anlagen) oder das von den bayerischen Aufsichtsbehörden unterstützte OHRIS-System sollen eine weitgehende Abkehr von der bloßen Überwachung und eine Hinwendung zum Leitbild der Systemkontrolle ermöglichen. Sofern die Betriebe (z.B. durch Zertifizierung, interne oder externe Audits) nachweisen, dass sie ein anerkanntes System des Arbeitsschutzmanagements eingeführt haben, kann in der Regel auf eine Kontrolle des Betriebes auf etwaige Sicherheitsmängel hin (z.B. durch Begehung) verzichtet werden. Erst wenn es konkrete Anhaltspunkte für Sicherheitsmängel oder Gefahrenquellen (z.B. durch Unfälle oder Berufskrankheiten) gibt, schalten sich die staatlichen Aufsichtsbehörden und Berufsgenossenschaften mit entsprechenden Ursachenanalysen ein.

Die verlangte Einbettung des Arbeits- und Gesundheitsschutzes in die betrieblichen Organisationsstrukturen lässt sich insbesondere dadurch realisieren, dass eine Integration von Arbeitsschutzmanagement- auf der einen mit Qualitäts- und Umweltschutz-Managementsystemen auf der anderen Seite erfolgt. Dafür bieten AMS, die dem Nationalen Leitfaden der BAuA folgen, sowie Qualitätsmanagementsysteme nach ISO 9001: 2000 und Umweltschutzmanagementsysteme nach ISO 14001: 1996 einen geeigneten Rahmen. Die Berücksichtigung der Mitarbeiter als »interne Kunden« und als »interessierte Partei« sowie die Einbeziehung von Merkmalen des »Managements der Ressourcen der Mitarbeiter« in den am weitesten verbreiteten Systemen des Qualitätsmanagements bieten dafür gute Voraussetzungen. Ziel sowohl des Arbeitsschutz- als auch des Qualitätsmanagements ist es, die Voraussetzungen für einen *kontinuierlichen Verbesserungsprozess* bei der Erfüllung der Anforderungen der externen wie der internen »Kunden«, also insbesondere der wirtschaftlichen Kunden (Eigentümer, Abnehmer, Lieferanten) oder der Öffentlichkeit sowie der Beschäftigten, zu schaffen [vgl. Abbildungen 2 und 3 auf der Folgeseite; Oppolzer 2003].

Ein gutes Beispiel für die Möglichkeiten einer Integration des Arbeitsschutzes in das Qualitätsmanagement liefert das Schulungs- und Beratungsangebot »*qu.in.tas*« (Qualitätsmanagement mit integriertem Arbeitsschutz) der Berufsgenossenschaft für Gesundheitsdienst und Wohlfahrtspflege (BGW) für ihre Mitgliedsbetriebe (BGW 2004). Den Betrieben wird dort ein integriertes Qualitätsmanagementsystem auf der Basis von DIN EN ISO 9000ff.: 2000 angeboten, in das in allen Punkten der Arbeits- und Gesundheitsschutz, entsprechend den Anforderungen an Arbeitsschutzmanagementsysteme, eingebunden ist. Sofern die betriebliche Einführung dieses »qu.int.as«-Systems zertifiziert wird, winkt als wirtschaftlicher Anreiz den Betrieben eine Prämie auf der Grundlage von § 162 Abs. 2 SGB VII, dem zufolge die Träger der gesetzlichen Unfallversicherung »unter Berücksichtigung der Wirksamkeit der von den Unternehmern getroffenen Maßnahmen zur Verhütung von Arbeitsunfällen und Berufskrankheiten und für die Verhütung von arbeitsbedingten Gesundheitsgefahren Prämien« gewähren können.

Abbildung 2: Arbeits- und Gesundheitsschutz im Modell des Qualitätsmanagements nach DIN EN ISO 9000ff.: 2000

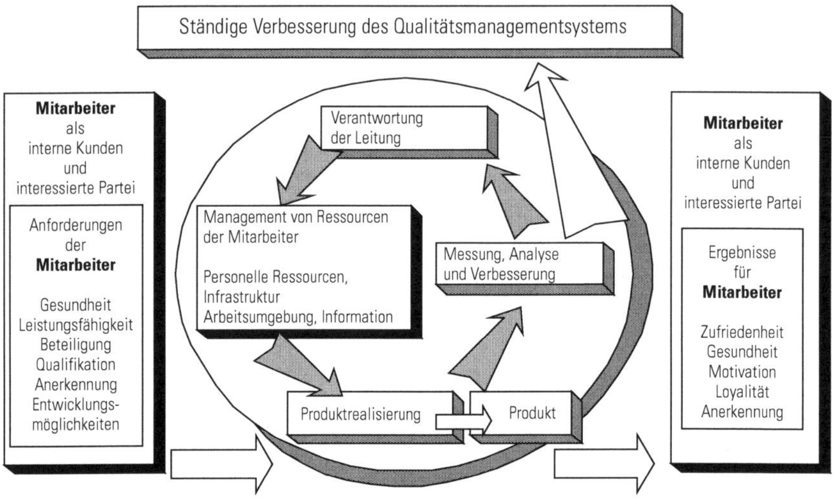

Abbildung 3: Arbeits- und Gesundheitsschutz im EFQM-Modell für Excellence

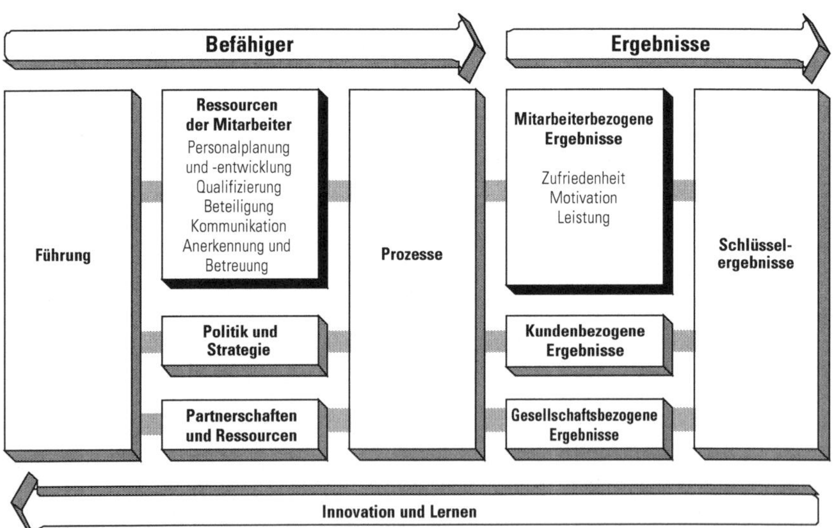

4. Menschengerechte Arbeitsgestaltung

Die »*menschengerechte Gestaltung der Arbeit*« bzw. die Berücksichtigung der »*gesicherten arbeitswissenschaftlichen Erkenntnisse über die menschengerechte Gestaltung der Arbeit*« spielt für den Arbeits- und Gesundheitsschutz eine entscheidende Rolle.

Seit 1972 diese Begriffe zum ersten Mal im BetrVG (§§ 90: Mitwirkungs- und Beratungsrechte und 91: Mitbestimmungsrecht) und 1973 im ASiG (§ 6 Satz 1: Aufgaben der Fachkräfte für Arbeitssicherheit) aufgenommen wurden, haben sie in die rechtlichen Regelungen zum Arbeits- und Gesundheitsschutz (z.B. ArbSchG oder ArbZG) mehr und mehr Eingang gefunden. Zu den Maßnahmen des Arbeitsschutzes zählen nach § 2 Abs. 1 ArbSchG nicht nur Maßnahmen zur Verhütung von Arbeitsunfällen (Vermeidung oder Verringerung von Verletzungen, z.B. Notausknopf an Maschinen) und zur Verhütung von arbeitsbedingten Gesundheitsgefahren (Vermeidung oder Verringerung von Berufskrankheiten und anderen arbeitsbedingten Erkrankungen, z.B. Lärmschutz an Maschinen), sondern auch »Maßnahmen der menschengerechten Gestaltung der Arbeit« (Vermeidung oder Verringerung von Beeinträchtigungen und Belastungen, z.B. Arbeitsstrukturierung gegen Monotonie).

Bei Maßnahmen des Arbeitsschutzes sind nach § 4 Nr. 3 neben dem Stand von Technik, Arbeitsmedizin und Hygiene auch »sonstige gesicherte arbeitswissenschaftliche Erkenntnisse« (insbesondere über Arbeitsorganisation, Arbeitsablauf und Arbeitszeit) zu berücksichtigen. Die Arbeitszeit der Nacht- und Schicht-Arbeitnehmer ist gemäß § 6 Abs. 1 ArbZG »nach den gesicherten arbeitswissenschaftlichen Erkenntnissen über die menschengerechte Gestaltung der Arbeit festzulegen«.

Daraus ergeben sich drei Fragen, die der Klärung bedürfen:

1. Was ist unter »*menschengerecht*« zu verstehen? Wann ist eine Arbeit »menschengerecht« und an Hand welcher Kriterien kann dies geprüft werden?
2. Was ist unter einer »*arbeitswissenschaftlichen Erkenntnis*« zu verstehen? Was ist die »Arbeitswissenschaft« und welches sind ihre Ziele?
3. Wann ist eine arbeitswissenschaftliche Erkenntnis als »*gesichert*« zu betrachten? Welche Voraussetzungen müssen erfüllt sein, damit eine Erkenntnis »gesichert« ist?

4.1 Welches sind geeignete Kriterien der »Menschengerechtheit«?

Menschengerechte Gestaltung der Arbeit bedeutet letztlich: *Anpassung der Arbeit an den Menschen* (genauer: an seine physischen, psychischen und sozialen Erfordernisse und Gegebenheiten) und Berücksichtigung seiner evolutionsbedingten anthropologischen Konstanten (z.B. Struktur und Funktionsweise des Organismus) sowie seiner historisch bedingten soziokulturellen Variablen (z.B. Qualifikation, Motivation, Werthaltungen).

Die »*Menschengerechtheit*« im arbeitswissenschaftlichen Sinne entscheidet sich letztlich daran, inwieweit eine Arbeit den physischen, psychischen und sozialen Erfordernissen und Bedürfnissen des Menschen entspricht (Luczak/Volpert u.a. 1987: 58; Martin 1994: 21ff.; Luczak 1997: 16f.; Hacker 1995: 224; Ulich 2001: 135ff.; Fürstenberg 2002: 388f.). Erst über die Beurteilung der Beanspruchungs*folgen* für den arbeitenden Menschen ist es daher möglich, zu bewerten, inwieweit betriebliche Arbeitsbedingungen und daraus resultierende Belastungen als »menschengerecht« anzusehen sind. In der Arbeitswissenschaft herrscht im Wesentlichen Konsens darüber, dass diese Bewertung auf fünf Ebenen anhand verschiedener Kriterien zu erfolgen hat. Diese Bewertungsebenen lassen sich in einem hierarchischen Schema darstellen, wodurch zum Ausdruck gebracht wird, dass zunächst die Mindestanforderungen der jeweils grundlegenderen Ebene erfüllt sein müssen, bevor zur nächsthöheren Ebene fortgeschritten wird:

1. *Ausführbarkeit*: Eine Arbeit ist menschengerecht, soweit sich die damit verbundenen Anforderungen von den anthropometrischen, mechanisch-energetischen oder sensorisch-informatorischen Gegebenheiten des Menschen her ausführen lässt. Eine Arbeit ist in einem elementaren Sinne menschengerecht, wenn sie nicht bereits ohne Berücksichtigung der Dauer der Tätigkeit (Zeitfaktor, Expositionsdauer) schon die geistigen und körperlichen Fähigkeiten und Möglichkeiten des Menschen übersteigt. Die Arbeit darf also nicht z.B. hinsichtlich der Erreichbarkeit der Bedienteile, der Wahrnehmbarkeit der Anzeigen und Signale oder von den erforderlichen Körperkräften her die Grenzen der menschlichen Leistungsfähigkeit (z.B. infolge von körperlichen Zwangshaltungen bei der Handhabung von Werkzeugen und Maschinen oder von undurchschaubaren Dialogen bei EDV-Anwendungen) überschreiten.
2. *Aushaltbarkeit, Erträglichkeit, Schädigungslosigkeit*: Eine Arbeit ist menschengerecht, soweit sie unter Berücksichtigung der Dauer der Tätigkeit (Exposition) kurzfristig aushaltbar, mittelfristig (Stunden und Tage) erträglich und langfristig (Monate, Jahre, gesamtes Arbeitsleben) schädi-

gungslos in ihren Beanspruchungen für die Menschen ist. Die Arbeit darf demnach die Gesundheit nicht durch Überschreitung der Dauerleistungsgrenzen schädigen und keine chemisch-stofflichen, physikalisch-ökologischen oder sozial-emotionalen Über- oder Fehlbeanspruchungen des Menschen verursachen, welche die Stabilitäts- und Kompensationsgrenzen des Organismus überschreiten.

3. *Zumutbarkeit und Beeinträchtigungsfreiheit*: Eine Arbeit ist menschengerecht, soweit die sozio-technischen und die psycho-sozialen Arbeitsbedingungen mit den objektiven kollektiven Normen (z.B. Gesetze, Verordnungen, Tarifverträge, Betriebsvereinbarungen) und den sozio-kulturellen Wertvorstellungen in einer Gesellschaft (soziale Akzeptanz) sowie mit dem subjektiven Niveau von Ansprüchen und Erwartungen gegenüber der Arbeitssituation (personale Akzeptanz) im Einklang sind. Die Arbeit sollte daher keine Bedingungen enthalten, die nach vorherrschender Auffassung unter den gegebenen gesellschaftlichen, betrieblichen und technisch-organisatorischen Verhältnissen mit erheblichen Beeinträchtigungen des psychosozialen Wohlbefindens (Befindlichkeitsstörungen) einhergehen, die von den Betroffenen überwiegend nicht akzeptiert werden (z.B. mangelnder Handlungsspielraum aufgrund starker Arbeitsteilung) und die über längere Zeit hinweg psychosomatische Schädigungen hervorrufen können.
4. *Zufriedenheit und Persönlichkeitsentfaltung*: Eine Arbeit ist menschengerecht, soweit die vorhandenen Qualifikationen der Menschen tatsächlich angewandt, erhalten und erweitert werden können und soweit die subjektiven Erwartungen und die objektiven Arbeitsbedingungen im Einklang miteinander stehen. Die Arbeit sollte daher eine Situation ermöglichen, in der die Betroffenen über Abwechslungsreichtum, Anforderungsvielfalt, Kommunikations- und Kooperationsmöglichkeiten sowie Lernchancen verfügen, die eine Entfaltung ihrer Persönlichkeit und eine Zufriedenheit mit den Arbeitsbedingungen möglich machen.
5. *Sozialverträglichkeit*: Eine Arbeit ist menschengerecht, soweit sie den Menschen die Möglichkeit zur Beteiligung, Mitwirkung und Mitsprache bei der Gestaltung von Arbeitsbedingungen und Kooperationsbeziehungen bietet und eine Vereinbarkeit bzw. Synchronisation mit den außerbetrieblichen Bedürfnissen und Erfordernissen (z.B. Familie, Partnerschaft und Kinder) erlaubt.

Als »*menschengerecht*« oder »*human*« sind daher Arbeitstätigkeiten zu beurteilen, »die die psychophysische Gesundheit der Arbeitstätigen nicht schädigen, ihr psychosoziales Wohlbefinden nicht – oder allenfalls vorübergehend – beeinträchtigen, ihren Bedürfnissen und Qualifikationen entsprechen, individuelle und/oder kollektive Einflussnahme auf Arbeitsbedingungen und Arbeitssysteme ermöglichen und zur Entwicklung ihrer Persönlichkeit im Sinne der Entfaltung ihrer Potentiale und Förderung ihrer Kompetenzen beizutragen vermögen.« (Ulich 2001: 147)

4.2 Was sind und was sollen »*arbeitswissenschaftliche Erkenntnisse*«?

Arbeit in ihren verschiedenen Aspekten ist der gemeinsame Erkenntnisgegenstand einer ganzen Reihe von Teildisziplinen aus dem Spektrum der Ingenieur-, Human- und Sozialwissenschaften. Unter *Arbeitswissenschaft* ist daher ein inter- bzw. multidisziplinäres Gebiet zu verstehen, das Erkenntnisse aus verschiedenen Disziplinen der Natur-, Technik-, Human- und Sozialwissenschaften in der Absicht zusammenfasst, eine menschengerechte Gestaltung der Arbeit zu erreichen (Luczak/Volpert u.a. 1987; Luczak 1997).

Die Arbeitswissenschaft beschäftigt sich zu diesem Zweck im Wesentlichen mit der Analyse, Ordnung und Gestaltung der technischen, organisatorischen und sozialen Bedingungen von Arbeitsprozessen. Ihre Aufgabe ist es, bestehende Arbeitsprozesse zu analysieren, das gewonnene Wissen systematisch aufzubereiten und daraus Gestaltungsregeln abzuleiten. Das ist Sinn und Zweck der »*arbeitswissenschaftlichen Erkenntnisse*«.

Der Arbeitswissenschaft geht es im Grunde genommen um die Optimierung zweier Ziele, dem der »*Humanität*« und dem der »*Rationalität*« der Arbeit; die Arbeit soll für die Beschäftigten menschengerecht und für die Unternehmen effektiv gestaltet werden. Die arbeitswissenschaftlichen Erkenntnisse sollen dazu beitragen,

- dass die arbeitenden Menschen in produktiven und effizienten Arbeitsprozessen schädigungslose, ausführbare, erträgliche und beeinträchtigungsfreie Arbeitsbedingungen vorfinden,
- dass sie in von Arbeitsinhalt, Arbeitsumgebung, Kooperation und Vergütung her sozial angemessenen Arbeitsverhältnissen tätig werden und
- dass sie Handlungsspielräume entfalten, neue Fähigkeiten erwerben und in Kooperation mit anderen ihre Persönlichkeit bei der Arbeit entwickeln können.

Dieses zweifache Ziel der Gestaltung von Arbeitssystemen nach *arbeitswissenschaftlichen* (im internationalen Sprachgebrauch: »ergonomischen«) Erkenntnissen, nämlich zugleich »das Wohlbefinden der Menschen und die Leistung des Gesamtsystems zu optimieren«, findet auch in der neuen internationalen Norm ISO 6385: 2004 (»Grundsätze der Ergonomie für die Gestaltung von Arbeitssystemen«) ihren Ausdruck, denn dort heißt es: »Ziel einer ergonomischen Gestaltung von Arbeitssystemen ist die Optimierung der Arbeitsbeanspruchung, die Vermeidung beeinträchtigender Auswirkungen und die Förderung erleichternder Auswirkungen. Eine nicht beeinträchtigte menschliche Leistung wird gleichzeitig oft die Effektivität und Effizienz des Systems verbessern und so zur Erreichung eines weiteren wichtigen Ziels der ergonomischen Gestaltung von Arbeitssystemen beitragen.«

4.3 Wann sind arbeitswissenschaftliche Erkenntnisse *»gesichert«?*

Arbeitswissenschaftliche Erkenntnisse sind insbesondere dann als *»gesichert«* im Sinne der §§ 90, 91 BetrVG, § 6 Abs. 1 ArbZG, § 3 Abs. 1 Nr. 1 ArbStättV oder § 4 Nr. 3 ArbSchG anzusehen (Kohte 1997: 85ff.; Däubler/Kittner/Klebe 2002: 1402f.; Kaiser/Heither/Engels/Schmidt 2002: 1352ff.), wenn sie:

- der überwiegenden Meinung innerhalb der arbeitswissenschaftlichen Fachkreise entsprechen,
- einen wissenschaftlichen Konsens (z.B. in der Fachliteratur) zum Ausdruck bringen,
- im Diskurs zwischen Theorie und Praxis überwiegende Akzeptanz finden,
- übereinstimmende Aussagen zu Gestaltungszielen aufgrund ernst zu nehmender wissenschaftlicher Forschung darstellen,
- in Gestaltungsgrundsätze oder Gestaltungsrichtlinien z.B. der Träger der gesetzlichen Unfallversicherung, der staatlichen Arbeitsschutzbehörden oder der BAuA zum Ausdruck kommen,
- in nationalen Rechtsvorschriften, in internationalen Übereinkommen oder in EU-Richtlinien Eingang gefunden haben,
- in DIN-Normen sowie CEN- oder ISO-Normen enthalten sind,
- in Tarifverträge oder Betriebsvereinbarungen aufgenommen wurden,
- in der Praxis erprobt sind.

Eine arbeitswissenschaftliche Erkenntnis gilt demnach im juristischen Sinne dann als gesichert, »wenn sie nach anerkannten Methoden zu plausiblen, wahrscheinlichen Ergebnissen geführt hat, nicht widerlegt ist und unter den Arbeitswissenschaftlern der internationalen Fachwelt breite Anerkennung gefunden hat, also h.M. (= herrschende Meinung; A.O.) geworden ist.« (Däubler/Kittner/Klebe 2002: zu § 91, Rn. 11)

5. Zwei Pfade im Arbeits- und Gesundheitsschutz: Krankheitsvermeidung und Gesundheitsförderung

5.1 Der pathogenetische Pfad der Krankheitsvermeidung

Der klassische Arbeitsschutz folgt der Leitfrage »*Was macht krank?*«, um dadurch jene Faktoren in der Arbeitswelt zu identifizieren, von denen eine Gefahr für die Gesundheit und eventuell sogar für das Leben der arbeitenden Menschen ausgeht. Ziel dieses Ansatzes, der insbesondere seit dem 19. Jahrhundert auf Druck der Arbeiterbewegung und der Sozialpolitik hin in allen Industrieländern umgesetzt wurde, ist es, vor allem durch sicherheitstechnische Maßnahmen und arbeitsmedizinische Versorgung der Beschäftigten zum einen die Einwirkungen der *krank machenden*, also *pathogenen* Arbeitsbelastungen zu vermeiden oder wenigstens zu verringern, und zum anderen die Auswirkungen der Arbeitsbeanspruchungen zu mildern und arbeitsbedingte Krankheiten zu behandeln.

Die zugrunde liegende Perspektive ist die Analyse der Entstehung von Krankheiten, also der bio-medizinischen Pathogenese, die es erlaubt hat, dass die moderne Medizin im 19. und 20. Jahrhundert neben der Verbesserung der Ernährung und der Hygiene entscheidend zur Verringerung der Sterblichkeit und zur Verlängerung der Lebenserwartung in der Bevölkerung beitragen konnte. Das ist insbesondere durch die erfolgreiche Bekämpfung der Infektionskrankheiten möglich gewesen, deren Erreger entdeckt wurden, sodass die Bevölkerung durch entsprechende Hygienemaßnahmen (z.B. Abwasserentsorgung) davor geschützt, durch Impfungen (z.B. Pocken und Masern) dagegen gestärkt und durch Medikamente (z.B. Sulfonamide und Antibiotika) im Falle einer Erkrankung wirksam behandelt und davon geheilt werden konnte.

Das Verständnis von Gesundheit als Abwesenheit von Krankheit, als Funktionsfähigkeit des Organismus als »Körper-Maschine« und das monokausale Ursache-Wirkungs-Schema, dem zufolge ein äußerer Umweltfaktor (Krankheitserreger, z.B. Bakterium) eine entsprechende Krankheit (z.B. Infektionskrankheit) hervorruft, liegt auch dem klassischen Arbeitsschutz zugrunde. Es sind neben Unfallgefahren in erster Linie schädliche physikalische, chemische oder biologische Einwirkungen (Noxen) am Arbeitsplatz, die zu arbeitsbedingten Erkrankungen oder zu Berufskrankheiten führen können. Daher werden die Arbeitsbedingungen auf krank machende Belastungsfaktoren (z.B. Lärm, Asbest, Klimaeinflüsse, Strahlung, Arbeitszeitregelungen) und auf Unfallrisiken (z.B. Sturz- und Absturzgefahren) hin untersucht, die dann vermieden, verringert oder in ihrer Einwirkung auf den arbeitenden Menschen gehindert bzw. vermindert werden sollen. Die Perspektive des klassischen öffentlich-rechtlichen Arbeitsschutzes zielt daher auf die Vermeidung oder Verringerung von *Krankheits-Risiken*, die entweder in den betrieblichen Verhältnissen, d.h. den objektiven Arbeitsbedingungen im Betrieb, oder im persönlichen Verhalten, d.h. den subjektiven sicherheits- und gesundheitsrelevanten Verhaltensweisen der Beschäftigten, ihre Ursachen haben.

Dieser pathogenetische Pfad der Krankheitsvermeidung durch Vermeidung bzw. Verringerung krank machender Faktoren in der Arbeitswelt hat im Laufe der letzten hundert Jahre in Deutschland beachtliche Erfolge zu verzeichnen. Darauf deuten insbesondere die Verringerung der Unfälle und die Bekämpfung der Berufskrankheiten hin. Auch wenn infolge des veränderten Belastungs-Beanspruchungsprofils neue Herausforderungen für den ganzheitlichen Arbeits- und Gesundheitsschutz entstanden sind, an der grundsätzlichen Bedeutung des klassischen technischen und medizinischen Arbeitsschutzes hat sich nichts geändert, er ist nach wie vor notwendig und verdient weiterhin die volle Aufmerksamkeit.

ArbG bzw. Führungskräften – unterstützt durch betriebliche Experten (Fachkräfte für Arbeitssicherheit, Sicherheitsbeauftragte und Betriebsärzte) und durch außerbetriebliche Instanzen (Berufsgenossenschaften und staatliche Arbeitsschutzbehören) – kommt daher eine besondere Verantwortung bei der Umsetzung des Arbeitsschutzes gemäß staatlichen (z.B. ArbSchG, ASiG, GefahrstoffVO) und berufsgenossenschaftlichen (z.B. SGB VII, BGV) Bestimmungen und Vorschriften zu, damit Unfälle, Berufskrankheiten und weitere arbeitsbedingte Gefährdungen so weit wie möglich verhütet werden.

5.2 Der salutogenetische Pfad der Gesundheitsförderung

In Ergänzung des klassischen Arbeitsschutzes hat sich seit der zweiten Hälfte der 1980er Jahre unter dem Einfluss der Weltgesundheitsorganisation WHO (Grundlage: Ottawa-Charta der WHO zur Gesundheitsförderung: »Gesundheitsförderung zielt auf einen Prozess, allen Menschen ein höheres Maß an Selbstbestimmung über ihre Gesundheit zu ermöglichen und sie damit zur Stärkung ihrer Gesundheit zu befähigen. ... Die Art und Weise, wie eine Gesellschaft die Arbeit, die Arbeitsbedingungen und die Freizeit organisiert, sollte eine Quelle der Gesundheit und nicht der Krankheit sein. Gesundheitsförderung schafft sichere, anregende, befriedigende und angenehme Arbeits- und Lebensbedingungen.«) mit Unterstützung der Träger der Gesetzlichen Krankenversicherung (Grundlage: § 20 Abs. 2 Satz 1 SGB V: »Die Krankenkassen können den Arbeitsschutz ergänzende Maßnahmen zur betrieblichen Gesundheitsförderung durchführen«) auch in Deutschland unter dem Begriff »Betriebliche Gesundheitsförderung« ein neues Leitbild im Arbeits- und Gesundheitsschutz etabliert (Priester 1998).

Hintergrund dieser Entwicklung ist der Strukturwandel des Belastungsprofils in der Arbeitswelt, wie er sich aufgrund des technisch-organisatorischen Wandels (»Automation«) und der Veränderungen in der Wirtschaftsstruktur (»Dienstleistungsgesellschaft«) vollzogen hat. Dabei haben körperliche und umgebungsbedingte Belastungen tendenziell etwas an Bedeutung verloren, während psychische und organisationsbedingte Belastungen an Verbreitung und Intensität erheblich gewonnen haben. Hinzu kommt, dass nicht mehr nur Fragen der körperlichen Leistungsfähigkeit der Beschäftigten für die Unternehmen wichtig sind, sondern dass darüber hinaus psychomentale und motivationale Aspekte des Leistungsvermögens und der Leistungsbereitschaft eine zunehmende Rolle spielen. Ergänzend zur öffentlich-rechtlichen »Pflicht« des Arbeitsschutzes praktizieren daher mehr und mehr Unternehmen darüber hinaus im Sinne einer »Kür« auch Maßnahmen zur »Betrieblichen Gesundheitsförderung«.

Diese Maßnahmen folgen der in den Gesundheitswissenschaften entwickelten *salutogenetischen* Perspektive (Antonovsky 1997) und der Leitfrage »*Was erhält gesund?*«, um herauszufinden, welche Arbeitsbedingungen der Gesundheit zuträglich sind. In diesem Zusammenhang wird Gesundheit nicht allein negativ als Abwesenheit von Krankheit und Gebrechlichkeit definiert, sondern positiv als ein Zustand des körperlichen, geistig-seelischen und sozialen Wohlbefindens, der den Menschen eine aktive Gestaltung ihres Lebens ermöglicht; dazu gehört auch das Arbeitsleben. Ziel der betrieblichen Gesundheitsförderung ist es, die bei der Arbeit wirksamen *gesund erhaltenden* Faktoren zu ermitteln und durch Maßnahmen der Organisationsentwicklung, Arbeitsgestaltung und des gesundheitsrelevanten Verhaltens zu erhalten und zu verbessern. Es geht dabei darum, die *Gesundheits-Ressourcen*, die in den Arbeitsbedingungen liegen, zu fördern. Dazu gehören beispielsweise die Möglichkeiten zur Mitsprache, Beteiligung und Identifikation bei der Arbeit sowie die Chancen, sich durch ständige Qualifizierung mit den wachsenden Anforderungen beruflich weiter entwickeln zu können oder die Gelegenheit, einen gewissen Handlungs-, Entscheidungs- und Verantwortungsspielraum wahrnehmen zu können. Damit gelangt der gesamte Bereich der gesundheitsrelevanten menschengerechten und persönlichkeitsförderlichen Arbeitsgestaltung in das Aufgabengebiet des Arbeits- und Gesundheitsschutzes.

In der betrieblichen Gesundheitsförderung hat sich im Laufe des letzten Jahrzehnts ein System von organisatorischen Strukturen und Prozessen sowie von Elementen und Instrumenten etabliert, das sich in einer Vielzahl von Projekten praktisch bewährt hat. Der vom Regionalbüro Europa der *WHO* entwickelte Ansatz einer »Gesundheitsförderung durch Organisationsentwicklung«, der dem »Setting-Ansatz« der Ottawa-Charta (Ziel: »Gesundheitsförderliche Lebenswelten schaffen«) folgt, betont die Schaffung von organisatorischen Strukturen (»Strukturentwicklung«) und persönlichen Kompetenzen (»Personalentwicklung«), die dem Ziel der Gesundheitsförderung in der Arbeitswelt dienen sollen (Genz/BGW 2001; Pelikan/Demmer/Hurrelmann 1993; Grossmann 1996). In einer Reihe von Pilotprojekten der WHO (z.B. Health Promoting Hospitals – Gesundheitsfördernde Krankenhäuser) wurde dieser Ansatz der Gesundheitsförderung national und international beispielhaft mit Erfolg umgesetzt. In der Umsetzung des Auftrags zur betrieblichen Gesundheitsförderung (BGF), wie er sich für die Krankenkassen aus dem SGB V ergibt, haben in Deutschland vor allem der Bundesverband der Betriebskrankenkassen (*BKK*-BV) und der *AOK*-Bundesverband in Zusammenarbeit mit Arbeits- und Gesundheitswissenschaftlern ein Modell der BGF mit geeigneten Instrumenten entwickelt und in einer ganzen Reihe von betrieblichen Projekten exemplarisch umgesetzt, woraus sich ein Standard mit bestimmten Qualitätskriterien herausgebildet hat, der auch im europäischen Raum (z.B. durch das Europäische Zentrum für betriebliche Gesundheitsförderung beim BKK-BV) mehr und mehr Verbreitung findet.

Die betriebliche Gesundheitsförderung operiert im Kern mit drei *Instrumenten*, die im Wesentlichen aus dem Methodeninventar der Organisationsentwicklung stammen:

1. *Betrieblicher Gesundheitsbericht*: Ausgangspunkt vor jeder Maßnahme zur BGF ist die Ermittlung des Ist-Zustandes der Gesundheit der Beschäftigten in einem Betrieb, wobei insbesondere die Frage nach arbeitsbedingten Störungen oder Schädigungen der Gesundheit von Interesse ist. Zu diesem Zweck werden die im Betrieb anfallenden Daten (vor allem zum Krankenstand sowie zu Arbeitsunfällen und Berufskrankheiten oder zur betrieblichen Gefährdungsbeurteilung) einer weiteren Analyse (»Sekundäranalyse«) unterzogen. Auf diese Weise sollen zu Beginn der Maß-

nahmen der erforderliche Handlungsbedarf festgestellt sowie im Verlauf und zum Abschluss der Maßnahmen die erzielten Fortschritte und die erreichten Ergebnisse dokumentiert und evaluiert werden (z.B. in Form eines Ist-Soll-Vergleichs).

(a) Wichtige Informationen können zunächst einmal aus der *Fehlzeitenstatistik* gewonnen werden, denn die Höhe des Krankenstandes und seine Unterschiede nach verschiedenen Tätigkeitsbereichen oder Beschäftigtengruppen kann erste Anzeichen für mögliche Problembereiche liefern. Hinzu kommt die Auswertung der Krankenstände (AU-Fälle und AU-Tage) nach den wichtigsten Krankheitsarten entsprechend der ICD-Klassifizierung der WHO, der die Hauptdiagnosegruppen unterscheidet, wie sie – unter Wahrung des Datenschutzes und der Anonymität – von einigen Krankenkassen (z.B. AOK, BKK) als Diagnose der AU-Ursachen in Form eines betrieblichen Gesundheitsberichtes z.T. in standardisierter Form den Unternehmen angeboten wird. Aus der Struktur und der Verteilung der verschiedenen Krankheitsarten als AU-Ursachen (z.B. Erkrankungen des Bewegungsapparates) nach Tätigkeitsbereichen oder Beschäftigtengruppen lassen sich Rückschlüsse auf betriebliche Schwerpunkte arbeitsbedingter Gefährdungen (z.B. Heben und Tragen schwerer Lasten, körperliche Zwangshaltungen) der Gesundheit ziehen.

(b) Die Statistik der Art und Schwere der *Arbeitsunfälle* und der *Berufskrankheiten*, die den Trägern der gesetzlichen Unfallversicherung (Berufsgenossenschaften) anzuzeigen sind (z.B. Erkrankungen der Lendenwirbelsäule), kann ebenfalls Hinweise auf Problembereiche arbeitsbedingter Gefährdungen der Gesundheit (z.B. Heben und Tragen schwerer Lasten) liefern. Diese Daten sind im Betrieb vorhanden; eine Auswertung und ein Vergleich mit dem Durchschnitt des jeweiligen Wirtschaftszweiges kann auch von der zuständigen Berufsgenossenschaft vorgenommen werden.

(c) Die im Rahmen der arbeitsmedizinischen Untersuchungen, bei der Begehung durch *Betriebsärzte* oder *Fachkräfte für Arbeitssicherheit* nach dem ASiG anfallenden und in den entsprechenden Jahresberichten der Betriebsärzte und FASI dokumentierten Informationen über den Stand von Sicherheit und Gesundheit der Beschäftigten können ebenfalls für die Ist-Analyse des Gesundheitsberichtes herangezogen werden.

(d) Die bei der *Gefährdungsbeurteilung* nach § 5 ArbSchG und § 3 BildscharbV in jedem Betrieb vorzunehmende Untersuchung der Arbeitsbedingungen auf mögliche Gefährdungen der Gesundheit der Beschäftigten, insbesondere die nach § 6 ArbSchG verlangte Dokumentation dieser Ergebnisse, können ebenfalls als Informationsquelle für den betrieblichen Gesundheitsbericht genutzt werden.

(e) Nicht über alle Fragen gesundheitsrelevanter Aspekte der Arbeitsbedingungen liegen im Betrieb bereits Daten (»Routinedaten«) vor; das gilt insbesondere für die psychischen und psychosozialen Belastungsfaktoren (z.B. Stress, psychische Ermüdung, Monotonie) sowie für die gesundheitsfördernden Faktoren (z.B. Zufriedenheit, Handlungsspielraum, Anerkennung). Daher werden sowohl zur Bestandsaufnahme der patho- und der salutogenetischen Faktoren zu Beginn als auch zur Dokumentation der Fortschritte und Erfahrungen während der Durchführung (zum Zweck der formativen Evaluation) sowie zur Evaluation der erzielten Ergebnisse von Maßnahmen zur Gesundheitsförderung (zum Zweck der summativen Evaluation) eigene *Mitarbeiterbefragungen* (»Primärerhebungen«) durchgeführt.

2. *Arbeitskreis Gesundheit:* Als Steuerungs- bzw. Lenkungsgruppe (im Sinne der Organisationsentwicklung) für alle Maßnahmen zur BGF wird ein besonderes Gremium (»Projektleitung«) gebildet, von dem alle erforderlichen Entscheidungen zu treffen sind. Diesem »Arbeitskreis Gesundheit« (nicht zu verwechseln mit dem »Arbeitsschutzausschuss«, der nach § 11 ASiG in allen Betrieben mit mehr als 20 Beschäftigten zu bilden ist) gehören in der Regel eine Führungskraft aus der Unternehmensleitung (z.B. Betriebsleiter), eine Fachkraft aus der Personalabteilung (z.B. für Personalbetreuung), der Betriebsarzt und eine Fachkraft für Arbeitssicherheit bzw. ein Sicherheitsingenieur sowie ein Vertreter des Betriebs- bzw. Personalrats an; hinzu können, je nach betrieblichen Gegebenheiten, noch Vertreter der Schwerbehinderten oder des betrieblichen Sozialdienstes kommen. Geleitet wird dieser Arbeitskreis Gesundheit entweder von einem externen (z.B. Krankenkasse, Unternehmensberatung) oder internen (z.B. Betriebsarzt, Fachkraft für Arbeitssicherheit) Moderator, der die Sitzungen vorbereitet und leitet. Für die Arbeit in diesem Steuerkreis gilt das Prinzip der Gleichberechtigung, unabhängig von der tatsächlichen Position in der formellen Hierarchie; für die Entscheidungen dieses Gremiums gilt das Konsensprinzip, alle Entscheidungen sind einvernehmlich zu treffen. Der Arbeitskreis Gesundheit gibt den betrieblichen Gesundheitsbericht in Auftrag, entscheidet darüber, welche Prioritäten bei der Arbeit gesetzt werden; er gibt den Gesundheitszirkeln ihre Aufträge, berät über deren Ergebnisse und entscheidet über die Annahme der Verbesserungsvorschläge aus den Gesundheitszirkeln

und empfiehlt deren Umsetzung der Geschäftsleitung. Die Kompetenzen des Steuerungskreises beschränken sich indes auf die Projektarbeit, für die Umsetzung der Empfehlungen in Form von Maßnahmen zur betrieblichen Gesundheitsförderung bleibt die Geschäftsleitung verantwortlich; die Projektleitung besitzt (zumindest formal) keine Weisungsbefugnis in der betrieblichen Hierarchie.

3. *Gesundheitszirkel*: In Anlehnung an das Konzept der »Qualitätszirkel« werden Projektgruppen gebildet, deren Aufgabe es ist, für einen konkreten Arbeitsbereich, in dem (z.B. durch den betrieblichen Gesundheitsbericht) besondere Probleme arbeitsbedingter Gefährdungen der Gesundheit deutlich geworden sind, gezielte Verbesserungsvorschläge in Form von Maßnahmen betrieblicher Gesundheitsförderung zu erarbeiten. In dieser Form einer projektbezogenen Arbeitsgruppe sollen im Wesentlichen die Betroffenen selbst im Kontakt mit ihrem direkten Vorgesetzten sowie bei Bedarf mit Unterstützung durch Fachleute für Arbeitsschutz, begleitet durch den Betriebs- und Personalrat, konkrete Verbesserungsvorschläge entwickeln, wobei sie ihre Erfahrungen einbringen können. Dadurch soll im Rahmen der betrieblichen Gesundheitsförderung nicht nur das Expertenwissen der Arbeitsschutzfachleute, sondern auch die Betroffenenerfahrung der Beschäftigten für die Erarbeitung sachgerechter, wirksamer und akzeptierter Maßnahmen genutzt werden. Einem Gesundheitszirkel, der von einem internen oder externen Moderator (ggf. auch von Beschäftigten selbst, die eine entsprechende Qualifizierung z.B. durch ihre Berufsgenossenschaft erworben haben) geleitet wird, gehören in der Regel drei bis fünf Beschäftigte sowie ihr direkter Vorgesetzter (z.B. Meister oder Gruppenleiter) an; hinzu kommen nach Bedarf auch Vertreter des Betriebsrats oder Arbeitsschutzexperten. Die Vorschläge der Gesundheitszirkel werden dem Arbeitskreis Gesundheit unterbreitet, der darüber entscheidet, ob und inwieweit er der Geschäftsleitung die Umsetzung empfiehlt; die Umsetzung selbst erfolgt dann durch die verantwortlichen Positionen in der betrieblichen Hierarchie.

Kapitel 3
Psychische Belastungen in der Arbeitswelt – Gesundheitliche Gefährdungen und Möglichkeiten der Prävention – Aufgaben des Arbeits- und Gesundheitsschutzes

1. Zunehmende Bedeutung psychischer Belastungen in der Arbeitswelt und für den Arbeitsschutz

Der Arbeits- und Gesundheitsschutz befindet sich in Deutschland auf einem Niveau, das den internationalen Vergleich nicht zu scheuen braucht. Das gilt allerdings in erster Linie für den Stand der technischen Arbeitssicherheit und der Arbeitsmedizin, soweit er sich auf die klassischen Gefährdungen erstreckt, die durch die körperlichen Beanspruchungen sowie durch die vielfältigen physikalischen, chemischen und biologischen Faktoren der Arbeitsumgebung sich ergeben können. Diesen hohen Standard gilt es auch auf dem Gebiet der Verhütung negativer psychischer Belastungen aus der Arbeitstätigkeit, des Arbeitsablaufs und der Arbeitsorganisation einschließlich der Arbeitszeit, den sozialen Beziehungen und der Arbeitsumgebung zu erreichen. Mit den Neuerungen im Arbeitsschutzrecht, insbesondere durch das Arbeitsschutzgesetz und das Sozialgesetzbuch Band VII, sind wichtige Voraussetzungen dafür geschaffen worden. Diese neuen Erfordernisse und Aufgaben gilt es in die betriebliche Praxis umzusetzen, damit das gemeinsame Ziel »Gesunde Betriebe durch gesunde Beschäftigte« erreicht werden kann.

1.1 Zunahme psychischer Belastungen in der Arbeitswelt

Alle vorliegenden Untersuchungen – insbesondere Studien aus Deutschland, den Ländern der Europäischen Union und den USA – machen deutlich, dass sich im Laufe der letzten zehn bis zwanzig Jahre ein charakteristischer Strukturwandel im Belastungsprofil der Beschäftigten vollzogen hat. Die klassischen Belastungsfaktoren, die durch widrige Umgebungseinflüsse und schwere oder einseitige Arbeiten verursacht werden und die primär physische, d.h. körperliche Beanspruchungen hervorrufen, haben sich insgesamt gesehen nur wenig verändert und bestehen im Wesentlichen fort. Offenbar wurden die Fortschritte, die in manchen Betrieben im Rahmen des technisch geprägten Arbeitsschutzes z.B. bei der Verringerung von Lärm, Vibrationen, Nässe, Kälte, Hitze, Staub, Dämpfen oder anderen widrigen Umgebungseinflüssen sowie bei der Erleichterung von schweren oder einseitigen körperlichen Arbeiten erzielt werden konnten, per saldo weitgehend kompensiert durch die Entstehung oder Zunahme solcher Belastungen in anderen Betrieben. Es besteht daher kein Grund, bei der Prävention solcher klassischen Gefährdungen nachzulassen. Wir müssen dem technischen Arbeitsschutz auch weiterhin unsere volle Aufmerksamkeit schenken.

Einer Studie zufolge, die der Hauptverband der Gewerblichen Berufsgenossenschaften gemeinsam mit dem Bundesverband der Betriebskrankenkassen durchgeführt hat (IGA-Report 5, 2004), waren über 82% der befragten Arbeitsschutzexperten (Sicherheitsfachkräfte und Sicherheitsingenieure, Betriebsärzte, Arbeitsmediziner, Psychologen, Gesundheitsförderungsfachkräfte) der Auffassung, dass im Laufe der letzten fünf Jahre das Ausmaß arbeitsbedingter psychischer Fehlbelastungen *zugenommen* hat (Paridon u.a. 2004: 8). Mit 43% (zuvor 32%) stehen die psychischen inzwischen deutlich vor den körperlichen Fehlbelastungen mit 31% (zuvor 38%) und den Belastungen durch die Arbeitsumgebung mit 26% (zuvor 30%) in der Rangfolge der arbeitsbedingten Gefährdungen der Gesundheit an der Spitze (Paridon u.a. 2004: 9). Der Anteil psychischer Belastungen an allen Fehlbelastungen bei der Arbeit ist dieser Erhebung zufolge in den letzten fünf Jahren um mehr als 10% *angestiegen*. Vor allem Zeitdruck (82%), schlechtes Führungsverhalten (78%), Arbeitsplatzunsicherheit (71%) und fehlende bzw. gestörte soziale Beziehungen (65%) wurden dabei am häufigsten als Ursachen psychischer Belastungen genannt (Paridon u.a. 2004: 10ff.).

Alle in den letzten Jahren vorgelegten Studien über die Art und das Ausmaß der Belastungen bei der Arbeit belegen diesen Strukturwandel im Beanspruchungsprofil: Psychische Belastungen nehmen zu, körperliche und Umgebungs-Belastungen nehmen relativ ab. Das belegen Studien der Europäischen Union und der Internationalen Arbeitsorganisation der UNO ebenso wie Untersuchungen des Instituts für Arbeitsmarkt- und Berufsforschung der Bundesanstalt für Arbeit oder Erhebungen der staatlichen Arbeitsschutzbehörden und wissenschaftlicher Institute (im Überblick: Reusch 2001; Lenhardt 2001; Lenhardt/Priester 2005; Merllié/Paoli 2001; Jansen 2000; Kuhn 1999).

Die neueste, 4. Erhebung über Arbeitsbedingungen in Europa (EWCS) kommt unter anderem zu dem Ergebnis, dass die Arbeitsintensität bzw. Arbeitsverdichtung über die letzten 15 Jahre hinweg in der EU erheblich zugenommen hat. So hatte sich gegenüber 1991 bis 2005 beispielsweise der Anteil der Arbeitnehmer, die nie mit einem hohen Tempo arbeiteten, von 36% auf 21% und der Anteil jener, die nie unter Zeitdruck arbeiteten, von 31% auf 19% verringert (Europäische Stiftung 2006).

Bemerkenswert ist, dass die zunehmende Arbeitsverdichtung (Kriterien: Arbeitstempo und Termindruck) in Deutschland offenbar besonders ausgeprägt ist. Denn während im Durchschnitt der EU-15-Staaten 2005 der Anteil der Beschäftigten, die über ein »hohes Arbeitstempo« berichteten, bei 61% lag, belief er sich in Deutschland auf 72%; gleiches gilt für die »notwendige Einhaltung von knappen Terminen«, 62% der Befragten aus den alten EU-Staaten (EU-15), aber 71% in Deutschland gaben dies an. Der Unfallverhütungsbericht Arbeit 2005 kommt daher zu dem Schluss, »dass die Arbeitsbedingungen in Deutschland im Vergleich zu den europäischen Stichproben EU-15 und NMS-10 (d.h. Neue Mitglieds-Länder; A.O.) noch stärker durch Zeitdruck geprägt sind.« (Unfallverhütungsbericht Arbeit 2005) In der jüngsten Repräsentativbefragung des Bundesinstituts für Berufsbildung und des Instituts für Arbeitsmarkt- und Berufsforschung 2005/06 bestätigte sich ebenfalls die gestiegene Bedeutung und die weitere Zunahme des hohen Arbeitstempos und des starken Termindrucks (Lenhardt 2007; BAuA 2008).

Darüber hinaus zeigte sich in der BiBB/IAB-Erwerbstätigenbefragung, dass besonders stark die Belastungen durch die Komplexität der Aufgaben (häufig verschiedene Arbeiten gleichzeitig: 59% der Befragten) sowie durch Störungen und Unterbrechungen (46% der Befragten werden häufig bei der Arbeit gestört oder unterbrochen) zugenommen haben.

Die verschiedenen Formen der *Überforderung* prägen vielen Untersuchungen zufolge die Belastungsprofile in der modernen Arbeitswelt. Die Grenzen der Belastbarkeit werden beispielsweise in einer 2009 durchgeführten Repräsentativbefragung der Techniker-Krankenkasse deutlich. Denn jeder dritte Berufstätige arbeitete eigenen Angaben zu Folge »häufig am Limit«, für mehr als jeden zweiten Befragten sind »Hetze und Termindruck am Arbeitsplatz« die Ursachen für Stress, und jeder Dritte sieht sich durch das »Leben auf Standby« in Form von Informationsüberflutung durch die ständige Erreichbarkeit (z.B. durch E-Mail, Handy) berufsbedingt belastet. (Kundenkompass Stress 2009) Eine der Ursachen der Überforderung ist der systematisch durch Ergebnisorientierung (z.B. mit Hilfe von Kennzahlen und Zielvereinbarungen) und permanente Reorganisation (z.B. durch den kontinuierlichen Verbesserungsprozess) erzeugte Zeit-, Effizienz- und Innovationsdruck bei gleichzeitig immer weniger Unterstützung durch die ebenfalls überforderten Führungskräfte (Haubl/Voß 2009).

Eine besondere Form psychischer Überlastung, die im Zuge moderner Informations- und Kommunikationstechnologien mehr und mehr zugenommen hat, ist die Erledigung mehrerer verschiedener Aufgaben gleichzeitig, parallel neben- oder im kurzfristigen Wechsel nacheinander (»*Multitasking*«). Die damit verbundene Überflutung mit Informationen (»Information Overload«) übersteigt vielfach die Verarbeitungskapazität des Gehirns und kann zu psychischen Beeinträchtigungen der Betroffenen führen (»Constant Multitasking Craziness«), die sich in Stressreaktionen oder in Angst und Zerstreutheit niederschlagen können (Hallowell 2005; Ramge 2007; Mark et al. 2005). Untersuchungen in den USA haben gezeigt, dass bei ausgeprägtem Multitasking die Fähigkeit leidet, wichtige von unwichtigen Informationen zu unterscheiden und bedeutsame Detailinformationen im Gedächtnis zu speichern, und dass es zu einer Minderung der Konzentrationsfähigkeit kommt, wenn man ständig zwischen verschiedenen Aufgaben (»Task Switching«) hin und her wechseln muss (Ophir et al. 2009).

Durch häufige *Unterbrechungen* kontinuierlicher Arbeit (z.B. durch Telefon, E-Mail, SMS, Voice Mail, Instant Messaging) kann es zu einer Aufsplitterung der Aufgaben (»fragmentierte Arbeit«) kommen, was zu ständiger Zerstreutheit sowie einem Verlust an konzentrierter Aufmerksamkeit *(»Aufmerksamkeitsdefizit«)* führt und sich in einem Verlust an Leistungsfähigkeit und Produktivität niederschlägt, der für die USA mit einem jährlichen volkswirtschaftlichen Schaden in Höhe von 588 Mrd. Dollar beziffert wurde (Basex 2005). In Anlehnung an das erbliche ADS-Syndrom (Aufmerksamkeitsdefizit-Störung, die vor allem bei Kindern eine Rolle spielt; ADD Attention Deficit Disorder) wurde bei Beschäftigten, deren berufliche Tätigkeit ständig unterbrochen wird, ein arbeitsbedingtes ADE-Syndrom (Aufmerksamkeitsdefizit-Eigenschaft; ADT Attention Deficit Trait) beschrieben, das ebenfalls mit innerer Unruhe und latenter Aggression einhergeht; Schätzungen zufolge sollen 30-40% der leitenden und qualifizierten Angestellten in den USA davon bedroht sein (Hallowell 2005).

Insbesondere in kommunikationsintensiven Berufen im Dienstleistungsbereich kann es zu psychischen Fehlbeanspruchungen kommen, wenn die für das Gefühlsmanagement erforderliche *Emotionsarbeit* (»Emotional Work«) übermäßige Anforderungen an die Beschäftigten stellt, weil die auszudrückenden und die empfundenen Gefühle zu weit auseinander klaffen (Hochschild 2006; Zapf et al. 2000; Rastetter 2007). Im Dienstleistungsbereich (z.B. Einzelhandel, Callcenter, Banken, Versicherungen, Gesundheitswesen) wird von den Beschäftigten vielfach verlangt, dass sie in Stimme, Mimik oder Gestik den Kunden oder Klienten gegenüber bestimmte Gefühle (z.B. Vertrauen, Fürsorge, Empathie, Zuwendung, Sympathie, Höflichkeit) ausdrücken sollen. Die Übereinstimmung bzw. der Einklang von auszudrückenden Gefühlen, die den betrieblichen Verhaltensregeln entsprechen, auf der einen und den empfundenen Gefühlen, die den persönlichen Empfindungen folgen, auf der anderen Seite kann entweder durch eine automatische Gefühlsregulation (»Passive Deep Acting«) zur Herstellung emotionaler Harmonie erfolgen oder aber zusätzliche Emotionsarbeit zur Überwindung des Missklangs bzw. der Diskrepanz (»Emotionale Dissonanz«) erfordern.

Idealtypischer Weise kann die Reduktion dieser *emotionalen Dissonanz* auf zwei Wegen erfolgen: Zum einen können durch eine weitergehende bzw. vollständige Identifikation mit den vom Betrieb verlangten Verhaltensregeln (»Display Rules«) von den Beschäftigten die persönlich empfundenen an die verlangten auszudrückenden Gefühle durch emotionales »*Tiefenhandeln*« (»Deep Action«) angepasst werden. Je größer diese emotionale Diskrepanz ist und je stärker sich die Betroffenen mit den verlangten Gefühlen persönlich identifizieren, um so größer ist bei dieser Form der Herstellung innerer Verhaltenskonformität die Gefahr der psychischen Überforderung bis hin zum *Burnout-Syndrom* mit völliger körperlicher, geistiger und emotionaler Erschöpfung. Zum anderen kann die emotionale Dissonanz durch die äußere Darstellung bzw. Zur-Schau-Stellung der geforderten Verhaltensregeln dazu führen, dass die Beschäftigten durch emotionales »*Oberflächenhandeln*« (»Surface Action«) nur so tun, als ob sie sich damit persönlich identifizieren würden, was allerdings innere Spannung und schließlich *Stresszustände* mit entsprechenden gesundheitlichen Gefährdungen bewirken kann.

Neben den verschiedenen Formen beruflicher Überforderung ist es vor allem die zunehmende *Unsicherheit* (»Prekarität«) und die Angst um den Verlust des Arbeitsplatzes, durch die das aktuelle Belastungsgeschehen geprägt und vor dem Hintergrund der Finanz- und Wirtschaftskrise noch verstärkt wird. Repräsentativbefragungen 2009 der Deutschen Angestellten Krankenkasse zufolge hat inzwischen fast jeder siebte Beschäftigte Angst, seinen Arbeitsplatz durch Kündigung zu verlieren (dpa-Meldung vom 5.3. 2009).

Nimmt man die »Zeitarbeit« als ein typisches Beispiel für prekäre Beschäftigungsverhältnisse, so zeigt ihre Entwicklung von rund 319.000 (2002) auf rund 761.000 (2008) die Zunahme und ihr Rückgang im Krisenjahr 2009 auf 532.000 Beschäftigte die damit verbundene Unsicherheit des Arbeitsplatzes (Bundesagentur für Arbeit und Bundesverband Zeitarbeit 2009). Untersuchungen der Technikerkrankenkasse kamen zu dem Ergebnis, dass die Fehlzeiten bei Zeitarbeitnehmern mit 14,7 Fehltagen im Jahr 2008 um vier Tage höher lagen als bei den Beschäftigten insgesamt (TK-Gesundheitsreport 8). Der überdurchschnittliche Krankenstand in dieser Branche ist indes nicht allein auf höhere körperliche Belastungen und Beanspruchungen (z.B. des Bewegungsapparates, der Atemwege oder Unfallgefährdungen) zurückzuführen, sondern auch auf die wahrgenommene Benachteiligung und Zurücksetzung der Betroffenen gegenüber den unbefristet beschäftigten Kollegen. Denn die gestörte wechselseitige Ausgeglichenheit (»Reziprozität«) oder Balance zwischen hoher Verausgabung der Arbeitskraft und mangelnder Anerkennung in den Unternehmen ist verschiedenen Modellen zur Wirkungsweise psychischer Belastungen zufolge (z.B. Theorie des »psychologischen Arbeitsvertrags«, Rousseau 1995; Theorie »beruflicher Gratifikationskrisen«, Siegrist 1996) eine wesentliche Ursache nicht nur für die stärkere Unzufriedenheit, sondern auch für die häufiger auftretenden gesundheitlichen Gefährdungen bei den Betroffenen.

Nicht nur Herz-Kreislauferkrankungen und psychische Erkrankungen werden durch psychische Fehlbelastungen verursacht oder ungünstig beeinflusst, sondern auch Beschwerden des *Bewegungsapparates*, insbesondere Rücken-, Schulter-, Nacken- und Hüftschmerzen, treten bei Beschäftigten, die sich z.B. in arbeitsbedingten Stresszuständen befinden oder die unter geringer sozialer Unterstützung durch ihre Vorgesetzten oder unter einem schlechten betrieblichen Sozialklima leiden, signifikant häufiger auf. Wie die systematische Auswertung der Ergebnisse einer größeren Zahl einschlägiger wissenschaftlicher Studien zeigt, kamen insbesondere Rückenschmerzen, aber auch andere Beschwerden des Bewegungsapparates bei den von psychischen Fehlbelastungen Betroffenen im Allgemeinen zwei- bis dreimal häufiger vor (Stadler, Spieß 2009).

Der Stagnation und teilweisen Reduktion so genannter »harter« physischer Faktoren steht indes die Expansion der »weichen«, aus der Arbeitsorganisation, der Arbeitszeit, der Arbeitsaufgabe oder den sozialen Beziehungen bei der Arbeit resultierenden Belastungsarten gegenüber. Insbesondere solche Belastungen, die aus starkem Zeit- und Termindruck, hohem und fremdbestimmtem Arbeitstempo, hoher Verantwortung bei geringem Entscheidungsspielraum, sozialen Konflikten auf vertikaler oder horizontaler Ebene (d.h. mit Vorgesetzten oder mit Kollegen), aus ungünstigen und flexiblen Arbeitszeiten (z.B. arbeitsanfallorientierte Arbeitszeit, Schichtarbeit z.T. mit

Nachtarbeit, Arbeit am Wochenende) oder aber aus der Unsicherheit des Beschäftigungsverhältnisses (z.B. Angst vor Arbeitsplatzabbau, »outsourcing«, befristeten Verträgen) resultieren, haben im Laufe der letzten ein bis zwei Jahrzehnte in unserer Arbeitswelt stark zugenommen.

Die Ursachen für diese Verlagerung der Schwerpunkte im Belastungsgeschehen sind zunächst einmal in den Fortschritten im Arbeits- und Gesundheitsschutz zu suchen, der insbesondere seit den 1970er Jahren eine ganze Reihe von neuen öffentlich-rechtlichen Vorschriften erfahren hat, die ohne Zweifel mit dazu beigetragen haben, dass die physischen Belastungen entweder abgenommen haben oder zumindest nicht weiter angestiegen sind. Hinzu kommt der technisch-organisatorische Wandel und die zunehmende Rationalisierung, die dafür gesorgt haben, dass sich die Tätigkeits- und Berufsstruktur innerhalb der Wirtschaftszweige und Betriebe dahingehend verändert hat, dass die Beschäftigten von unmittelbaren Aufgaben direkter manueller Verrichtungen weg mehr neben den unmittelbaren Produktionsprozess getreten sind, den sie stärker über Maschinen und Anlagen steuern und regeln.

Auf der einen Seite verliert damit die schwere körperliche Arbeit an Bedeutung und Unfallgefährdungen sowie widrige Umgebungseinflüsse nehmen vielfach ab, wenngleich dadurch einseitige Bewegungen oder ungünstige körperliche Zwangshaltungen vielfach zugenommen haben. Auf der anderen Seite geht mit der Rationalisierung in Form des arbeitssparenden technischen Wandels und der Intensivierung der Arbeitsvollzüge durch organisatorische Verdichtung der Arbeitsabläufe eine Zunahme psychischer Belastungen einher. Sie entstehen infolge des höheren und fremdbestimmten Arbeitstempos, der höheren Anforderungen an Aufmerksamkeit und Konzentration oder der kostensenkenden, aber für die Betroffenen meist ungünstigen Arbeitszeitregime (z.B. arbeitsanfallorientierte flexible Arbeitszeiten, Schichtarbeit mit Nachtarbeit zur besseren Auslastung der Maschinen und Anlagen).

Hinzu kommt der wirtschaftliche und soziale Strukturwandel, der aufgrund des Trends zur »Dienstleistungsgesellschaft« für einen Rückgang insbesondere der so genannten »Altindustrien« (z.B. Eisen und Stahl, Steine und Erden) sorgt, sodass auf der einen Seite insbesondere solche Arbeitsplätze abnehmen, für die körperliche Belastungen und Umgebungsbeeinträchtigungen weithin charakteristisch sind.

Auf der anderen Seite entstehen im Tertiären Sektor (v.a. Dienstleistungen) mehr Arbeitsplätze, die sich weniger durch schwere körperliche Arbeit unter widrigen Umgebungsbedingungen als vielmehr durch erhebliche psychische Belastungen aufgrund von hoher Arbeitsintensität und Leistungs- bzw. Zeitdruck auszeichnen. Die Zunahme psychischer Belastungen ist aber auch auf die neuen Strategien organisatorischer Restrukturierung im Betrieb zurückzuführen, durch die es vielfach zu einer Intensivierung der Leistungsanforderungen bei gleichzeitiger Extensivierung und fremdbestimmter Flexibilisierung der Arbeitszeit kommt, die wesentlich auf einer zunehmenden »Vermarktlichung« der Arbeitsbeziehungen und der Leistungspolitik bei Globalisierung der Wertschöpfungsketten vor dem Hintergrund einer »Entgrenzung« der Gewinnerwartungen auf den globalisierten Finanzmärkten beruhen.

Die aktuellen Prozesse der Internationalisierung und Globalisierung des Wettbewerbs, der Privatisierung staatlicher Leistungen und der Ausgliederung weniger profitabler Bereiche (»outsourcing«) in den Unternehmen verstärken ebenso das Problem der psychischen Belastungen der Beschäftigten, wie die vielfach festzustellende Erosion der Systeme sozialer Sicherheit, z.B. infolge der zunehmenden Angst um den Arbeitsplatz aufgrund ungeschützter, befristeter Beschäftigungsverhältnisse, die vielfach mit erhöhten Gefährdungen verbunden sind; schließlich ist die Angst vor dem Arbeitsplatzverlust ein noch stärkerer Stressfaktor als der Eintritt der Arbeitslosigkeit selbst (Badura/Hehlmann 2003: 67).

1.2 Einbeziehung psychischer Belastungen in den Arbeitsschutz

Es besteht aber nicht nur deshalb Anlass, sich mit psychischen Belastungen verstärkt zu befassen, weil sie in der Arbeitswelt tatsächlich zugenommen haben. Diese Belastungsfaktoren sind inzwischen auch in den Regelungsbereich des öffentlich-rechtlichen Arbeitsschutzes einbezogen worden. Der klassische Arbeitsschutz mit seiner Vielzahl von z.T. sehr detaillierten Vorschriften war im Wesentlichen technisch orientiert und auf Unfallverhütung sowie auf die Verringerung körperlicher Belastungen und die Vermeidung von gefährdenden Arbeitsumgebungseinflüssen konzentriert. Im Zuge der Umsetzung der EG-Arbeitsschutzrahmenrichtlinie 89/391/EWG in nationales Recht (vor allem im ArbSchG) und durch die Erweiterung des Präventionsauftrages der Träger der gesetzlichen Unfallversicherung (im SGB VII) kam es zu einer nachholenden Modernisierung unseres Arbeitsschutzrechts, in dem nun auch psychischen Belastungen besondere Aufmerksamkeit geschenkt wird. Selbst in einem Kernbereich technischer Arbeitssicherheit, der Sicherheit von Maschinen, Geräten und Anlagen, gilt es nunmehr, die Fragen der psychischen Belastungen als Unfallrisiken in die Betrachtung einzubeziehen, wenn in der Maschinenrichtlinie der EG 98/37/EG (Anhang I, Nr. 1.1.2.d vom 23.7.1998) gefordert wird: »Bei bestimmungsgemäßer Verwendung müssen Belästigung, Ermüdung und psychische Belastung (Stress) des Bedienungspersonals unter Berücksichtigung der ergonomischen Prinzipien auf das mögliche Mindestmaß reduziert werden.« In der neuen Fassung der Maschinenrichtlinie der Europäischen Union vom 17. Mai 2006 (Richtlinie 2006/42/EG), die ab 29. Dezember 2009 verbindlich anzuwenden ist, wurde dieses Gebot der menschengerechten Gestaltung von Maschinen in einem eigenen Punkt »Ergonomie« (Anhang I, 1.1.6.) näher spezifiziert und auf beispielhafte ergonomische Prinzipien verpflichtet; dort heißt es: »Bei bestimmungsgemäßer Verwendung müssen Belästigung, Ermüdung sowie körperliche und psychische Fehlbeanspruchung des Bedienungspersonals auf das mögliche Mindestmaß reduziert sein unter Berücksichtigung ergonomischer Prinzipien wie: Möglichkeiten der Anpassung an die Unterschiede in den Körpermaßen, der Körperkraft und der Ausdauer des Bedienungspersonals; ausreichender Bewegungsfreiraum für die Körperteile des Bedienungspersonals; Vermeidung eines von der Maschine vorgegebenen Arbeitsrhythmus; Vermeidung von Überwachungstätigkeiten, die dauernde Aufmerksamkeit erfordern; Anpassung der Schnittstelle Mensch-Maschine an die voraussehbaren Eigenschaften des Bedienungspersonals.« Mit dem Gebot der Vermeidung eines maschinenbestimmten Arbeitsrhythmus sowie der Daueraufmerksamkeit wird ausdrücklich auf die Vermeidung von Stresszuständen und Monotonie sowie von herabgesetzter Wachsamkeit abgezielt.

Umfassend einbezogen werden müssen die psychischen Belastungen insbesondere im Rahmen der Gefährdungsbeurteilung, wie sie nach § 5 Abs. 3 ArbSchG vom Arbeitgeber verlangt wird. Hierbei sind nämlich nicht nur die klassischen Faktoren der technischen Arbeitssicherheit, der Arbeitsstätte und des Arbeitplatzes zu ermitteln und im Hinblick auf erforderliche Arbeitsschutzmaßnahmen zu bewerten. Auch solche Gefährdungen sind zu erfassen, die aus den Arbeits- und Fertigungsverfahren, den Arbeitsabläufen, der Arbeitszeit und deren Zusammenwirken sowie aus unzureichender Qualifikation und Unterweisung resultieren können. Von den Trägern der gesetzlichen Unfallversicherung (Berufsgenossenschaften) ist den psychischen Belastungen insbesondere deshalb künftig stärkere Beachtung zu schenken, weil diese im Rahmen ihres erweiterten Präventionsauftrages gemäß § 14 Abs. 1 SGB VII sich nicht mehr allein der Verhütung von Arbeitsunfällen und Berufskrankheiten, sondern auch von »arbeitsbedingten Gesundheitsgefahren« widmen müssen und den »Ursachen arbeitsbedingter Gefahren für Leben und Gesundheit nachgehen« sollen.

Diese »arbeitsbedingten Gesundheitsgefahren«, die zu »arbeitsbedingten Erkrankungen« führen können, beziehen im Gegensatz zu den »Berufskrankheiten« im engeren Sinn auch solche Gesundheitsschädigungen ein, bei denen die Arbeitsbelastungen nicht die wesentliche Ursache sind, sondern bei denen die Faktoren der Arbeit lediglich eine mit- bzw. teilverursachende Rolle spielen oder die Schwere bzw. den Verlauf einer Erkrankung ungünstig beeinflussen können. Damit ist nicht mehr nur das monokausale Ursache-Wirkungsverständnis, das den »Berufskrankheiten« nach § 9 SGB VII und Berufskrankheitenverordnung zugrunde liegt, Gegenstand des Präventionsauftrages, sondern auch die multifaktoriellen Wirkungszusammenhänge, die für die Gefährdungen durch psychische Belastungen sowie durch Mehrfachbelastungen charakteristisch sind.

Bei den Gefährdungen durch psychische Belastungen handelt es sich um gesundheitliche Risiken für die Beschäftigten, die zwar durch die Arbeit verursacht werden, die aber nicht ausschließlich eine derart enge Kausalbeziehung mit den betrieblichen Arbeitsbedingungen aufweisen müssen, wie dies das Entschädigungsrecht im Sinne der »Theorie der wesentlichen Bedingung« bei »Arbeitsunfällen« und »Berufskrankheiten« (§§ 8 und 9 SGB VII) verlangt. Die Bereiche der »Entschädigung« und der »Prävention« sind nach den neuen Regelungen der §§ 1 und 14 SGB VII nicht mehr deckungsgleich. Maßnahmen des Arbeitsschutzes nach § 2 Arbeitsschutzgesetz (ArbSchG) und der Prävention nach § 14 SGB VII sind daher bei der Gefahr von »Unfällen bei der Arbeit« und »arbeitsbedingten Gesundheitsgefahren« nicht nur dann erforderlich, wenn sie allein durch die Arbeitseinflüsse verursacht werden, sondern auch wenn diese negativen Beanspruchungswirkungen durch die Arbeitsbedingungen mitverursacht oder in ihrem Verlauf ungünstig beeinflusst und verschlimmert werden.

2. Gesundheitliche Gefährdungen durch psychische Belastungen bei der Arbeit

2.1 Zusammenhänge zwischen psychischen und physischen Belastungen und Beanspruchungen bei der Arbeit

Ein nicht zu unterschätzendes Hindernis für die Beschäftigung mit psychischen Belastungen im betrieblichen Arbeitsschutz, und zwar sowohl auf der Seite der Arbeitgeber, der Fachkräfte für Arbeitssicherheit und Sicherheitsbeauftragten als auch bei den betroffenen Beschäftigten und ihren Interessenvertretungen sind die vielfach unklaren oder unzutreffenden Vorstellungen davon, worum es sich bei psychischen Belastungen eigentlich handelt. Was *physische* Belastungen sind, die körperliche Beanspruchungen im Hinblick auf Herz und Kreislauf, Stoffwechsel und Energiehaushalt sowie Muskulatur und Skelett bei den Betroffenen hervorrufen, erscheint in der Regel ebenso selbstverständlich wie der Umstand, dass schädliche physikalische, chemische oder biologische Einwirkungen bzw. Stoffe bestimmte Organe (z.B. Ohr, Auge, Lunge oder Haut) gefährden können. Bei den *psychischen* Belastungen handelt es sich im Unterschied dazu im Wesentlichen um Faktoren, die aus der Beanspruchung der Sinnesorgane und der Wahrnehmung bei der Arbeit (sensorische und informatorische Anforderungen), den Anforderungen an das Gedächtnis und das Denken (kognitive und mentale Faktoren) sowie aus der Beanspruchung der Gefühle und Antriebe (emotionale und motivationale Faktoren) resultieren können (siehe Abbildung 1).

Die Trennung von physischen und psychischen Beanspruchungen ist die Folge der arbeitsteiligen Herausbildung und Entwicklung der wissenschaftlichen Disziplinen, die sich mit den verschiedenen Faktoren befassen. Sie beruht also auf wissenschaftsgeschichtlichen und nicht auf natürlichen Unterschieden. Denn tatsächlich sind physische und psychische Faktoren bei der Arbeit stets untrennbar miteinander verknüpft, wie wir aus eigener leidiger oder freudiger Erfahrung wissen.

Psychische Prozesse (z.B. Wahrnehmung und Informationsverarbeitung) sind undenkbar ohne Sinnesorgane und Zentralnervensystem, andererseits sind physische Vorgänge (z.B. hormonelle Prozesse und Kreislaufaktivitäten) verbunden mit Verhaltens- und Erlebensreaktionen. Vereinfacht ausgedrückt: »Körper« und »Geist« bzw. »Seele« sind auch im Hinblick auf die Wirkung von Arbeitsbelastungen und ihre Bewältigung untrennbar miteinander verbunden. Daher rufen psychische Belastungen nicht allein psy-

Abbildung 1: Psychische Belastungen und physische Beanspruchungen Psychosomatische Zusammenhänge und Wechselwirkungen

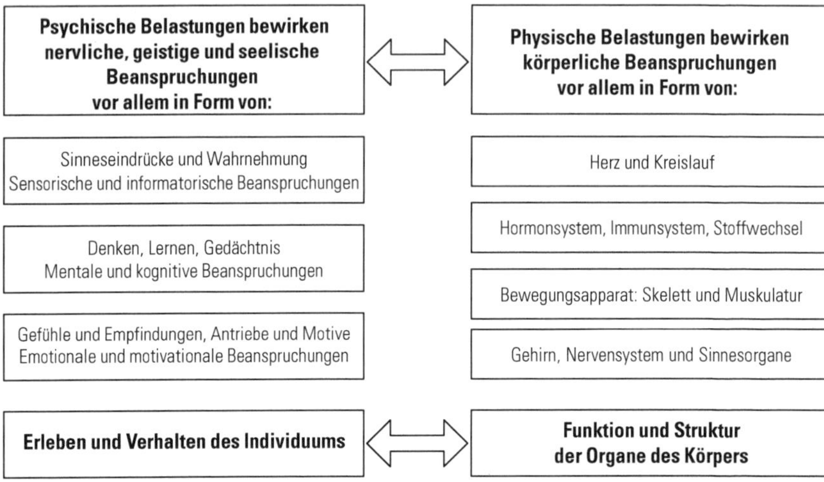

chische Gefährdungen, sondern insbesondere Gefährdungen der physischen Gesundheit hervor.

In der Arbeitswissenschaft werden die Begriffe »Belastung« und »Beanspruchung« im Unterschied zum alltäglichen Sprachgebrauch wertneutral verwandt und in ihrem Bedeutungsgehalt deutlich unterschieden (vgl. die internationale Norm ISO 6385: 2004 »Grundsätze der Ergonomie für die Gestaltung von Arbeitssystemen«). Unter »Arbeitsbelastung« versteht man demzufolge die »Gesamtheit der äußeren Bedingungen und Anforderungen im Arbeitssystem, die auf den physiologischen und/oder psychologischen Zustand einer Person einwirken«, also die objektiven Faktoren, wie sie sich aus der Arbeitsaufgabe und der Arbeitsumwelt (im umfassenden Sinne) ergeben. Demgegenüber versteht man unter »Arbeitsbeanspruchung« die »innere Reaktion des Arbeitenden/Benutzers auf die Arbeitsbelastung, der er ausgesetzt ist und die von seinen individuellen Merkmalen (z.B. Größe, Alter, Fähigkeiten, Begabungen, Fertigkeiten usw.) abhängig ist«, also den subjektiven Hergang und die Folgen für die Betroffenen. Mithilfe dieser Unterscheidung kann man den Sachverhalt, dass die gleiche Belastung zu unterschiedlichen Beanspruchungen führt, besser verstehen. Dieses einfache Belastungs-Beanspruchungs-Modell ist auch hilfreich dabei, zu begreifen, dass »Belastungen« nicht in jedem Falle negativ zu bewerten sind, vielmehr

Abbildung 2: Zusammenhänge von arbeitsbedingten psychischen Belastungen, Beanspruchungen und Beanspruchungsfolgen

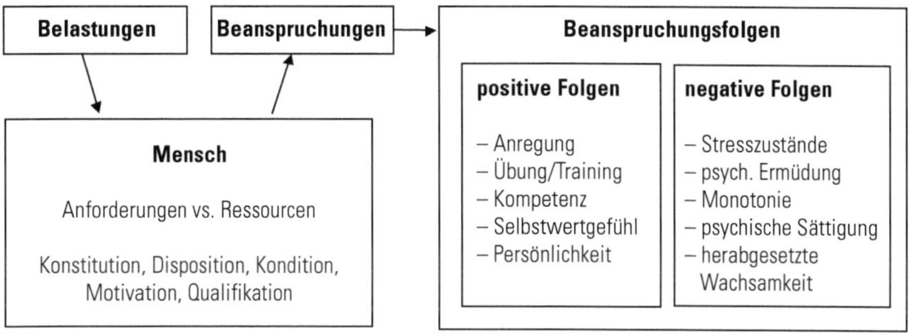

gilt: Überforderung schädigt, Unterforderung schwächt und menschengerechte Anforderung stärkt die Gesundheit und das Leistungsvermögen.

Das gilt auch für psychische Belastungen, die in der Arbeitswelt auf den Menschen einwirken und je nach individuellen Besonderheiten (v.a. Konstitution, Disposition, Kondition, Qualifikation und Motivation) zu psychischen und physischen Beanspruchungen führen, deren Folgen, vereinfacht ausgedrückt, positiver Natur (Aufwärm-, Übungs- und Trainingseffekte, Kompetenzerweiterung, Selbstwertgefühl, Persönlichkeit) oder negativer Art (Stress, psychische Ermüdung, Monotonie, psychische Sättigung, herabgesetzte Wachsamkeit) sein können. Mitentscheidend ist auch bei psychischen Belastungen, ob die gestellten Anforderungen derart sind, dass sie von Beschäftigten ohne Gefährdung von Sicherheit und Gesundheit bewältigt werden können (siehe Abbildung 2).

Ziel einer sicherheitsgerechten, gesundheitsschonenden und anforderungsoptimalen Gestaltung der Arbeit ist also nicht die Vermeidung jedweder Belastung, sondern die Schaffung von menschengerechten Belastungen und Beanspruchungen. Das gilt insbesondere für die Maßnahmen des Arbeitsschutzes zur Vermeidung von psychischen Über-, Unter- und Fehlbeanspruchungen. Hinzu kommt die Förderung der Ressourcen der Beschäftigten (Kenntnisse, Fähigkeiten, Fertigkeiten, Kompetenzen, Gesundheitsverhalten), die ihnen eine bessere Bewältigung der Arbeitsanforderungen ermöglichen. Es geht gerade bei psychischen Belastungen letztlich darum, durch eine menschengerechte Arbeitsgestaltung eine möglichst ausgeglichene Bilanz, eine Balance zwischen Anforderungen der Arbeitswelt und Ressourcen der Beschäftigten herzustellen.

2.2 Kurz- und langfristige Gefährdungen der Gesundheit durch negative psychische Belastungen und Beanspruchungen

Die Wirkungen gesundheitlicher Gefährdung durch negative psychische Belastungen vollziehen sich im Wesentlichen über *zwei Pfade*. Psychische Belastungen durch die Arbeitsbedingungen und daraus resultierende Beanspruchungen können bei den Betroffenen bewirken:

1. eine *Erhöhung des Unfallrisikos* (»Unfälle bei der Arbeit« im Sinne von § 2 ArbSchG) im Betrieb (Arbeitsunfälle) sowie auf dem Weg zur und von der Arbeit (Wegeunfälle) durch eine psychisch verursachte Minderung oder Störung der Leistungs- und Reaktionsfähigkeit,
2. eine *Erhöhung des Erkrankungsrisikos* (»arbeitsbedingte Gesundheitsgefahren« im Sinne von § 2 Abs. 1 ArbSchG und § 1 Abs. 1 SGB VII) durch psychisch verursachte physiologische (psychosomatische) Störungen im Organismus.

Psychische Belastungen können sowohl *kurz*- als auch *lang*fristige arbeitsbedingte Gefährdungen der Gesundheit verursachen.

2.2.1 Kurzfristige unmittelbare Gefährdungen der Gesundheit

Kurzfristig und unmittelbar kann es durch psychische Belastungen vor allem zu einem erhöhten Risiko von Arbeitsunfällen im Betrieb und Wegeunfällen auf dem Weg zur bzw. von der Arbeit kommen. Bei gefahrgeneigten Tätigkeiten müssen die Beschäftigten zwei unterschiedliche Anforderungskomplexe in einem Gleichgewicht halten. Sie müssen auf der einen Seite ihre eigentliche Arbeitsaufgabe (z.B. Wartungsarbeiten an einem Hochregal) sach- und fachgerecht den Anforderungen entsprechend erfüllen, und sie müssen auf der anderen Seite die bestehenden Gefahren (z.B. Absturz aus der Höhe) hinreichend unter Kontrolle halten. Treten nun psychische Belastungen (z.B. Zeitdruck, Überstunden) auf, die aufgrund der dadurch hervorgerufenen Beanspruchungsfolgen (z.B. Stress, psychische Ermüdung) das Gleichgewicht zwischen Aufgabenerfüllung und Gefahrenkontrolle stören, weil sie die Aufmerksamkeit, die zur Verfügung stehende Zeit oder die Leistungs- und Reaktionsfähigkeit der Betroffenen herabsetzen oder beeinträchtigen, kann das zu Unfällen bei der Arbeit führen.

Berücksichtigt man, dass aufgrund der Fortschritte in der Sicherheitstechnik mittlerweile über 90% der Arbeitsunfälle auf vermeidbare Handlungsunsicherheiten des arbeitenden Menschen zurückzuführen sind, wird der Stellenwert deutlich, der den psychischen Belastungen auch für das Unfallgeschehen zukommt.

Bemerkenswert ist, dass psychische Belastungen bei der Arbeit nicht nur das Risiko erhöhen, auf dem Weg von der Arbeit nach Hause aufgrund der Nachwirkungen in Form verminderter Aufmerksamkeit und Reaktionsfähigkeit einen Unfall zu erleiden, sondern auch bereits auf dem Weg zur Arbeit. Offenbar hat die Erwartung bevorstehender psychischer Belastungen am Arbeitsplatz derartige Vorauswirkungen, dass dadurch ebenfalls die Reaktionsfähigkeit und Aufmerksamkeit der Betroffenen gestört wird. Zu den bereits unmittelbar oder kurzfristig wirksamen negativen Effekten ungünstiger psychischer Belastungen gehören darüber hinaus vermehrte soziale Konflikte und die Beeinträchtigung des persönlichen psychischen Wohlbefindens.

2.2.2 Längerfristige und chronische Gefährdungen der Gesundheit

Längerfristig und chronisch können durch psychosomatische Wirkungszusammenhänge negative psychische Belastungen am Arbeitsplatz zu arbeitsbedingten körperlichen Erkrankungen führen. Mitverursacht oder begünstigt werden aufgrund psychischer Beanspruchungen insbesondere Herz-Kreislaufkrankheiten (z.B. Bluthochdruck, Erkrankungen der Herzkranzgefäße, Herzinfarkt) und weitere Durchblutungsstörungen (z.B. Hörsturz, Tinnitus, Schlaganfall) sowie Magen-Darm-Erkrankungen (z.B. Gastritis, Magen- oder Zwölffingerdarmgeschwür), Beeinträchtigungen des Immunsystems und daraus resultierende Infektionskrankheiten oder bösartige Neubildungen (Krebs), Stoffwechselerkrankungen (z.B. Diabetes, Gicht) und nicht zuletzt Erkrankungen des Bewegungsapparates, insbesondere Rückenbeschwerden, die mindestens zu einem Drittel auf psychische Faktoren zurückzuführen sind. Hinzu kommen psychische und psychovegetative Beeinträchtigungen und Störungen, insbesondere in Form von Nervosität und Gereiztheit, Depressionen und Angstzuständen, Zwangsgedanken und Zwangsgrübeln, Konzentrations- und Leistungsstörungen, Ermüdungs- und Erschöpfungszuständen, Kopfschmerzen, Herzklopfen bzw. Herzrasen, Schweißausbrüchen, Schwindel oder Schlaf- und Essstörungen.

Untersuchungen der Europäischen Stiftung zur Verbesserung der Lebens- und Arbeitsbedingungen in den 15 Ländern der Europäischen Union zufolge unterlagen Beschäftigte, die dauernd mit hohem Arbeitstempo oder mit engen Zeitvorgaben zu arbeiten hatten, einem doppelt so hohen Unfall- und Verletzungsrisiko bei der Arbeit, sie litten außerdem doppelt so oft unter Rückenschmerzen oder unter Schmerzen in Schultern und Nacken (Merllié/Paoli 2001). Die Häufigkeit von Arbeitsunfällen steigt, Untersuchungen der Bundesanstalt für Arbeitsschutz und Arbeitsmedizin zufolge, mit der Dauer der Arbeitszeit exponentiell an; in der zwölften Arbeitsstunde ist demnach das Unfallrisiko doppelt so hoch wie in den ersten acht Stunden (Beermann 2003).

Amerikanische Untersuchungen ergaben, dass Überstunden und lange Arbeitszeiten zu einem über 60% höheren Unfallrisiko bei der Arbeit führen (Dembe u.a. 2005). Das Risiko eines Wegeunfalls steigt mit dem Stress bei der Arbeit; das Risiko, einen Unfall auf dem Weg zur oder von der Arbeit zu erleiden, ist nach Untersuchungen der Berufsgenossenschaft BGW für Personen mit einem hohen Stressniveau mehr als doppelt so hoch wie für die ohne beruflichen Stress (Trimpop/Kirkcaldy 1995). Einer Studie aus Japan zufolge erhöhte sich durch Überstunden und Schlafmangel das Risiko, einen akuten Herzinfarkt zu erleiden, signifikant. Denn für Männer, die 60 und mehr Stunden in der Woche arbeiteten, war das Risiko eines Herzinfarktes doppelt so hoch wie für jene, die bis zu 40 Stunden arbeiteten. Wie sich zeigte, hatten die Beschäftigten, die an mindestens zwei Tagen in der Woche nicht mehr als fünf Stunden in der Nacht geschlafen hatten, ein zwei- bis dreimal so hohes Herzinfarkt-Risiko (Liu/Tanaka 2002). Frauen, so eine Studie aus den Niederlanden, die mehr als 42 Stunden in der Woche arbeiteten, wiesen ein um ein Drittel höheres Risiko einer Frühgeburt auf (Saurel-Cubizolles u.a. 2004).

Befristet Beschäftigte wiesen einer Studie über Deutschland und Großbritannien zufolge 40% häufiger als unbefristet Beschäftigte einen generell schlechteren Gesundheitszustand auf (Rodriguez 1999). Eine Studie der EU hat einen signifikanten Zusammenhang zwischen schlechter persönlicher Gesundheit, höheren Arbeitsbelastungen und atypischen Beschäftigungsverhältnissen (Zeitarbeit, Befristung) festgestellt (Goudswaard/de Nanteuil 2000); d.h., wer befristet oder in Zeitarbeit beschäftigt war, unterlag einem höheren Risiko arbeitsbedingter gesundheitlicher Gefährdungen. Eine Studie des Instituts für Arbeitsmarkt- und Berufsforschung (IAB) der Bundesagentur für Arbeit kam anhand empirischer Daten aus Westdeutschland und Spanien zu dem Ergebnis, dass sich der Gesundheitszustand und das psychische Wohlbefinden von zunächst arbeitslosen Personen, die einen neuen Arbeitsplatz gefunden hatten, zwar insgesamt erwartungsgemäß signifikant verbesserte, sodass sich die Erkenntnis bestätigte, dass eine Beschäftigung aufgrund der damit verbundenen Strukturierung des Tagesablaufs, des regelmäßigen sozialen Kontakts und des Selbstwertgefühls sich positiv, Arbeitslosigkeit sich hingegen wegen des damit verbundenen Verlustes sozialen Ansehens und des drohenden Qualifikationsverlustes in der Regel negativ auswirkt.

Aber diese positiven Effekte des Weges aus der Arbeitslosigkeit für die Gesundheit erwiesen sich bei den Beschäftigten, die in ein befristetes Arbeitsverhältnis wechselten, als erheblich niedriger als bei denen, die eine unbefristete Beschäftigung aufnehmen konnten (Gash/Mertens/Romeu Gordo 2006). Dadurch bestätigen sich frühere Untersuchungen des IAB, denen zufolge Menschen aufgrund von Arbeitslosigkeit häufig eine Verschlechterung ihrer psychischen Gesundheit aufweisen. »Umgekehrt verbessert sich meist das seelische Befinden deutlich, wenn Arbeitslose zurück in die Beschäftigung finden.« (Hollederer 2003: 2)

Finnische Untersuchungen zeigten, dass unbefristet Beschäftigte signifikant weniger Stress, weniger chronische Erkrankungen und insgesamt einen besseren Gesundheitszustand aufwiesen als befristet Beschäftigte (Virtanen u.a. 2002). Ebenfalls finnische Untersuchungen haben festgestellt, dass mit dem Personalabbau im Betrieb bei den verbleibenden Beschäftigten signifikant steigende Fehlzeiten einher gingen (Vahtera u.a. 2004). Im Anschluss an einen starken Personalabbau (18% oder mehr Personalreduktion) war die Sterblichkeit an Erkrankungen der Herzkranzgefäße in den folgenden 7,5 Jahren doppelt so hoch wie in Betrieben ohne Personalabbau; in den ersten drei Jahren war die Sterblichkeit an diesen Krankheiten sogar fünf mal so hoch. Nicht allein die wahrgenommene berufliche Unsicherheit (»Job insecurity«), die Beschäftigte in Unternehmen im Hinblick auf ihre Weiterbeschäftigung empfinden, wenn es durch betriebliche Umstrukturierungen zu Personalabbau kommt, hat negative Auswirkungen auf Gesundheit, Wohlbefinden und Zufriedenheit der Betroffenen. Auch bei den »Überlebenden des Personalabbaus« (»survivors of layoff«) kommt es infolge der Umstrukturierungen vielfach zu beruflicher Überlastung und Überforderung, zu Konflikten aufgrund unklarer Zuständigkeiten oder zur Unterforderung, wenn vorhandene Kenntnisse und Kompetenzen nur mehr bedingt genutzt werden (Tombaugh/White 1990; Hartley et al. 1991; Sverke/Hellgren 2002). Die daraus resultierenden gesundheitlichen Gefährdungen aufgrund von Stressreaktionen werden in der wissenschaftlichen Literatur als »Krankheit der Überlebenden« (»survivor sickness«) von Umstrukturierung und Personalabbau charakterisiert (Noer 1997; Thornhill/Saunders 1998).

Untersuchungen in Litauen kamen zu dem Ergebnis, dass Stress bei der Arbeit das Risiko eines Herzinfarkts um das 2,7-fache erhöhen kann, wovon insbesondere auch qualifizierte Angestellte betroffen waren (Malinauskiene u.a. 2004). Untersuchungen in Schweden zeigten, dass ein plötzlich bei der Arbeit auftretender Termindruck das Risiko, in den folgenden 24 Stunden einen Herzinfarkt zu erleiden, um das 6-fache steigert; offenbar hat Stress einen Auslöser-Effekt (»triggering-effect«) für den Herzinfarkt (Möller u.a. 2005).

2.2.3 Extreme Formen und Folgen psychischer Überforderung

An den *extremen Formen und Folgen psychischer Über- und Fehlbelastungen* mit ihren fatalen gesundheitlichen Gefährdungen der Betroffenen, die vielfach auch in den Medien auf ein breiteres Echo gestoßen sind, können die Wirkungszusammenhänge einer nicht menschengerechten Gestaltung der Arbeit beispielhaft und besonders plastisch deutlich werden:

1. Bekannt war das *»Burnout-Syndrom«* (inneres Ausgebranntsein), das einen Zustand vollständiger physischer und psychischer Verausgabung und Erschöpfung darstellt, wie er infolge von lang andauernder und intensiver, quantitativer oder qualitativer Überforderung entsteht (Unger, Kleinschmidt 2006; Pines, Aronson, Kafry 1993; Burisch 1989), lange Zeit im Wesentlichen aus helfenden Berufen (z.B. Krankenpflegeberufe, Ärzte, Bewährungshelfer). Mittlerweile ist es in kommunikationsintensiven Berufen insgesamt (z.B. im Handel und im Dienstleistungsbereich) weit verbreitet. Besonders gefährdet sind Berufe mit enger emotionaler Bindung an die Aufgabe, die mit hoher Motivation und persönlicher Identifikation gewählt werden, weil sie den Beschäftigten die Gelegenheit bieten, eigene Interessen sowie Wert- und Zielvorstellungen zu verwirklichen. Wer in seinem Beruf nicht »entflammt« war, kann auch nicht »ausbrennen«. Wenn aber motivierte und engagierte Beschäftigte erfahren müssen, dass sie aufgrund unzureichender Ressourcen trotz aller Anstrengungen nicht den von ihnen erwarteten Erfolg erzielen können, setzen zunächst Frustration und Selbstzweifel und schließlich Resignation und Apathie ein, die sich bis zur Verzweiflung und chronischen Erschöpfung steigern können; psychische und psychosomatische Störungen und Erkrankungen mit vorübergehender Arbeitsunfähigkeit (Fehlzeiten) oder endgültiger Erwerbsunfähigkeit (Frühinvalidität) können schließlich die Folge sein.
2. Externe Überforderung (z.B. durch Leistungsvorgaben oder -anreize) kann die Überforderung des eigenen Leistungsvermögens durch die Beschäftigten selbst (interne Überforderung) begünstigen, sodass dies zu einer »Selbstausbeutung« führt, die mit dem Einverständnis der Betrof-

fenen zustande kommt. Die neuen Formen der indirekten Steuerung der Anforderungen durch Erweiterung des Handlungsspielraums bei gleichzeitiger Vorgabe von Ressourcen und Zielen (»Herrschaft durch Autonomie«) fördern nicht nur die »Kolonialisierung der Lebenswelt« durch die Arbeitswelt (»Arbeiten ohne Ende«), sondern begünstigen auch Effekte der Selbstbelohnung durch exzessives Arbeiten. Mit *»Arbeitssucht«* wird ein Verhalten beschrieben, für das die Arbeit das Denken, Handeln und Empfinden dominiert, wobei die Kontrolle über Umfang und Dauer der Arbeit verloren geht und es schließlich zu z.T. vegetativen Entzugserscheinungen bei Nicht-Arbeit kommt (Heide 2002; Poppelreuter 2007). Wie für alle Suchtformen typisch, geraten die Betroffenen dabei unmerklich in eine Spirale, denn es muss immer mehr gearbeitet werden, um die Sucht zu befriedigen, wodurch es schließlich zu psychosozialen oder psychosomatischen Störungen bis zum Zusammenbruch des Leistungsvermögens kommt. Man spricht in Anlehnung an stoffgebundene Suchtformen wie Alkoholismus oder Drogenabhängigkeit in diesem Zusammenhang von »Arbeitssucht« (»Workaholism« oder »Work addiction«) als einer »stoffungebundenen Verhaltenssucht« (Poppelreuter 2007; Grüsser, Thalemann 2006), weil dabei durch körpereigene biochemische Prozesse verschiedene Neurotransmitter (»Glückshormone« wie Endorphin, Serotonin oder Dopamin) ausgeschüttet werden, von denen die Betroffenen, ähnlich wie von körperfremden Drogen, abhängig werden können.

3. Mit dem Begriff »*Karoshi*« wird in Japan der plötzliche Tod bei der Arbeit bezeichnet, der meist durch Herzinfarkt oder Schlaganfall verursacht wird (Okudaira 2004; Tieste 2003). Dieser Tod durch Überarbeitung (»death from overwork«) und Erschöpfung (»induced by overwork«) tritt charakteristischerweise als Folge extremer Fälle übermäßig langer Arbeitszeiten (bis zum doppelten der vereinbarten Arbeitszeit), quantitativer oder qualitativer Überforderung, überhöhter Arbeitsintensität und mangelnder Unterstützung durch Vorgesetzte oder Kollegen ein. Die Zahl der von den Hinterbliebenen angezeigten Karoshi-Fälle in Japan hat seit Jahren zugenommen und belief sich 2006 auf 938 Anträge von Hinterbliebenen; die Dunkelziffer ist indes sehr hoch, die tatsächlichen Fälle werden von Gewerkschaften und Selbsthilfeorganisationen auf einige tausend pro Jahr geschätzt. Vom japanischen Ministerium für Gesundheit, Arbeit und Soziales wurden in den letzten Jahren etwa 140 bis 160 Fälle von Karoshi jährlich als arbeitsbedingt anerkannt und den Hinterblie-

benen gegenüber entsprechend (z.B. durch Rente oder Einmalzahlung) wie ein »Arbeitsunfall« entschädigt (Japan Labor Flash No. 85/2007). Berichten des Japan Institute of Labor zufolge unterliegen Beschäftigte ab 80 und insbesondere ab 100 Überstunden pro Monat oder ab 58 Stunden wöchentlicher Arbeitszeit einem gesteigerten Karoshi-Risiko (Japan Labor Flash No. 61/2006, No. 68/2006 und No. 80/2007). Wenn man berücksichtigt, dass 2006 ein Drittel der befragten Großunternehmen in Japan angaben, dass es bei ihnen Beschäftigte gibt, die bis zu 100 Überstunden im Monat leisteten (Japan Labor Flash No. 81/2007), und wenn man bedenkt, dass Angaben des japanischen Gewerkschaftsverbandes zufolge ein Viertel der männlichen Beschäftigten 2006 zwischen 30 und 40 Jahren 60 und mehr Stunden pro Woche arbeiteten, (Japan Labor Flash No. 61/2006) dann wird schlaglichtartig deutlich, dass es sich beim Karoshi-Syndrom nicht um eine zu vernachlässigende Größe handelt.

4. Mit dem Begriff »*Karojisatsu*« wird in Japan seit mehreren Jahren der Selbstmord aufgrund von Überarbeitung (»sucide from overwork«) bezeichnet, wobei sich Beschäftigte das Leben nehmen, weil sie die berufliche Überforderung nicht mehr ertragen können und aus Scham oder Niedergeschlagenheit keinen anderen Ausweg mehr sehen (Amagasa et al. 2005). Bezeichnend ist dabei, dass Personen, die bis dahin keinerlei psychische Störungen aufwiesen, aufgrund von chronischer Erschöpfung, die durch qualitative oder quantitative Überforderung in Form von hohen psychischen Belastungen (z.B. ständige organisatorische Restrukturierungen, hohe Arbeitsintensität oder überlange Arbeitszeiten) verursacht wurde, depressive Symptome ausbilden, die schließlich zu Suizidversuchen oder zum vollendeten Selbstmord führen. Amtlichen Berichten aus Japan zufolge haben die Fälle von Karojisatsu in den letzten Jahren erheblich zugenommen. So wurden 2007 rund 60% mehr Fälle von Selbstmord vom japanischen Arbeits- und Sozialministerium als arbeitsbedingt (»induced by overwork«) anerkannt als im Jahr zuvor, nämlich 66 Fälle; 205 Fälle von Depression wurden als arbeitsbedingt, verursacht durch negative psychische Belastungen, anerkannt und den Betroffenen der versicherungsrechtliche Status eines »Unfallopfers« zuerkannt (»official status as victims of worker's accidents«) (Japan Labor Flash No. 85/2007). Selbstmord wegen beruflicher Überforderung ist allerdings keineswegs auf Japan beschränkt; die Dunkelziffer ist groß, ärztliche Schätzungen für Frankreich belaufen sich auf 300 bis 400 Fälle jährlich (Journal du CNRS No. 184 mai 2005: Suicide dans l'entreprise). Aus Frankreich wurde in den

letzten Jahren mehrfach über konkrete Fälle von arbeitsbedingtem Suizid berichtet (z.B. Süddeutsche Zeitung vom 18.6.2008 und vom 20.8.2009, S. 19; tagesschau.de vom 28.6., 7.7., 17.7. und 5.8.2007). Demzufolge haben sich allein in den Jahren 2007-2008 insbesondere in großen Telekommunikations-, Energieversorgungs- und Automobilunternehmen weit mehr als 30 Personen das Leben genommen (hinzu kommen zahlreiche Selbstmordversuche), weil sie mit der Überforderung durch gesteigerten Zeit- und Leistungsdruck nicht mehr zurechtkommen konnten.

5. Psychische Fehlbelastungen in Form von beruflicher Überforderung, die schließlich zu Übermüdung und chronischer Erschöpfung führen können, weil die Leistungsfähigkeit der Betroffenen gleichsam von zwei Seiten her aufgezehrt wird (Überbeanspruchung bei der Arbeit und Untererholung außerhalb der Arbeit), stellen einen erheblichen Risikofaktor für die seelische Gesundheit dar und begünstigen insbesondere die Entstehung *depressiver Störungen* (Unger, Kleinschmidt 2006; Ehrenberg 2004). Denn die Spirale der Erschöpfung durch psychische Überforderung beginnt charakteristischerweise zunächst mit Schlafproblemen (Verlust der Erholungsfähigkeit) und mit körperlichen Schmerzen (z.B. Kopf-, Rücken- und Muskelschmerzen), sie schreitet weiter fort, wobei die Arbeit mehr und mehr das Denken und Empfinden dominiert sowie Resignation und Mutlosigkeit, Reizbarkeit und soziale Rückzugstendenzen immer stärker werden, bis dann im Zustand völliger Erschöpfung Motivation und Interesse für den Beruf weitgehend verloren gehen und Apathie, Grübelattacken sowie innere Unruhe und starke Stimmungsschwankungen bestimmend werden. Diese typischen Symptome chronischer Ermüdung weisen in wesentlichen Punkten auffällige Gemeinsamkeiten mit den charakteristischen Signalen psychischer Depressionen auf. Denn nach der Internationalen Klassifikation der Krankheiten und verwandter Gesundheitsprobleme (ICD 10) der Weltgesundheitsorganisation (WHO) sind die Hauptsymptome der Depression der Verlust von Freude und Interesse, die depressive Stimmungslage und die erhöhte Ermüdbarkeit; zu den Nebensymptomen der depressiven Erkrankungen gehören des Weiteren z.B. Schlafstörungen, verminderte Aufmerksamkeit und Konzentrationsstörungen, Selbstwertverlust und Schuldgefühle sowie eine pessimistische Zukunftssicht und Suizidgedanken.

Im Rahmen einer großen internationalen Studie in 52 Ländern (»INTERHEART-Studie«) zeigte sich, dass bei Personen, die häufiger Stress am Arbeitsplatz hatten, das Risiko eines akuten Herzinfarkts um mehr als ein

Drittel (1,38) höher war als bei denen, die nie unter Stress litten; bei Beschäftigten, die ständig unter Stress arbeiteten, war das Risiko eines Herzinfarktes sogar mehr als doppelt (2,14) so hoch (Rosengren u.a. 2004). Unter Stress, so zeigten amerikanische Studien, altern menschliche Zellen schneller, was die Anfälligkeit der Betroffenen gegenüber stressbedingten Krankheiten, bei denen Alterungsprozesse eine wichtige Rolle spielen (z.B. Herz-Kreislaufkrankheiten, Diabetes, Störungen des Immunsystems) mit erklären könnte (Epel u.a. 2004).

Nachdem bereits zahlreiche Untersuchungen zu dem Ergebnis gekommen waren, dass die mangelnde soziale Unterstützung durch Vorgesetzte oder Kolleginnen bzw. Kollegen sowie das Drangsalieren und Tyrannisieren (»bullying«) der Mitarbeiterinnen und Mitarbeiter sich auf den subjektiv wahrgenommenen Gesundheitszustand sowie insbesondere auf die psychische Gesundheit und das persönliche Wohlbefinden der Betroffenen ausgesprochen negativ auswirken, ging man in der bekannten »Whitehall-Studie« in London auch der Frage nach, welche Folgen mangelnde Gerechtigkeit und Fairness in den betrieblichen Sozialbeziehungen für die psychische Gesundheit der Beschäftigten haben (Ferrie u.a. 2006). Dabei fand man heraus, dass Beschäftigte, die das Gefühl hatten, von ihren Vorgesetzten unfair behandelt zu werden, ein erhöhtes Risiko schlechter psychischer Gesundheit aufwiesen.

Des Weiteren zeigte sich, dass eine Zunahme der unfairen Behandlung zu einer Zunahme des Risikos schlechter psychischer Gesundheit führte, dass hingegen eine Zunahme fairer Behandlung das Risiko schlechter psychischer Gesundheit reduzierte. Diese Ergebnisse zeigen der internationalen Forschergruppe zufolge, dass die Vorgesetzten die Pflicht haben, den Beschäftigten die Gewissheit zu geben, dass sie bei der Arbeit fair behandelt werden, weil dies deren psychischer Gesundheit und Wohlbefinden zugute kommt.

Wer sich bei der Arbeit ungerecht behandelt fühlt (»low organisational justice«), greift häufiger zum Alkohol, das ist das Ergebnis einer Längsschnittstudie in Finnland, bei der festgestellt wurde, dass Beschäftigte, die eine geringe prozedurale Gerechtigkeit innerhalb der Organisation angegeben hatten, drei Jahre später 1,2 mal so häufig in der Gruppe der starken Alkoholkonsumenten (»heavy drinking«, d.h. 210 g reiner Alkohol pro Woche) zu finden waren als ihre Kollegen, die eine hohe Gerechtigkeit wahrgenommen hatten (Kouvonen et al. 2008). Damit wurde zum ersten Mal in einer Längsschnittstudie gezeigt, dass geringe wahrgenommene prozedurale Gerechtigkeit im Betrieb verbunden ist mit einer erhöhten Wahrscheinlichkeit eines hohen Alkoholkonsums.

Wer bei der Arbeit den feindseligen Aktivitäten (»workplace bullying«) seiner Kollegen oder Vorgesetzten ausgesetzt ist, unterliegt einem gesteigerten Risiko, an einer Herz-Kreislauferkrankung und an einer Depression zu erkranken. Einer finnischen Untersuchung zufolge wiesen Beschäftigte, die über längere Zeit solchem sozialen Druck am Arbeitsplatz ausgesetzt waren, 2,3 mal häufiger eine kardiovaskuläre Erkrankung und 4,2 mal häufiger eine Depression auf, als dies bei ihren Kollegen der Fall war, die solchen psychischen Belastungen nicht ausgesetzt waren (Kivimäki et al. 2003).

Wer am Arbeitsplatz in soziale Netzwerke nicht gut eingebunden ist und weniger gut unterstützt wird, wer also nur über wenig »soziales Kapital« am Arbeitsplatz (»workplace social capital«) verfügt, weist 1,3 mal häufiger verhaltensbedingte gesundheitliche Risikofaktoren wie Rauchen, hohen Alkoholkonsum, physische Inaktivität und Übergewicht auf (Väänänen et al. 2009). Soziale Unterstützung geht demnach offenbar einher mit einer verringerten Wahrscheinlichkeit des Auftretens von verschiedenen verhaltensbedingten Risikofaktoren.

In einer Meta-Analyse vorliegender Studien über die Bestimmungsgründe von Herz-Kreislauferkrankungen (»cardiovascular disease«) kommen die Autoren zu der Einschätzung, dass Beschäftigte, die negativen psychischen Belastungen am Arbeitsplatz (z.B. beruflicher Überforderung) ausgesetzt sind, ein um 50% höheres Erkrankungsrisiko aufweisen (Kivimäki et al. 2006).

In einer schwedischen Studie stellte man einen signifikanten Zusammenhang zwischen dem Führungsverhalten der Vorgesetzten und dem Auftreten von Durchblutungsstörungen des Herzens (IHD ischaemic heart disease) bei den Beschäftigten fest (Nyberg et al. 2009). Bei Beschäftigten, deren Vorgesetzte in ihrem Führungsverhalten hohe, positive Werte erreichten, lag das Risiko einer solchen gefährlichen Herzkrankheit um bis zu 40% niedriger als bei ihren Kollegen, deren Vorgesetzte nicht so gut abgeschnitten hatten. Wenn man berücksichtigt, dass diese Zusammenhänge zwischen niedrigem Erkrankungsrisiko und positivem Führungsverhalten um so stärker ausfielen, je länger die Beschäftigten am gleichen Arbeitsplatz tätig waren, und wenn man davon ausgeht, dass zwischen beiden Faktoren ein ursächlicher Zusammenhang besteht, wird deutlich, welche erhebliche Bedeutung geeigneten Interventionen zur Verbesserung des Führungsverhaltens der Vorgesetzten für die Prävention von ischämischen Herzerkrankungen bei den Beschäftigten zukommt.

Untersuchungen in Japan zufolge fand man einen überaus deutlichen Zusammenhang zwischen arbeitsbedingtem Stress (z.B. durch berufliche Überforderung und Verausgabung des Leistungsvermögens) und psychischen Erkrankungen in Form von Depression; entsprechend gestresste Beschäftigte wiesen ein mehr als viermal so hohes Risiko auf, an Depressionen zu erkranken als ihre Kollegen, die keinem Stress ausgesetzt waren (Tsutsumi et al. 2001). Durch die Angst vor Arbeitsplatzverlust aufgrund von Personalabbau im Unternehmen wurde dieser Effekt zusätzlich noch einmal verstärkt. Inzwischen ergaben auch Studien in Deutschland, dass hohe Intensität der beruflichen Anforderungen, geringe Sicherheit des Arbeitsplatzes und mangelnde soziale Anerkennung im Betrieb mit signifikant höheren Depressivitätswerten bei den Beschäftigten zusammenhingen (Rösler et al. 2008).

2.2.4 Sekundäre gesundheitliche Risiken psychischer Belastungen

Von negativen und beeinträchtigenden psychischen Belastungen gehen aber nicht allein die beschriebenen *primären*, direkten, unmittelbaren gefährdenden Wirkungen aus, sondern sie rufen auch *sekundäre,* indirekte, mittelbare gesundheitliche Risiken und Beeinträchtigungen von Gesundheit und Wohlbefinden aus. Zunächst einmal begünstigen sie ein negatives Gesundheitsverhalten (z.B. in Form von Zigarettenrauchen, übermäßigem Alkoholkonsum, Fehlernährung, Bewegungsmangel und Medikamentenmissbrauch), durch das sich die Betroffenen zwar kurzfristig Erleichterung oder Entspannung zu verschaffen versuchen, das sich aber unwillkürlich mittel- und langfristig auf ihre Gesundheit negativ auswirkt. So ergaben Untersuchungen in Finnland, dass je höher der Stress bei der Arbeit, umso höher der Anteil der Raucher unter den Betroffenen war, und umso intensiver (Anzahl der Zigaretten) rauchen die Beschäftigten (Kouvonen u.a. 2005). Einer Repräsentativbefragung der Deutschen Angestellten Krankenkasse (DAK) zufolge litten 2008 mehr als die Hälfte aller Beschäftigten aufgrund von Mehrfachbelastungen, zunehmendem Leistungsdruck und finanzieller Unsicherheit an Symptomen psychischer Störungen, wie Schlafstörungen (53%), depressiven Verstimmungen (37%), Nervosität (36%) oder Konzentrationsstörungen (32%); rund 10% der Arbeitnehmer (vor allem Männer) versuchten demnach diese Beeinträchtigungen mit Hilfe von Alkohol zu bewältigen, während 7% (vor allem Frauen) eher zu Schlaf- und Beruhigungsmitteln griffen (dpa-Meldung vom 5.3.2009).

Die negativen Folgewirkungen psychischer Belastungen reichen indes über den Arbeitsplatz hinaus (»long arm of the job«) und verursachen mittelbare Belastungen z.B. an der Nahtstelle von Beruf und Privatleben, weil sie die Synchronisation und Vereinbarkeit beruflicher Anforderungen (z.B. lange oder ungünstig gelegene Arbeitszeiten) mit persönlichen Belangen (z.B. Kindererziehung und -versorgung, Haushalt) erschweren (»work-life-balance«), was zu sekundärem Stress führen kann. Psychische Belastungen können zudem die Verfügbarkeit und die Verwendbarkeit der Freizeit im engeren Sinne (d.h. arbeitsfreie Zeit, die frei von Eigen- bzw. Reproduktionsarbeiten ist) stark einschränken und damit die gesellschaftliche Einbettung in soziale Netze der Betroffenen beeinträchtigen, wodurch diese dann auf weniger Rückhalt (»social support« durch instrumentelle, informationelle und emotionale Unterstützung) bei der Bewältigung der Anforderungen in Beruf und Privatleben zurückgreifen können. Beides, die gestörte Vereinbarkeit von Beruf und Privatleben wie die mangelhafte soziale Integration, können wir als sekundäre Effekte einer nicht menschengerechten Arbeitsgestaltung verstehen, die mit gesundheitlichen Gefährdungen und Risiken verbunden ist.

2.2.5 Folge der Überforderung: Doping als Bewältigungsstrategie

Eine neue Form riskanten Gesundheitsverhaltens als Reaktion der Betroffenen auf berufliche Überforderung und Unsicherheit hat inzwischen offenbar mehr und mehr an Bedeutung zugenommen: Das *Doping,* genauer »Gehirn-Doping« oder »Neuro-Doping« (engl. »Mind Doping«, »Brain enhancement« oder »Brain booster«) am Arbeitsplatz, unter dem man die systematische Einnahme körperfremder Substanzen zur tätigkeitsbezogenen Leistungssteigerung im Berufsleben versteht (DAK-Gesundheitsreport 2009). Zuerst wurde aus dem Bereich der Wissenschafter (Stichwort »Professor's little helper«) und der Studierenden über die systematische Einnahme von Medikamenten zur Steigerung der psychischen Leistungsfähigkeit vor allem aus den USA (»cognitive-enhancing drugs«) berichtet (z.B. Sahakian/Morein-Zamir 2007; NATURE 2008), wo eine kontroverse Debatte über die ethischen und medizinischen Aspekte geführt wird (z.B. Kass 2003; Harris 2007).

Einer Umfrage der Zeitschrift »Nature« unter Wissenschaftlern zufolge hatte jeder Fünfte angegeben, ohne dass medizinische Gründe dafür vorlagen, zur Steigerung von Konzentration, Aufmerksamkeit und Erinnerungsvermögen bereits Medikamente eingenommen zu haben.

Eine Repräsentativbefragung der Deutschen Angestellten Krankenkasse (DAK-Gesundheitsreport 2009) hat gezeigt, dass rund 5% der Erwerbstätigen im Alter zwischen 20 und 50 Jahren nach eigenen Angaben zur Verbesserung der geistigen Leistungsfähigkeit oder psychischen Befindlichkeit Medikamente ohne medizinische Notwendigkeit eingenommen hatten, gut 2% sogar regelmäßig. So schwierig es ist, etwas Licht in diese Grauzone zu bringen, und auch wenn der Anteil der Betroffenen (noch) relativ klein sein mag, verdienen diese Phänomene doch besondere Aufmerksamkeit. Insbesondere von den jüngeren Beschäftigten (20-30 J.) wissen rund 44%, dass Medikamente zur Behandlung von alters- und krankheitsbedingten Gedächtniseinbußen oder Depressionen auch bei Gesunden wirken; und 18,5% der im Auftrag der DAK vom IGES Institut Befragten kannten persönlich mindestens eine Person, die derartige Medikamente ohne medizinische Gründe eingenommen hat. (DAK-Gesundheitsreport 2009: 105f.)

Das neue Phänomen an diesem Doping am Arbeitsplatz ist, dass Gesunde zur tätigkeitsbezogenen Leistungssteigerung und nicht zur besseren Bewältigung von gesundheitlichen Beanspruchungsfolgen ohne medizinische Gründe zu Medikamenten greifen, die für die Behandlung meist schwerer Erkrankungen gedacht sind, und dass die Medikamente nicht, wie bisher nach der Arbeit (z.B. bei Schlaflosigkeit, Nervosität, depressiver Verstimmung und Angstzuständen oder bei Beschwerden des Bewegungsapparates oder Kopfschmerzen), sondern davor oder während der Arbeitszeit eingenommen werden, um der beruflichen *Überforderung* (z.B. durch Zeit- und Termindruck, lange oder ungünstig gelegene Arbeitszeiten) und *Unsicherheit* (z.B. bei Entscheidungszwang ohne ausreichende Informationsgrundlage, durch unklare Aufgabenzuschnitte oder ständige organisatorische Restrukturierung) besser standhalten zu können.

Von diesem »Gehirn-Doping« verspricht man sich im Wesentlichen zwei Arten von Effekten: Zum einen ist es die *Verbesserung der psychischen Leistungsfähigkeit* in Form gesteigerter Konzentrationsfähigkeit und psychophysischer Aktiviertheit sowie durch die Unterdrückung von Müdigkeit und Abgeschlagenheit, durch gesteigerte Wachheit und Daueraufmerksamkeit sowie eine Verbesserung von Lernen und Gedächtnis, die damit beabsichtigt ist. Zu diesem Zweck werden entweder *Psychostimulantien* eingenommen, die medizinisch wirksam sind zur Behandlung von Schlafapnoe und Narkolepsie (krankhafte Schlafneigung, Atemstillstand im Schlaf, »Sekundenschlaf«) sowie des Aufmerksamkeitsdefizit-Syndroms (z.B. Überaktivität von Kindern), oder *Antidementia* konsumiert, die wirksame Medikamente z.B. zur

Behandlung hirnorganischer Störungen oder Demenzerkrankungen (z.B. Alzheimer-Demenz) sind. Zum anderen wird eine *Verbesserung des psychischen Wohlbefindens* durch die Unterdrückung von Unsicherheit, Nervosität, innerer Unruhe und ängstlicher Verstimmung sowie eine Stimmungsaufhellung, Antriebssteigerung oder eine Dämpfung von Stresssymptomen angestrebt. Dafür werden entweder *Antidepressiva*, die medizinisch wirksam zur Behandlung von Depressionen und psychischen Zwangsstörungen sind, oder *Beta-Rezeptorenblocker* eingenommen, die medizinisch für die Behandlung von Herz-Kreislauferkrankungen (z.B. Bluthochdruck, Durchblutungsstörungen der Herzkranzgefäße) entwickelt wurden.

Die *Risiken und Nebenwirkungen* eines solchen Medikamentenmissbrauchs sind allerdings erheblich, denn neben Impotenz, Angstzuständen und Herz-Kreislauferkrankungen drohen längerfristig auch Abhängigkeiten von diesen Substanzen (»Medikamentenabhängigkeit«). Was man an möglichen Nebenwirkungen beim Einsatz hochwirksamer Medikamente in Kauf nehmen mag, wenn es um die Linderung schwerer Krankheiten und um die Verbesserung der Lebensqualität der Betroffenen geht, ist aber nicht akzeptabel, wenn es um die Einnahme solcher Arzneien durch Gesunde zum Zwecke der besseren Bewältigung nicht menschengerechter Arbeitsbedingungen und Anforderungen geht. Doping am Arbeitsplatz ist insofern ein Hinweis darauf, dass die Beschäftigten die Anforderungen nicht mehr mit natürlichen, menschlichen Mitteln erfüllen können, sondern dazu künstlicher, pharmazeutischer Hilfsmittel bedürfen.

Allerdings löst Doping mit Hilfe solcher Medikamente nicht die Probleme der psychischen Über- und Fehlbelastungen, sondern verstärkt noch die darin liegenden gesundheitlichen Gefährdungen. Zwar mag bei gesunden Beschäftigten die Einnahme bestimmter Arzneien für Kranke aktuell die Leistungsfähigkeit steigern, weil zusätzliche psycho-physiologische Leistungsreserven erschlossen werden können, die der willentlichen Mobilisierung durch den Menschen nicht zugänglich (»autonom geschützte Einsatzreserven«) und der Bewältigung plötzlich auftretender außergewöhnlicher Belastungen (z.B. in akuten Bedrohungssituationen) vorbehalten sind. Aber solche vereinzelten Beanspruchungsspitzen des Organismus verlangen anschließend nach einer verlängerten Regenerationsphase, die durch das Doping hinausgeschoben wird, indem die natürlichen Ermüdungssignale des Körpers überdeckt werden. Übermäßige Beanspruchung durch künstliche Stimulierung des Organismus auf der einen und unzureichende Gelegenheiten zur natürlichen Regeneration des Leistungsvermögens gefährden aber mittel- und langfristig die Arbeits- und Beschäftigungsfähigkeit der Betroffenen.

Doping am Arbeitsplatz erscheint daher letztlich als eine Spielart jenes ethisch bedenklichen »medizinischen Machbarkeitswahns«, vor dessen »Nemesis« (griech. Göttin der ausgleichenden Gerechtigkeit, hier gemeint im Sinne von gesundheitlicher Gefährdung, die den Nutzen übersteigt) bereits Ivan Illich gewarnt hatte (Illich 1975) und die den früheren Arbeitsminister Norbert Blüm dazu veranlasst hatte, von der Tablette als der »neuen Hostie einer Pseudoreligion« zu sprechen, von der man sich die angebliche Lösung aller, auch gesellschaftlicher Probleme erhoffe (FAZ vom 4.1.1995, S. 1).

2.2.6 Wirtschaftliche und soziale Folgelasten negativer psychischer Belastungen

Einem Forschungsvorhaben der Bundesanstalt für Arbeitsschutz und Arbeitsmedizin zu Folge wurden 1998 in Deutschland durch negative psychische Belastungen in der Arbeitswelt insgesamt Kosten in Höhe von 24 Mrd. Euro verursacht, und zwar 11 Mrd. Euro in Form von direkten Kosten (Krankheitsbehandlung) und 13 Mrd. Euro in Form von indirekten Kosten (Verlust an Erwerbsjahren durch Arbeitsunfähigkeit) (Röttger/Friedel/Bödecker 2003: 591).

Rund 11% aller Arbeitsunfähigkeitstage wurden in Deutschland 2007 durch psychische und Verhaltensstörungen verursacht; dadurch kam es nach Schätzungen der Bundesanstalt für Arbeitsschutz und Arbeitsmedizin zu einem Produktionsausfall von 4,4 Mrd. Euro und zu einem Ausfall an Bruttowertschöpfung in Höhe von 8 Mrd. Euro (BAuA: Volkswirtschaftliche Kosten durch Arbeitsunfähigkeit 2007).

Mit einem Anteil von rund 11% rangierte damit 2007 die Diagnosegruppe »psychische und Verhaltensstörungen« an vierter Stelle der Ursachen für Arbeitsunfähigkeit (AU-Tage); mehr AU-Tage wurden nur durch Krankheiten des Bewegungsapparats (24%), Krankheiten des Atmungssystems (13%) und durch Unfälle (Verletzungen, Vergiftungen: 12%) verursacht. Unter den psychischen Erkrankungen, die zu Arbeitsunfähigkeit führen können, sind am häufigsten Angststörungen und somatoforme Beschwerden sowie verschiedene Formen von Depressionen zu finden, auch Suchterkrankungen (v.a. Alkoholismus) spielen eine wichtige Rolle (Ducki 2008).

Die Fehlzeiten aufgrund psychischer Erkrankungen haben im Laufe der Zeit sehr stark zugenommen; nach Berechnungen der AOK ist der Anteil dieser Diagnosegruppe von 1995 bis 2007 um 80% gewachsen (Pressemitteilung des Wissenschaftlichen Instituts der AOK, Berlin, 25. Februar 2009). In der Deutschen Rentenversicherung werden weitaus die meisten der Rentenzugänge wegen verminderter Erwerbsfähigkeit (»Frühinvalidität«) inzwischen durch psychische und Verhaltensstörungen verursacht; auf diese Erkrankungen gingen 2007 rund 34% dieser Rentenzugänge zurück, das waren rund doppelt so viele wie die, die durch Krankheiten des Bewegungsapparats (16%) oder durch Krebs (15%) verursacht wurden (Unfallverhütungsbericht Arbeit, Sicherheit und Gesundheit bei der Arbeit 2007). Psychische Erkrankungen gehen zudem mit lang dauernden Perioden der Arbeitsunfähigkeit einher; was die Zahl von Arbeitsunfähigkeitstagen pro Fall von Arbeitsunfähigkeit angeht, liegen die psychischen Erkrankungen an zweiter Stelle hinter den Krebserkrankungen (Harfst/Mergner 2009).

Eine Studie des Bundesverbandes der Betriebskrankenkassen (BKK) kam 2008 zu dem Ergebnis, dass durch arbeitsbedingte Erkrankungen jährlich volkswirtschaftliche Kosten in Höhe von rund 44 Mrd. Euro in Deutschland entstehen; auf Platz zwei rangieren mit 4,7 Mrd. Euro dabei schon die psychischen Erkrankungen, unmittelbar nach den Muskel- und Skeletterkrankungen mit 9,2 Mrd. Euro (BKK Faktenspiegel, Oktober 2008).

Untersuchungen im Rahmen des alljährlich von der Bertelsmann Stiftung veröffentlichten »Gesundheitsmonitors« haben ergeben, dass 21% der deutschen Bevölkerung in den vergangenen zwölf Monaten wegen psychischer Probleme einen Arzt oder Psychotherapeuten aufgesucht haben. Die Ursachen für diese Erkrankungen werden in einer »Kombination aus beruflichen und privaten Problemen« vermutet. Die Dunkelziffer von psychischen Erkrankungen, die nicht als solche erkannt werden, ist Untersuchungen der Weltgesundheitsorganisation (WHO) zufolge sehr hoch, denn in den Industrienationen bleiben selbst bei schweren Krankheitsverläufen immer noch zwischen 35 und 50% der Patienten ohne Behandlung (Harfst/Mergner 2009). In einer Studie der Bertelsmann Stiftung stellte man fest, dass bei Patienten, die sich mit psychischen Beschwerden an ihren Hausarzt gewandt hatten, nur bei 8,4% eine entsprechende Diagnose gestellt wurde, bei den Patienten hingegen, die sich mit ihren Beschwerden an einen Spezialisten (Facharzt für Psychiatrie oder Psychotherapeuten) gewandt hatten, in 52,6% der Fälle eine psychische Erkrankung diagnostiziert wurde. Neben einer besseren Erkennung und Behandlung psychischer Erkrankungen fordert die Bertelsmann Stiftung eine Verstärkung der betrieblichen Prävention in der Arbeitswelt durch die Arbeitgeber, denn: »Gerade durch ein betriebliches Gesundheitsmanagement, das sich nicht auf gesundes Essen und Bewegung beschränkt, sondern auch die Organisation der Arbeit und die Rolle der Führungskräfte in einen ganzheitlichen Prozess einbezieht, könnten Ursachen für psychische Belastungen im betrieblichen Umfeld reduziert werden.« (Bertelsmann Stiftung, Pressemeldung, Gütersloh, 4.5.2009: »Psychische Erkrankungen bleiben oft unentdeckt«)

3. Psychische Belastungen: Ursachen, Gefährdungen, Präventionsmöglichkeiten

In der Arbeitswissenschaft unterscheidet man drei Komplexe negativer psychischer Beanspruchungen, die durch entsprechende Belastungen in der Arbeitswelt hervorgerufen werden können und die mit Beeinträchtigungen für die Betroffenen verbunden sind: Stresszustände, Psychische Ermüdung und ermüdungsähnliche Zustände (Monotoniezustand, herabgesetzte Wachsamkeit bzw. Vigilanz und psychische Sättigung). Die Verwendung der Begriffe »psychische Ermüdung« und »ermüdungsähnliche Zustände« ist »für den Sprachgebrauch zwischen Fachleuten und Praktikern auf dem Gebiet der Ergonomie« in einer bislang zweiteiligen internationalen Norm im Jahre 2000 erneut definiert worden (DIN EN ISO 10075-1 und -2:2000). Unter »psychischer Belastung« ist demnach zu verstehen: »Die Gesamtheit aller erfassbaren Einflüsse, die von außen auf den Menschen zukommen und psychisch auf ihn einwirken.« Die dadurch hervorgerufene »psychische Beanspruchung« wird definiert als »Die unmittelbare Auswirkung der psychischen Belastung im Individuum in Abhängigkeit von seinen jeweiligen überdauernden und augenblicklichen Voraussetzungen, einschließlich der individuellen Bewältigungsstrategien.« (DIN EN ISO 10075-1:2000)

Maßnahmen zur menschengerechten Arbeitsgestaltung sollten sich an den Prinzipien der Ausführbarkeit, Erträglichkeit und Schädigungslosigkeit, Beeinträchtigungsfreiheit und Zumutbarkeit, Zufriedenheit und Persönlichkeitsentfaltung sowie der Sozial- und Umweltverträglichkeit orientieren. Bei der Vermeidung bzw. Verringerung negativer psychischer Belastungen sollte man sich nicht nur nach normierten Schutzzielen, sondern insbesondere auch nach gesicherten arbeitswissenschaftlichen Erkenntnissen oder nach bekannten und bewährten gesundheitsgerechten und anforderungsoptimalen Praxislösungen richten. Zahlreiche Anregungen und Hinweise hierfür sind neuerdings auch der Norm DIN EN ISO 10075-2 unter Ziffer 4 »Gestaltungsgrundsätze« und den darin enthaltenen »Leitsätzen« in Bezug auf die einzelnen Arten psychischer Beanspruchung zu entnehmen, die eine umfangreiche Zusammenstellung gesicherter arbeitswissenschaftlicher Erkenntnisse zur menschengerechten Arbeitsgestaltung im Hinblick auf psychische Belastungen enthalten.

Die gesundheitlichen Gefährdungen durch psychische Belastungen sind nicht, wie beispielsweise bei der Gefährdung durch Gefahrstoffe (z.B. Asbest) oder physikalische Einflüsse (z.B. Lärm), mithilfe des monokausalen Modells von Ursache und Wirkung zu erklären, wie es den anerkannten »Berufskrankheiten« nach § 9 SGB VII im Sinne der »Theorie der wesentlichen Bedingung« zugrunde liegt. Es ist nicht möglich, genau die »Dosis« und die »Dauer« (z.B. Grenz- oder Schwellenwerte) anzugeben, bei der eine bestimmte psychische Belastung (z.B. Nacht- und Schichtarbeit oder Zeit- und Termindruck) eine bestimmte psychische oder psychosomatische Erkrankung verursacht. Die psychischen Belastungen wirken in der Regel im Sinne von teil- bzw. mitverursachenden oder die Krankheiten in ihrem Verlauf ungünstig beeinflussenden bzw. verschlimmernden Faktoren, deren Effekte sich nur mit Hilfe des multifaktoriellen Risikofaktoren-Modells verstehen lassen, wie es insbesondere im Zusammenhang mit der Prävention der Herz-Kreislauf-Krankheiten in der Sozialmedizin entwickelt wurde (Oppolzer 2000). (Siehe Abbildung 3)

Anders als bei den »Berufskrankheiten«, bei denen im Einzelfall der pathophysiologische Nachweis verlangt wird, dass eine bestimmte Ursache (z.B. Asbest) eine spezifische Schädigung (z.B. Asbestose) hervorruft, ist bei den »arbeitsbedingten Gesundheitsgefahren« (z.B. psychische Belastungen in Form von Zeitdruck) nur der epidemiologische Nachweis möglich, dass die davon betroffenen Personen statistisch signifikant häufiger unter unspezifischen »arbeitsbedingten Erkrankungen« leiden (z.B. koronare Herzkrankheiten).

Nicht monokausale Zwangsläufigkeit, die biomedizinisch im Einzelfall nachweisbar ist, sondern multifaktorielle Risikowahrscheinlichkeit, die epidemiologisch zu ermitteln ist, verhilft zum Verständnis der im Wesentlichen psychosomatischen Wirkungszusammenhänge zwischen psychischen Belastungen, Beanspruchungen und gesundheitlichen Gefährdungen. Je stärker die einzelnen Risikofaktoren psychischer Belastungen in den Arbeitsbedingungen ausgeprägt sind und je mehr davon auf die Beschäftigten einwirken, um so höher ist das Risiko einer psychischen Fehlbeanspruchung, die mit biologischen Reaktionen des Organismus einhergeht, wodurch schließ-

Abbildung 3: Wirkungsweise gesundheitlicher Gefährdungen durch psychische Belastungen

lich Schädigungen oder Beeinträchtigungen der Gesundheit hervorgerufen werden können, auf die dann mit geeigneten Maßnahmen des Arbeitsschutzes zu antworten ist.

Anders als die Entschädigung, bei der es nicht zuletzt um Anspruchsgrundlagen für Leistungen der gesetzlichen Unfallversicherung geht und wo die »*Last des Beweises*« einer bestimmten gesundheitlichen Schädigung durch einen bestimmten (»wesentlichen«) Gefährdungsfaktor verlangt wird, sollte sich die Prävention gesundheitlicher Gefährdungen, die von psychischen Belastungen verursacht werden, nach der »*Last der Vernunft*« richten. Das heißt, sofern im Rahmen der Gefährdungsbeurteilung solche Indikatoren der Arbeitsbedingungen ermittelt werden, von denen aufgrund gesicherter arbeitswissenschaftlicher Erkenntnisse bekannt ist, dass sie (auch in ihrem Zusammenwirken) das Risiko bestimmter Störungen oder Erkrankungen sowie die Unfallgefahr steigern, sollte stets erneut geprüft werden, ob und in-

Abbildung 4: Belastungen – Beanspruchungen – Gefährdungen – Arbeitsschutzmaßnahmen

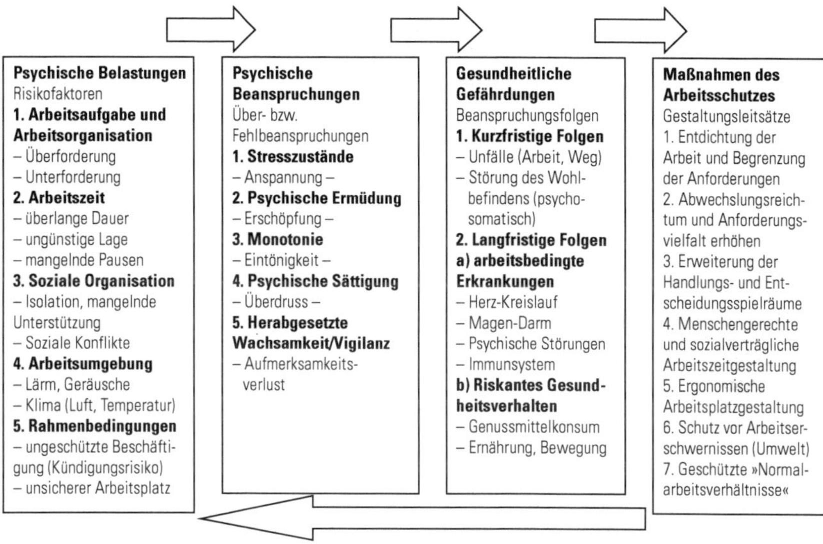

wieweit sie durch geeignete Maßnahmen des Arbeitsschutzes, die dem Stand von Technik und Arbeitswissenschaft entsprechen, vermieden oder zumindest verringert werden können. Dabei sollten sich diese Maßnahmen mehr an Gestaltungsgrundsätzen und Leitregeln als nur an Grenz- oder Richtwerten orientieren, weil es für die Faktoren psychischer Belastungen nur in wenigen Fällen (z.B. Lärm oder Beleuchtung sowie Dauer der Arbeitszeit) solche gesetzlich normierten Werte gibt. (Siehe Abbildung 4)

3.1 Stresszustände

Der Stresszustand als Folge negativer psychischer Beanspruchung ist zwar (noch) nicht in den Katalog der Definitionen psychischer Arbeitsbelastungen der DIN EN ISO 10075-1: 2000 aufgenommen worden, weil in der wissenschaftlichen Literatur ebenso wie in der öffentlichen Diskussion bislang vielfach noch sehr unterschiedliche Inhalte und Konzepte mit dem Begriff »Stress« verbunden wurden. Im Laufe der letzten 20 Jahre bildete sich aber in der arbeitswissenschaftlichen, insbesondere der arbeitspsychologischen und arbeitssoziologischen Fachliteratur mehr und mehr ein Konsens darüber heraus, was im Hinblick auf den Arbeits- und Gesundheitsschutz unter

Abbildung 5: Stress

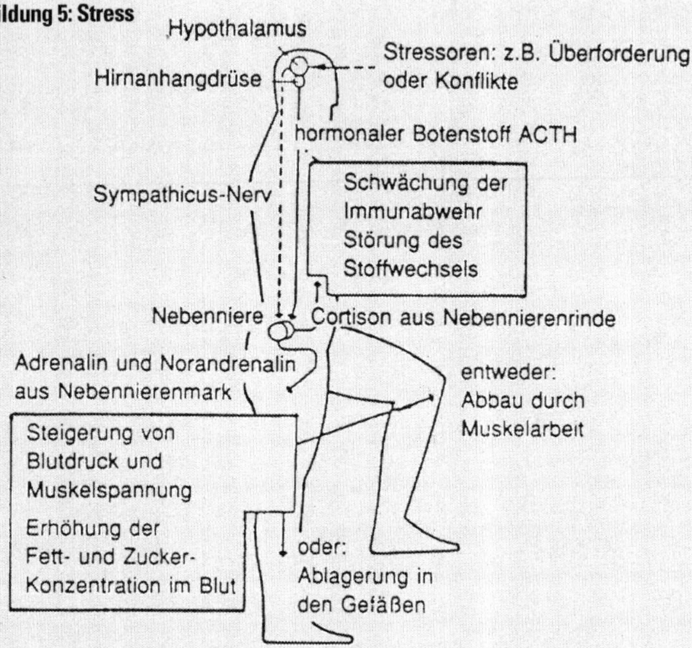

Die stressverursachenden Faktoren **(Stressoren)** werden zwar in der Großhirnrinde bewusst wahrgenommen und verarbeitet, der Ablauf der Stressreaktion im Organismus selbst verläuft aber **unwillkürlich** und automatisiert: Über Großhirnrinde und Retikularformation gelangen die auslösenden Nervenimpulse zum **Hypothalamus,** einem für die Steuerung der Funktion innerer Organe entscheidenden Teil des Zwischenhirns. Von dort aus wird zum einen über den im Rückenmark befindlichen **Sympathicus-Nerv** das Mark der **Nebenniere** zur Ausschüttung der Catecholamin-Hormone **Adrenalin** und **Noradrenalin** in die Blutbahn veranlasst, wodurch z.B. **Zucker- und Fettreserven** mobilisiert sowie **Blutdruck** und **Muskelspannung** erhöht werden. Zum anderen wird von der **Hirnanhangdrüse** (Hypophyse) ein hormonaler Botenstoff (ACTH) zur Nebenniere gesandt, wo er in der **Nebennierenrinde** die Abgabe von Cortison bewirkt, wodurch z.B. der **Stoffwechsel** gestört und die **Immunabwehr** geschwächt werden. Bei andauernden Stresszuständen verkehrt sich der biologisch sinnvolle **Schutzmechanismus** (momentane **Mobilisierung** sämtlicher Leistungsreserven bei weitgehender Drosselung der regenerativen Funktionen) letztlich in einen **Schädigungsmechanismus.** Da die mobilisierten Fett- und Zuckerreserven nicht durch entsprechende Muskelarbeit abgebaut, sondern in die Gefäße eingelagert werden und weil Stoffwechsel, Verdauung und Immunsystem beeinträchtigt werden, kommt es durch Stress zu vorzeitigem Kräfteaufbrauch und zu den typischen **»Stresskrankheiten«** (z.B. Arterienverkalkung, Bluthochdruck, Magengeschwüren, Infektionskrankheiten, nervöse Störungen).

Quelle: Oppolzer/NordMetallBG: 40

Abbildung 6: Stress – Entstehung und Verhütung

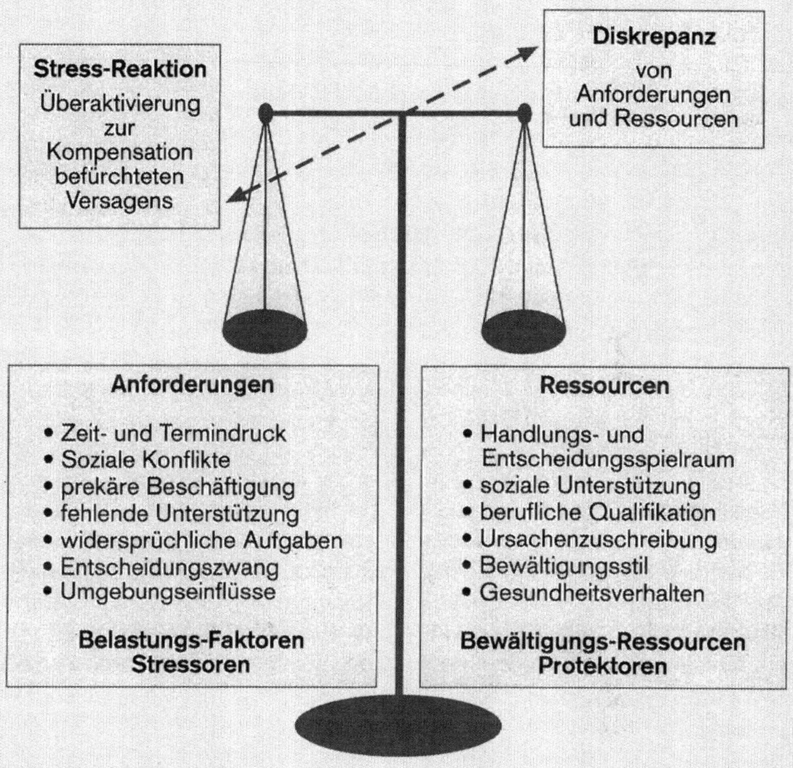

Quelle: Oppolzer/GroLaBG: 19

»Stress« zu verstehen ist. Darauf kann man sich im Arbeits- und Gesundheitsschutz beziehen.

Im Kern handelt es sich dabei um einen *Zustand angstbedingt erregter Gespanntheit, der durch Arbeitsbeanspruchungen entsteht und mit Gefühlen des Kontrollverlustes, der Bedrohung, des Ausgeliefertseins, der Hilflosigkeit und Abhängigkeit einhergeht.* Wichtig für das Verständnis der Verursachung von Stresszuständen ist, dass es sich dabei um das Resultat eines Wechselverhältnisses von objektiven Arbeitsanforderungen und subjektiven Bewältigungsressourcen handelt, deren gedanklich vorweggenommene, vermutlich negative Bilanz mit der Angst vor drohenden negativen Sanktionen belegt ist, worauf die Betroffenen mit einer Überaktivierung des Organismus reagieren, von der schließlich eine Gefährdung ihrer Gesundheit ausgehen kann. (Siehe Abbildungen 5 und 6)

3.1.1. Verursachende Arbeitsbedingungen

Am Anfang der charakteristischen »Stress-Spirale« steht die Wahrnehmung von bestimmten Anforderungen bzw. Belastungen, die als psychische »Stressoren« wirken können. Dazu gehören zunächst einmal die verschiedenen Formen von quantitativer Überforderung (z.B. Zeit- und Termindruck, hohe Arbeitsintensität und rasches Arbeitstempo) und qualitativer Überforderung (z.B. geringer Handlungs- und Entscheidungsspielraum, Entscheidungszwang ohne ausreichende Informationen, widersprüchliche Aufgaben). Hinzu kommen die psychosozialen Stressoren, die sich z.B. infolge von sozialen Konflikten (z.B. »Mobbing«) zwischen Kollegen, Vorgesetzten oder Nachgeordneten ergeben können oder die durch fehlende bzw. mangelhafte Unterstützung durch Vorgesetzte und Kollegen entstehen, sowie negative emotionale Belastungen, die von der Diskrepanz zwischen den Gefühlen, die aufgabenbedingt z.B. gegenüber Kunden oder Klienten zum Ausdruck gebracht werden müssen und den tatsächlichen inneren Empfindungen (»emotionale Dissonanz«) herrühren.

Darüber hinaus können auch störende Arbeitserschwernisse (z.B. Lärm oder unerwünschte Unterbrechungen) insbesondere bei Aufgaben, die hohe Konzentration und Aufmerksamkeit erfordern, als Stressoren wirken (siehe Abbildung 7).

Wenn die Beschäftigten befürchten, dass sie die Anforderungen am Arbeitsplatz angesichts der Belastungen nicht erfüllen können, wenn sie mit negativen psychosozialen und emotionalen Belastungen konfrontiert werden und wenn sie deshalb berufliche Nachteile in Form von negativen Sanktionen (z.B. Einkommensminderung, Ansehenseinbußen, Arbeitsplatzverlust) erwarten, sind die entscheidenden Voraussetzungen für den Eintritt einer stereotyp und unwillkürlich ablaufenden Stressreaktion erfüllt, die sich durch eine momentane Mobilisierung von Leistungsreserven bei gleichzeitiger Drosselung von Regenerationsvorgängen im Organismus auszeichnet. Die dadurch hervorgerufene Überbeanspruchung durch psychische Überaktivierung im Verein mit der verminderten Gelegenheit zur Regeneration des Organismus kennzeichnet den »Teufelskreis« gesundheitlicher Gefährdung, wie er insbesondere für den chronischen Stresszustand typisch ist.

Abbildung 7: Führung und Organisation als Ursachen gesundheitlicher Gefährdungen

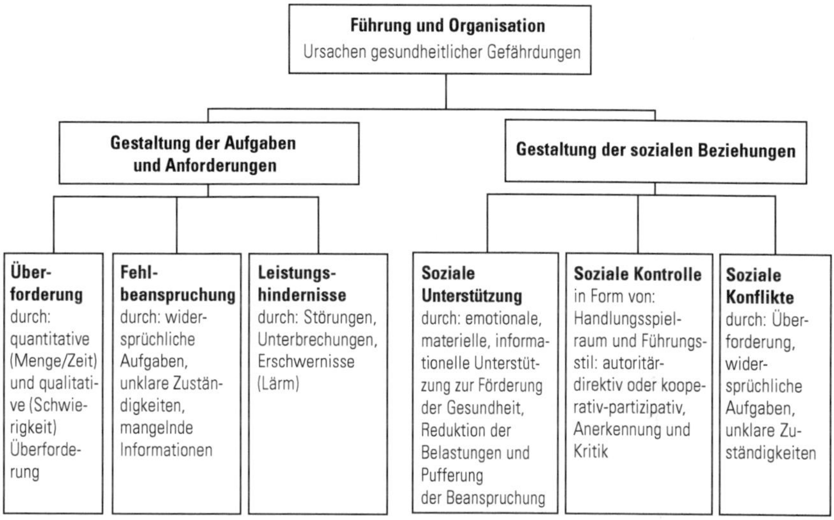

Nicht allein die Arbeitsbedingungen (»conditions of work«) können Stressoren beinhalten, auch von den Beschäftigungsverhältnissen (»conditions of employment«) können Stresszustände hervorgerufen werden, die gemeinsam mit den anderen Belastungen, denen diese Gruppe am Arbeitsplatz in höherem Maße ausgesetzt ist, für deren schlechteren Gesundheitszustand verantwortlich sind. Dass Arbeitslosigkeit zu einem der stärksten Stressoren gehört und die Gesundheit der Betroffenen gefährdet, ist seit langem bekannt. Bereits die drohende Arbeitslosigkeit oder die Unsicherheit des Beschäftigungsverhältnisses (z.B. aufgrund von Befristung, Zeitarbeit oder prekärer Beschäftigung) ruft offenbar bei den Betroffenen derartige Stresszustände hervor, dass erhebliche gesundheitliche Gefährdungen (z.B. schlechterer subjektiver Gesundheitszustand, häufigere chronische Erkrankungen sowie psychische Beeinträchtigungen und psychosomatische Erkrankungen, erhöhtes Risiko kardiovaskulärer Krankheiten) entstehen können. Daraus ergibt sich, dass ein wirksamer Arbeits- und Gesundheitsschutz bereits bei der sozialverträglichen Ausgestaltung des *Beschäftigungsverhältnisses* und nicht erst bei der menschengerechten Gestaltung der Arbeitsbedingungen beginnt.

3.1.2 Beanspruchungen und Gefährdungen

Ein Stresszustand manifestiert sich subjektiv im Erleben und Empfinden der Betroffenen als anhaltende, unangenehm erregte, angstbetonte Gespanntheit mit ausgeprägter Unruhe und Gereiztheit sowie Gefühlen von Hilflosigkeit und Ausgeliefertsein. Im Verhalten und in der Leistung der Beschäftigten lässt er sich objektiv in einer erhöhten Fehlerrate, in überhastetem Arbeitstempo sowie in einem verringerten Wahrnehmungs-, Denk- und Reaktionsvermögen feststellen. Aufgrund der über hormonelle (z.B. Ausschüttung von Adrenalin und Noradrenalin sowie von Cortison aus der Nebenniere) und neuronale Vorgänge (z.B. Sympathikus-Nerv im Rückenmark) gesteuerten Organreaktionen lassen sich die Symptome des Stresszustandes schließlich auch z.B. in den Veränderungen der Pulsfrequenz und des Blutdrucks, der Hirnströme, der Atmung und der Sauerstoffaufnahme, der Zucker-, Fett- und Hormonkonzentration im Blut oder der Magen- und Darmaktivität objektiv messen.

Neben dem gesteigerten Unfallrisiko, das durch die Beeinträchtigung der Wahrnehmungs- und Reaktionsfähigkeit vor allem bei gefahrgeneigten Tätigkeiten sowie auf dem Arbeitsweg hervorgerufen werden kann, beinhaltet der Stresszustand eine ganze Reihe von Risikofaktoren, welche die Entstehung und den Verlauf der großen »Zivilisationskrankheiten«, an denen die meisten Menschen in den entwickelten Industrieländern wie Deutschland leiden, begünstigen. Dazu gehören zunächst einmal die Herz-Kreislaufkrankheiten und Durchblutungsstörungen (z.B. Bluthochdruck, Herzinfarkt, Schlaganfall, Hörsturz, Tinnitus) und die Magen-Darmerkrankungen und Verdauungsstörungen (z.B. Magenschleimhautentzündung, Magen- und Zwölffingerdarmgeschwür). Hinzu kommen die Infektionskrankheiten und die bösartigen Neubildungen (Krebs) aufgrund der stressbedingten Störung der Immunabwehr im Organismus. Stress wird zudem mit verantwortlich gemacht für Rückenbeschwerden und für Stoffwechselerkrankungen (z.B. Gicht, Zuckerkrankheit).

Psychische Beeinträchtigungen in Form von Angstzuständen, depressiven Verstimmungen, Schlaf- und Essstörungen sowie von Nervosität und Gereiztheit werden ebenfalls durch Stresszustände hervorgerufen oder begünstigt. Die zunehmende Bedeutung psychischer Erkrankungen als Ursache krankheitsbedingter Fehlzeiten und vorzeitiger Verrentung (Frühinvalidität) werden nicht zuletzt auf die Zunahme psychischer Belastungsfaktoren in der Arbeitswelt zurückgeführt. Schließlich wirkt sich der Stresszustand negativ auf das Gesundheitsverhalten (z.B. Rauchen, Alkoholkonsum, Medikamentenmissbrauch, Bewegungsmangel, Fehlernährung) der Betroffenen aus, die vielfach versuchen, sich momentan Erleichterung von der stressbedingten Überaktivierung zu verschaffen, dadurch jedoch auf längere Sicht die gesundheitlichen Gefährdungen aus der Arbeit unwillkürlich durch eigenes Zutun noch verstärken.

3.1.3 Möglichkeiten der Prävention

Arbeitsbedingungen, die zu Stresszuständen führen können, erfüllen nicht die Kriterien menschengerechter Arbeit. Bei gefahrgeneigten Tätigkeiten sind selbst die grundlegenden Kriterien der Schädigungslosigkeit und Erträglichkeit nicht gewährleistet, weil die Überaktivierung im Stresszustand eine Quelle von kritischen Situationen, Störfällen oder Unfällen im Betrieb darstellt. Hinzu kommt das erhöhte Risiko psychosomatischer Störungen in Form von Herz-Kreislauf- oder Magen-Darm-Erkrankungen, Stoffwechsel- oder Infektionskrankheiten sowie nervöse Störungen (z.B. Schlaflosigkeit, Nervosität, Gereiztheit) und eine herabgesetzte Widerstandsfähigkeit gegen Krebs, was kaum mit den Kriterien der Schädigungslosigkeit, keinesfalls aber mit den Kriterien der Beeinträchtigungsfreiheit und Zumutbarkeit oder der Sozialverträglichkeit zu vereinbaren ist.

Maßnahmen zur Vermeidung und Verringerung von Stresszuständen bei der Arbeit sollten zwar auch das persönliche Verhalten (»Verhaltensprävention«) der Beschäftigten einschließen sowie ihre Fähigkeiten und Kompetenzen bei der besseren Bewältigung der gesundheitlichen Folgewirkungen beruflicher Überforderung und betrieblicher Konflikte weiterentwickeln und unterstützen (z.B. Entspannungstraining, Bewegungsangebote, Ernährungsberatung, Raucherentwöhnung).

Aber der Schwerpunkt der Prävention im Rahmen des Arbeits- und Gesundheitsschutzes sollte auf der »Verhältnis-Prävention« liegen, um die betrieblichen Ursachen der Stresszustände in Gestalt der quantitativen und qualitativen Überforderung des Leistungsvermögens und der psychosozialen Belastungen durch soziale Konflikte zu vermeiden und zu verringern. Der Entstehung von Stresszuständen wird insbesondere dadurch entgegengewirkt, wenn:

1. im Rahmen ganzheitlicher Aufgabengestaltung für eine Kombination von planenden, ausführenden, organisierenden und kontrollierenden Tätigkeitselementen gesorgt wird,
2. der Handlungs- und Entscheidungsspielraum eine Beeinflussung der zeitlichen und inhaltlichen Abfolge der Aufgaben ermöglicht,

3. die zeitlichen Vorgaben und fachlichen Anforderungen die für die Aufgabenerfüllung zur Verfügung stehenden personellen und sachlichen Ressourcen nicht übersteigen,
4. in kritischen Situationen eine Unterstützung durch Vorgesetzte und/oder Kollegen vorgesehen ist, damit die Aufgabenerfüllung sichergestellt werden kann,
5. widersprüchliche Arbeitsaufgaben vermieden werden sowie die Zuständigkeiten und Verantwortlichkeiten klar festgelegt sind und eingehalten werden,
6. die berufliche Qualifikation durch betriebliche Fort- und Weiterbildung den veränderten Anforderungen der Tätigkeit ständig angepasst wird und
7. störende Umgebungseinflüsse (z.B. Lärm) oder unerwünschte Unterbrechungen (z.B. technische Störungen, Telefonanrufe) so weit vermieden oder verringert werden, dass die Aufgabenerfüllung nicht beeinträchtigt wird.

3.2 Psychische Ermüdung

Unter psychischer Ermüdung versteht man eine »vorübergehende Beeinträchtigung der psychischen und körperlichen Funktionstüchtigkeit, die von Intensität, Dauer und Verlauf der vorangegangenen psychischen Beanspruchung abhängt.« (DIN EN ISO 10075-1: 2000) Aufgrund der Minderung der Funktionsfähigkeit des Organismus sinkt die Leistungsfähigkeit, die Fehlerhäufigkeit nimmt zu und die Qualität der Arbeit geht zurück. Die Betroffenen spüren ein mehr oder minder stark ausgeprägtes Müdigkeitsempfinden; um die verlangte Leistung zu erbringen, müssen sie sich vermehrt anstrengen. Diese Mehrbeanspruchung verstärkt wiederum die Ermüdung, sodass ein Teufelskreis von Überforderung und Übermüdung entstehen kann, der sich schließlich als chronische Ermüdung bzw. Übermüdung in einer Beeinträchtigung der Erholungsfähigkeit des Organismus selbst manifestiert, was dann psychische und psychosomatische Beeinträchtigungen und Störungen der Gesundheit nach sich ziehen kann (siehe Abbildungen 8 und 9).

3.2.1 Verursachende Arbeitsbedingungen

Die Entstehung psychischer Ermüdung wird letztlich durch ein Missverhältnis zwischen arbeitsbedingter Beanspruchung und zur Verfügung stehender Erholung verursacht. Wenn sich im Tageszyklus die Verausgabung und die Wiederherstellung der Arbeitskraft nicht im Allgemeinen die Waa-

Abbildung 8: Psychische Ermüdung

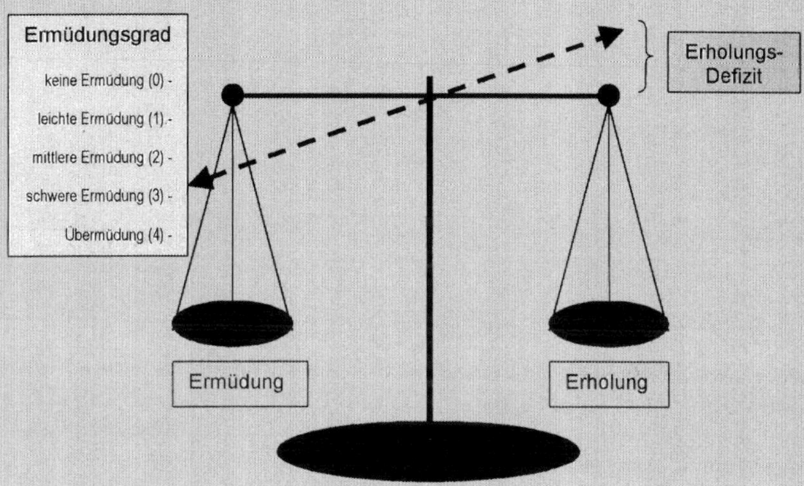

Psychische Ermüdung ist eine vorübergehende Beeinträchtigung der psychischen und physischen Funktionstüchtigkeit. Diese verminderte Funktionstüchtigkeit schlägt sich insbesondere nieder im subjektiven Müdigkeitsempfinden, im Anstieg der erforderlichen Anstrengung im Verhältnis zur Leistung sowie in der Zunahme der Häufigkeit von Fehlern. Der Grad psychischer Ermüdung ist abhängig von der Intensität, der Dauer und dem Verlauf der psychischen Beanspruchung, durch die sie verursacht wurde. **Psychische Beanspruchungen,** die sensorischer, mentaler oder emotionaler Art sein können, sind die unmittelbare Auswirkung **psychischer Belastung** im Menschen. Psychische Belastungen sind Einflüsse, die von außen psychisch auf den Menschen wirken und durch die informative, kognitive und emotionale Vorgänge im Menschen ausgelöst werden.

Der **Grad** psychischer Ermüdung kann anhand subjektiver (z.B. Befragung) und objektiver (z.B. Leistungsmenge und -güte, physiologische Messungen EEG, EKG, EMG) Daten ermittelt und beurteilt werden.

Psychische **Ermüdung** ist durch **Erholung** reversibel und hat so lange keine negativen Beanspruchungsfolgen in Form von Beeinträchtigungen oder Gefährdungen der Gesundheit, wie während der Arbeit oder bis zur nächsten Schicht (24-Stunden-Zyklus) eine vollständige Regeneration des Leistungsvermögens möglich ist. Wenn die psychische Ermüdung auf der einen und die Erholung auf der anderen Seite sich nicht im Gleichgewicht befinden (Erholungsdefizit), kann es zu chronischer Ermüdung **(Übermüdung,** Erschöpfung) kommen. Die dadurch entstehenden Gefährdungen der Gesundheit können sich insbesondere in funktionellen Störungen des Organismus (Herz-Kreislauf- oder Magen-Darm-Beschwerden), in einer Herabsetzung der Erholungsfähigkeit (Schlafstörungen) und (in extremen Fällen) in psychischen Zuständen mit Krankheitswert (Bewusstseinsstörungen, Neurosen) niederschlagen.

Quelle: Oppolzer/NordMetallBG: 25

Abbildung 9: Ermüdung

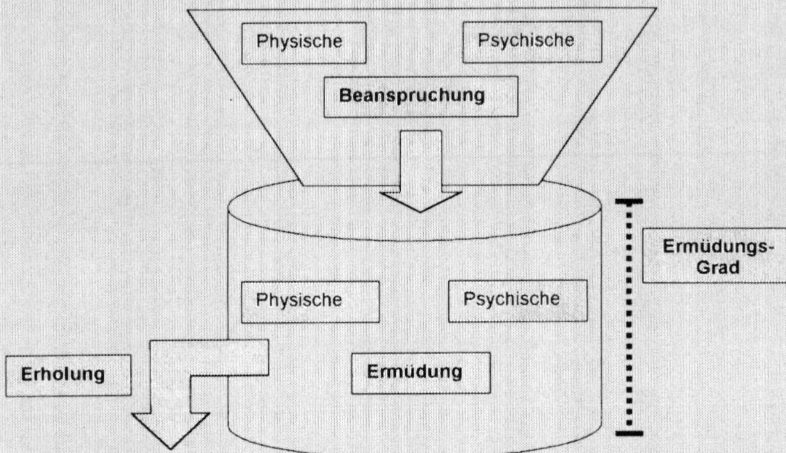

Ermüdung ist die als Folge von Arbeit entstehende, zeitweilige Herabsetzung der Funktionsfähigkeit eines Organes oder Organismus, die sich in einer Zunahme der Beanspruchung trotz konstanter Belastung niederschlägt. Die Ermüdung beginnt als **partielle Ermüdung** in den am stärksten beanspruchten Organen, die meist (z.B. Muskeln, Sinnesorgane) an der Peripherie des Organismus liegen **(periphere Ermüdung).** Mit zunehmender Ermüdung erstreckt sie sich auf den gesamten Organismus **(allgemeine Ermüdung)** und ergreift zentrale Organfunktionen **(zentrale Ermüdung)** im Herzkreislauf-, im Zentralnerven- sowie im Stoffwechsel-System.

Physische Ermüdung entsteht aufgrund dynamischer und statischer Muskelbeanspruchung sowie infolge situativer Kreislaufbeanspruchung (z.B. durch Umgebungseinflüsse); sie findet ihren Ausdruck im Nachlassen der Muskelleistung und Bewegungskoordination, in Veränderungen im Blutbild sowie in der Herz-Kreislauf-Aktivität und der Atmung.

Psychische Ermüdung wird durch sensorische, mentale und emotionale Beanspruchungen hervorgerufen, sie tritt auf als Störung von Wahrnehmung und Koordination, von Aufmerksamkeit, Konzentration und Denken sowie als Beeinträchtigung von Verhalten und sozialen Beziehungen.

Ermüdung im Organismus ist die Folge des summativen Zusammenwirkens verschiedener psychischer und physischer **Beanspruchungen des Menschen** bei der Arbeit. Sollen Leistungsfähigkeit und Gesundheit des Menschen erhalten bleiben, muss die Summe der Erholungsprozesse der Summe der Beanspruchungen entsprechen. **Erholungsvorgänge** (»Entmüdung«) vollziehen sich vor allem während der Nachtruhe, aber auch in der Freizeit und in den verschiedenen Arten von Arbeitspausen. Die Beanspruchungen infolge der Arbeitsbelastungen auf der einen und die Erholung auf der anderen Seite müssen sich im **24-Stunden-Rhythmus** die Waage halten, wenn nicht eine »Erholungsschuld« entstehen soll, die kurzfristig zu Beeinträchtigungen des Wohlbefindens und Einschränkungen der Leistungsfähigkeit oder langfristig zu chronischer Ermüdung mit Symptomen psychischer Reizbarkeit, Neigung zu Depressionen und erhöhter Anfälligkeit v.a. gegenüber **psychosomatischen Krankheiten** (v.a. Herz-Kreislauf- und Magen-Darm-Erkrankungen) führen können.

Quelle: Oppolzer/NordMetallBG: 26

ge halten, wenn etwa sogar eine Überbeanspruchung in der Arbeit einher geht mit unzureichenden Erholungsmöglichkeiten, dann besteht die Gefahr psychischer Ermüdung. Das ist insbesondere der Fall bei langen und ungünstig gelegenen Arbeitszeiten, die auf der einen Seite zu hohen Beanspruchungen der Betroffenen führen, auf der anderen Seite nur quantitativ und vielfach auch qualitativ unzureichende Gelegenheiten zur Regeneration bieten. Solche Arbeitsbedingungen begünstigen die Entstehung des »Burnout-Syndroms«, eines Zustandes inneren Ausgebranntseins, der mit physischer und psychischer Erschöpfung einher geht und der eine erhebliche Gefährdung der Gesundheit darstellt. Psychische Ermüdung kann zudem hervorgerufen oder zumindest begünstigt werden durch ungünstige Schichtpläne, mangelhafte Ruhezeiten und unzureichende Pausen, durch hohe Arbeitsintensität, durch häufige störende Unterbrechungen der Arbeit oder durch andere Arbeitserschwernisse (z.B. Lärm), die zu vermehrten Anstrengungen bei der Erfüllung der Arbeitsaufgaben zwingen.

3.2.2 Beanspruchungen und Gefährdungen

Überlastungssyndrome sind in der modernen Arbeitswelt weit verbreitet. Die chronische Ermüdung ist als beruflicher Risikofaktor vielfach mitverantwortlich für charakteristische Durchblutungsstörungen insbesondere des Herzens und des Gehirns. Dabei kann es bis zu einem Herzinfarkt, einem Schlaganfall oder einem »kleinen Infarkt« in Form eines Hörsturzes mit evtl. anschließendem Tinnitus (ständigem Ohrgeräusch) kommen. Bei gefahrgeneigten Tätigkeiten sowie bei der Teilnahme am Straßenverkehr (auch auf dem Arbeitsweg) führt die psychische Ermüdung zu einer Steigerung der Unfall- und Verletzungsgefahren, weil die Wahrnehmungs-, Reaktions- und Leistungsfähigkeit der Betroffenen herabgesetzt wird und die Gefahrenkontrolle gestört wird.

3.2.3 Möglichkeiten der Prävention

Schwere Formen der Ermüdung, bei denen die volle Kompensation der psychischen Beanspruchung bis zur nächsten Schicht nicht immer möglich ist, wobei zur Erholung über die tägliche Freizeit hinaus das arbeitsfreie Wochenende beansprucht wird und die Freizeit aufgrund der Nachwirkungen der Arbeit in ihrer Nutzbarkeit und freien Verfügbarkeit geschmälert wird, sind gemessen an den Kriterien menschengerechter Arbeit als nicht zumutbar und nicht beeinträchtigungsfrei und nur als eingeschränkt erträglich und bedingt schädigungslos sowie als wenig sozialverträglich zu bewerten. Infolge der mit diesem Ermüdungsgrad verbundenen Minderung von Leistungsfähigkeit und Reaktionsbereitschaft kommt es insbesondere bei gefahrgeneigten Tätigkeiten zu einer Erhöhung der Unfallgefährdung und ggf. zur Gefährdung der Sicherheit anderer. Eine menschengerechte Arbeitsgestaltung entsprechend den Zielen der Schädigungslosigkeit, Beeinträchtigungsfreiheit und Sozialverträglichkeit kann sich zur Vermeidung oder Verringerung psychischer Ermüdung an einer Reihe gesicherter arbeitswissenschaftlicher Leitregeln orientieren. Der Entstehung psychischer Ermüdung wird insbesondere dadurch entgegengewirkt, wenn:

1. bestehende öffentlich-rechtliche, tarif- oder arbeitsvertragliche Regelungen der Arbeitszeit über deren Dauer und Lage sowie über Mehrarbeit und Ruhezeiten beachtet und eingehalten werden,
2. zeitweilig anfallende Mehrarbeit (Überstunden) durch Freizeit ausgeglichen wird,
3. die Schichtplangestaltung, insbesondere bei Nacht- und Schichtarbeit, gesicherten arbeitswissenschaftlichen Erkenntnissen folgt,
4. vorgesehene Pausen eingehalten und erholungswirksam genutzt werden können und bei besonderen Beanspruchungen zusätzliche Kurzpausen der Ermüdung vorbeugen,
5. die Anforderungen von ihrem Umfang und ihrer Schwierigkeit her so beschaffen sind, dass eine gleichbleibende Leistung über die gesamte tägliche Arbeitszeit hinweg aufrecht erhalten werden kann und vermieden wird, dass zum Ausgleich einer ermüdungsbedingten Leistungsminderung eine Steigerung der Anstrengung erforderlich ist,
6. die volle Wiederherstellung der Leistungsfähigkeit im 24-Stunden-Zyklus bis zur nächsten Schicht ermöglicht wird, indem die gestellten Arbeitsanforderungen begrenzt und/oder die erforderlichen Erholungsmöglichkeiten gewahrt bleiben,
7. vermieden wird, dass es bei den Beschäftigten im Anschluss an die Arbeit zu mehr oder weniger ausgeprägten Beeinträchtigungen von Wohlbefinden und Gesundheit (z.B. in Form von Kopf- oder Gliederschmerzen) kommt und die unbehinderte Verwendbarkeit der arbeitsfreien Zeit durch ermüdungsbedingte Nachwirkungen der Arbeit nicht geschmälert wird.

Auch wenn der Schwerpunkt geeigneter Präventionsmaßnahmen im Betrieb (»Verhältnis-Prävention«) liegt, können doch die Beschäftigten selbst zur Vermeidung von Übermüdung mit beitragen, indem sie für eine ausreichende und geeignete Erholung sorgen. Durch Hinweise, Informationen und Beratungsangebote (»Verhaltens-Prävention«) sollten sie darin unterstützt werden, überhöhte betriebliche Leistungsanforderungen ebenso zu reduzieren wie übersteigerte persönliche Leistungsansprüche in ihrer arbeitsfreien Zeit; der »Arbeitsstress« sollte nicht in einem »Erholungsstress« münden. Vielmehr sollten die Betroffenen lernen, ihren Erholungsbedarf zu erkennen und geeignete Erholungsmöglichkeiten wahrzunehmen.

3.3 Ermüdungsähnliche Zustände

Unter »ermüdungsähnlichen Zuständen« versteht man »Zustände des Menschen, die als Auswirkungen psychischer Beanspruchung in abwechslungsarmen Situationen auftreten.« (DIN EN ISO 10075-1:2000) Mit psychischer Ermüdung gemeinsam haben diese Zustände, zu denen der Monotoniezustand, die herabgesetzte Vigilanz (herabgesetzte Wachsamkeit) und die psychische Sättigung gehören, in der Regel zwar die Müdigkeitsempfindungen gemeinsam. Im Unterschied zu *»echter«* psychischer Ermüdung, die erst nach einer von Höhe und Dauer der vorangegangenen Beanspruchung abhängigen Erholung vergeht, verschwinden ermüdungs*ähnliche* Zustände bereits, wenn ein Wechsel der Arbeitsaufgabe oder der äußeren Situation eintritt.

Aus arbeitswissenschaftlicher Sicht erfüllen Tätigkeiten, die aufgrund der Unterforderung des Leistungsvermögens zu ermüdungsähnlichen Zuständen führen können, die Kriterien *menschengerechter* Arbeit nur bedingt. Zwar sind die damit verbundenen Beanspruchungen in der Regel für die Betroffenen schädigungslos und insofern erträglich, als sie aushaltbar sind. Bei gefahrgeneigten Tätigkeiten aber, die von sich aus bereits mit einer erhöhten Unfallgefahr verbunden sind (z.B. Umgang mit gefährlichen Stoffen, Teilnahme am Straßenverkehr, Steuerung kritischer Verfahrensprozesse), kann allerdings die Einhaltung dieser grundlegenden Kriterien der Schädigungslosigkeit und Erträglichkeit nicht voll gewährleistet werden, weil das Unfall- und Verletzungsrisiko noch gesteigert wird. Die Kriterien der Beeinträchtigungsfreiheit und Zumutbarkeit erfüllen Arbeiten, die zu Monotonie, herabgesetzter Vigilanz oder psychischer Sättigung führen können, vor allem wegen der mit ermüdungsähnlichen Zuständen verbundenen Störung des psychischen Wohlbefindens und der daraus resultierenden »echten« Ermüdungswirkungen nicht. Das gilt insbesondere für die anspruchsvolleren Kriterien der Zufriedenheit und der Persönlichkeitsförderlichkeit, die angesichts der kurzfristigen Auswirkungen (z.B. Unzufriedenheit) sowie in Anbetracht der langfristigen individuellen Schäden solcher Dauerunterforderung (z.B. Intelligenzabbau, Kompetenzverlust) ebenso wenig erfüllt werden wie das Kriterium der Sozialverträglichkeit.

Ob und inwieweit Maßnahmen des Arbeitsschutzes bei Tätigkeiten, die zu ermüdungsähnlichen Zuständen führen, erforderlich sind, entscheidet sich danach, ob und inwieweit die betrieblichen Arbeitsbedingungen gesicherten arbeitswissenschaftlichen Erkenntnissen menschengerechter Arbeitsgestaltung widersprechen. Für die Beurteilung des konkreten Handlungsbedarfs für Arbeitsschutzmaßnahmen sind der Grad der Monotonie bzw. der herabgesetzten Vigilanz oder der psychischen Sättigung sowie die konkreten Möglichkeiten gestalterischer Alternativen ausschlaggebend. Je größer die Diskrepanz zwischen Ist- und Soll-Zustand, und je schwerer die Beeinträchtigungen durch die ermüdungsähnlichen Zustände für die Betroffenen sind, um so größer ist der Handlungsbedarf nach belastungsreduzierenden Gestaltungsmaßnahmen. Das gilt insbesondere, wenn wirksame, bewährte, arbeitswissenschaftlich gesicherte und technisch-wirtschaftlich vertretbare Maßnahmen zur Vermeidung oder Verringerung der Beanspruchungsrisiken zur Verfügung stehen.

3.3.1 Monotoniezustand

Der Monotoniezustand wird in der Norm DIN EN ISO 10075-1:2000 definiert als ein »langsam entstehender Zustand herabgesetzter Aktivierung, der bei langdauernden, einförmigen und sich wiederholenden Arbeitsaufgaben oder Tätigkeiten auftreten kann und der hauptsächlich mit Schläfrigkeit, Müdigkeit, Leistungsabnahme und Leistungsschwankungen, Verminderung der Umstellungs- und Reaktionsfähigkeit sowie Zunahme der Schwankungen der Herzschlagfrequenz einhergeht.« Das subjektiv wahrgenommene Müdigkeitsgefühl lässt sich anhand körpereigener Funktionsveränderungen, z.B. in Form eines niedrigeren Blutdrucks und Adrenalinspiegels, geringerer Sauerstoffaufnahme und herabgesetzter Muskelspannung sowie charakteristischer Veränderungen in der Hirnstromaktivität (im Elektroenzephalogramm EEG) objektivieren. Monotonie ist nicht nur für die Betroffenen eine unangenehme Beeinträchtigung des Wohlbefindens, sondern schlägt sich auch in einer qualitativen und quantitativen Minderleistung in Form vermehrter Fehler und geringerer Stückzahl im Arbeitsergebnis nieder.

3.3.1.1 Verursachende Arbeitsbedingungen

Monotoniezustände werden hervorgerufen durch eine qualitative Unterforderung aufgrund zu niedriger Anforderungen an das Arbeitsvermögen. Charakteristisch sind für monotonieträchtige Tätigkeiten ständig gleichförmig wiederkehrende, einfache manuelle Verrichtungen meist sensumotorischer

Art, die nur geringe Anforderungen an die berufliche Qualifikation beinhalten, die aber gleichwohl die Aufmerksamkeit binden und ein Abschweifen der Gedanken oder eine mentale Lösung von der Aufgabe nicht zulassen. Neben der Kürze der Zyklusdauer, in der die Aufgabe zu wiederholen ist, begünstigen auch der Mangel an Pausen, die Abwesenheit von anderen Beschäftigten (Mangel an Kommunikation und Kontakt), die Tageszeit (nachmittags und nachts kommt es leichter zu Monotoniezuständen) die Abwechslungsarmut und der Reizmangel der Arbeitsumgebung (z.B. schwache Beleuchtung, zu warmer Raum, gleichförmige Geräuschkulisse, triste Farbgebung) die Entstehung und den Verlauf von Monotoniezuständen ungünstig (siehe Abbildung 10).

3.3.1.2 Beanspruchungen und Gefährdungen

Monotoniezustände begünstigen die Entstehung von psychischer Ermüdung, weil sie von den Betroffenen zusätzliche Willensimpulse und Anspannungen (»Weckimpulse« in Form eines »inneren Rucks«) verlangen, um das Absinken der psychischen Aktiviertheit zu kompensieren und ein zur Erledingung der Aufgabe erforderliches Aufmerksamkeitsniveau zu gewährleisten. Diese erhöhte Anspannung führt zu vorzeitiger Ermüdung, die wiederum die Entstehung der Monotonie fördert – und so fort. Aufgrund der geminderten Reaktionsfähigkeit und herabgesetzten Handlungsbereitschaft ist die Unfallgefährdung im Monotoniezustand erhöht. Darüber hinaus können sich weitere negative Beanspruchungsfolgen in Form von Unzufriedenheit, Abstumpfung, Entfremdung, Unlust und Unzufriedenheit gegenüber der Arbeit sowie ein Nachlassen der kommunikativen Kompetenzen und ein Abbau der Intelligenzleistung aufgrund anhaltender Unterforderung als Folge der Monotoniezustände einstellen.

3.3.1.3 Möglichkeiten der Prävention

Zur Vermeidung oder Verringerung von Monotoniezuständen sind Maßnahmen menschengerechter Arbeitsgestaltung angezeigt, die auf eine Förderung von Abwechslungsreichtum und Anforderungsvielfalt sowie auf eine Vergrößerung des Beachtungsumfangs der Aufgaben abzielen. Alle Maßnahmen, die zu einer Vergrößerung des Handlungs-, Entscheidungs- und Interaktionsspielraumes bei der Arbeit beitragen, sind geeignet, die Leitziele der Beeinträchtigungsfreiheit, Lernförderlichkeit und Sozialverträglichkeit der Arbeit zu realisieren. Monotoniezuständen kann insbesondere entgegengewirkt werden, wenn:

Abbildung 10: Monotonie

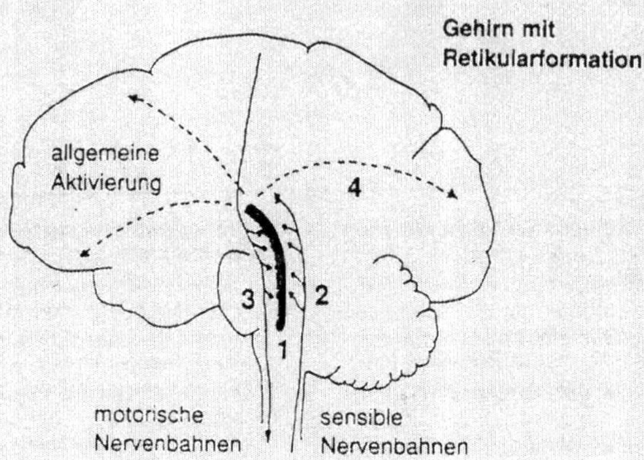

Der Grad psychischer Aktiviertheit zwischen den Extremen »Schlaf« und »Alarm« wird von der netzwerkartigen **Retikularformation** (1) im Hirnstamm gesteuert, in der sich zahlreiche wichtige Nervenbahnen kreuzen. Sowohl die von den Sinnesorganen zum Gehirn führenden **sensiblen Nervenbahnen** (2) als auch die von der Hirnrinde zur Muskulatur gehenden **motorischen Nervenbahnen** (3) verfügen über abzweigende Seitenäste zur Retikularformation (1). Auf diese Weise entsteht ein von der Intensität einströmender und ausgehender Nervenreize abhängiger Erregungspegel im netzwerkartigen Teil des Hirnstammes, von dem aus der allgemeine Aktivierungsgrad in der Großhirnrinde geregelt wird (4).

Der Reizmangel und die Anforderungsarmut bei **eintönigen Arbeiten** führen (verstärkt durch Anpassungs- und Gewöhnungsvorgänge im Nervensystem) zu einer Abnahme anregender Reize auf die Retikularformation und damit zu einem Nachlassen der psychischen Aktiviertheit. Auf diese Weise entstehen ermüdungsähnliche Zustände **(Monotonie**-Zustände), die sich in geminderter Leistungsfähigkeit niederschlagen und die zu ihrer Überwindung von den Betroffenen immer wieder eine zusätzliche psychische Anstrengung durch bewusste Willensimpulse verlangen. In der **wellenförmigen Verlaufskurve** der Monotonie wird das immer wiederkehrende Absinken der Aktiviertheit und die Notwendigkeit zur bewussten Anregung (»innerer Ruck«) durch vermehrte willentliche Anspannung deutlich.

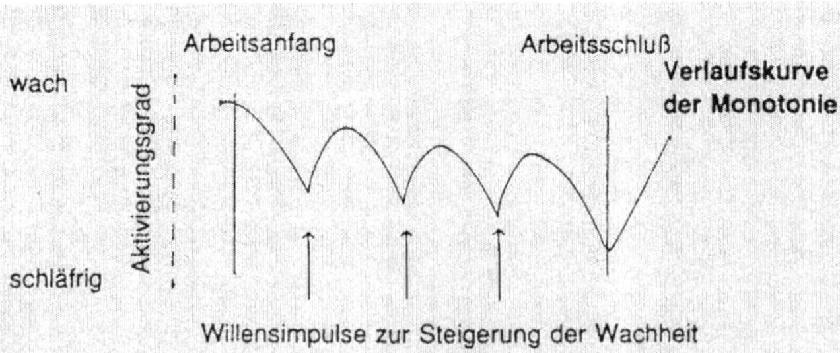

Quelle: Oppolzer/NordMetallBG: 31

1. eine Erweiterung und Anreicherung der Arbeitsinhalte vorgenommen wird, sodass die Tätigkeiten neben einfachen ausführenden auch zusätzliche bzw. höherwertige vor- und nachbereitende, organisierende und prüfende Aufgaben beinhalten,
2. eine Verlängerung der Taktzeiten bei gleichzeitiger Erhöhung der Aufgabenvielfalt und Erweiterung des Handlungsspielraumes erfolgt,
3. durch die Einrichtung von Puffern, von Ablöseregelungen oder durch Kurzpausen (»Bandpausen«) die starre Orts- und Zeitbindung insbesondere bei taktgebundenen Tätigkeiten gelockert wird,
4. die vorhandenen Kenntnisse, Fähigkeiten und Fertigkeiten eingesetzt werden können und darüber hinaus eine weitere Qualifizierung möglich ist, wenn sich also die Person mit der Aufgabe entwickeln kann,
5. für eine anregende und abwechslungsreiche Gestaltung der Arbeitsumwelt (z.B. Farbgebung, Raumklima, Beleuchtung, Geräuschkulisse) sowie für die Gelegenheit zur Kommunikation mit anderen Beschäftigten gesorgt wird.

Diese Maßnahmen menschengerechter Arbeitsgestaltung wirken nicht nur der Entstehung von Monotoniezuständen entgegen, sie dienen auch der Vermeidung bzw. Verringerung von psychischer Sättigung.

3.3.2 Herabgesetzte Wachsamkeit (Vigilanzminderung)

Herabgesetzte Wachsamkeit (Vigilanzminderung) wird in der Norm DIN EN ISO 10075-1:2000 definiert als ein »bei abwechslungsarmen Beobachtungstätigkeiten langsam entstehender Zustand mit herabgesetzter Signalentdeckungsleistung (z.B. bei Radarschirm- und Instrumententafelbeobachtungen).« Unter Daueraufmerksamkeit oder Vigilanz versteht man in der Arbeitswissenschaft die maximale psychologische und physiologische Bereitschaft, Signaländerungen zu entdecken und auf sie zu reagieren; sie kennzeichnet also die Fähigkeit, ein für die Aufgabe angemessenes Wachsamkeitsniveau über lange Zeit aufrecht zu erhalten.

3.3.2.1 Verursachende Arbeitsbedingungen

Verursacht wird dieser ermüdungsähnliche Zustand typischerweise durch Arbeitssituationen, die sich durch einen hohen Anteil passiver, beobachtender Handlungsbereitschaft auszeichnen, in denen die Aufmerksamkeit auf das anforderungsgerechte Einwirken in kritischen Situationen gebunden ist. Je länger die Tätigkeit andauert, je weniger Signale auftreten und je seltener die aktiven Eingriffe verlangt werden, um so eher und um so stärker tritt der

Zustand herabgesetzter Wachsamkeit ein. Durch eine eintönige Arbeitsumgebung, durch eine nicht menschengerechte Gestaltung der Mensch-Maschine-Schnittstelle, z.B. in Gestalt der zu beobachtenden Anzeigen und Displays sowie durch soziale Isolation und den dadurch bedingten Mangel an Kommunikation und Interaktion wird die Entstehung der Vigilanzminderung zusätzlich begünstigt.

3.3.2.2 Beanspruchungen und Gefährdungen

Herabgesetzte Wachsamkeit geht zwar auf andere Ursachen zurück als der Monotoniezustand, hat mit diesem allerdings die Symptome subjektiv empfundener ermüdungsähnlicher Schläfrigkeit mit objektiv verminderter Leistungs- und Reaktionsfähigkeit aufgrund herabgesetzter psychischer Aktivierung gemeinsam. Bei gefahrgeneigten Tätigkeiten geht daher von dem Zustand herabgesetzter Wachsamkeit insbesondere im Zusammenwirken mit psychischer Ermüdung (z.B. im nächtlichen Leistungstief des Cirkadianrhythmus) eine erhöhte Unfall- oder Havariegefährdung aus, wie nicht zuletzt die spektakulären Ereignisse von Tschernobyl, Bophal, Three Miles Island oder der Exxon Valdez für die Umwelt verdeutlichen, die alle im nächtlichen Leistungstief nach vorangegangener verlängerter Arbeitsschicht eingetreten sind. Herabgesetzte Vigilanz stellt nicht nur eine Beeinträchtigung des psychischen Wohlbefindens der Betroffenen dar, sie begünstigt auch die Entstehung von »echter« Ermüdung. Denn zur Kompensation der Wachsamkeitsminderung aufgrund unzureichender psychischer Aktivierung durch die Arbeitsaufgabe bei einförmigen, abwechslungsarmen, überwiegend passiven Beobachtungstätigkeiten müssen sich die Beschäftigten in Form bewusster Willensimpulse immer wieder selbst aktivieren, was zu erhöhter psychischer Beanspruchung und in der Folge vermehrter psychischer Ermüdung führt.

3.3.2.3 Möglichkeiten der Prävention

Zur Vermeidung oder Verringerung des ermüdungsähnlichen Zustands der herabgesetzten Wachsamkeit sind insbesondere Maßnahmen geeignet, die:

1. die Dauer der passiven Beobachtungstätigkeiten möglichst auf 20 bis 30 Minuten begrenzen, indem entweder aktive Aufgabenanteile, ein Wechsel der Aufgabeninhalte bzw. der Tätigkeit oder zusätzliche Erholungspausen vorgesehen werden,
2. für eine ergonomische Gestaltung der Anzeigen (z.B. Instrumente) sowie der Art und des Vorkommens kritischer Signale, insbesondere im Hin-

blick auf Häufigkeit, Unterscheidbarkeit und Eindeutigkeit, Auftretenswahrscheinlichkeit und Erkennbarkeit sorgen,
3. eine abwechslungsreiche Arbeitsumgebung (z.B. Farbgebung) schaffen und eintönige optische sowie akustische Reize vermeiden,
4. den Beschäftigten ausreichende Gelegenheiten zum sozialen Kontakt in Form von Kooperation, Kommunikation und Interaktion bieten,
5. der verstärkten Anfälligkeit für Vigilanzminderung nachmittags und nachts durch eine menschengerechte Gestaltung der Schichtpläne und durch zusätzliche Kurzpausen entgegenwirken.

3.3.3 Psychische Sättigung

Psychische Sättigung wird in der Norm DIN EN ISO 10075-1:2000 definiert als ein »Zustand der nervös-unruhevollen, stark affektbetonten Ablehnung einer sich wiederholenden Tätigkeit oder Situation, bei der das Erleben des *Auf-der-Stelle-Tretens* oder des *Nicht-weiter-Kommens* besteht«. Im Unterschied zum Monotoniezustand und zur herabgesetzten Wachsamkeit ist für die psychische Sättigung nicht ein vermindertes, sondern ein gesteigertes zentralnervöses Aktivierungsniveau, allerdings mit negativer Erlebnisqualität, kennzeichnend.

3.3.3.1 Verursachende Arbeitsbedingungen

Psychische Sättigung beruht im Wesentlichen zwar auf den gleichen Ursachen wie der Monotoniezustand, nämlich auf ständig wiederkehrenden, einfachen Aufgaben, welche die vorhandenen Kenntnisse, Fähigkeiten und Fertigkeiten der Person nur zu einem kleinen Teil verlangen und die daher als qualitative Unterforderung wahrgenommen werden, die Folgen sind jedoch gänzlich andere. Individuelle und situative Gegebenheiten (z.B. Qualifikation, Anspruchsniveau, Motivation und innere Einstellung) spielen beim Zustandekommen von psychischer Sättigung ebenfalls eine Rolle.

3.3.3.2 Beanspruchungen und Gefährdungen

Nicht mit Langeweile, Schläfrigkeit und geminderter Aktivierung, wie dies für den Monotoniezustand typisch ist, sondern mit nervös-unruhevoller Unlust, ärgerlicher Ablehnung, Überdruss und Rückzugstendenzen geht die psychische Sättigung einher. Sie schlägt sich letztlich in einem deutlichen Leistungsabfall und Motivationsverlust nieder. Neben Unfallgefahren aufgrund einer affektbedingten Steigerung der Risikobereitschaft und einer frustrationsbedingten Störung der rationalen Verhaltenskontrolle sowie vorzeitiger psychischer Ermüdung stellen insbesondere die Beeinträchtigung des psychischen Wohlbefindens sowie das erhöhte Risiko psychischer und psychosomatischer Beschwerden die wichtigsten negativen Beanspruchungsfolgen psychischer Sättigung dar.

3.3.3.3 Möglichkeiten der Prävention
Für die Gestaltungsmaßnahmen zur Vermeidung bzw. Verringerung psychischer Sättigung kommen im Allgemeinen die gleichen Leitregeln in Frage wie bei den Monotoniezuständen. Darüber hinaus sind Maßnahmen geeignet, der Entstehung psychischer Sättigung entgegenzuwirken, die:

1. dem Gefühl der beruflichen Unterforderung begegnen, indem für eine bessere Rückmeldung über die geleistete Arbeit sowie für eine mengenmäßige Aufteilung des Arbeitspensums gesorgt wird, damit der Fortgang der Auftragserledigung sichtbarer wird,
2. für mehr Informationen über den Gesamtzusammenhang des Arbeitsprozesses gesorgt wird, die es den Beschäftigten erlauben, den Gesamtzusammenhang zu erkennen, innerhalb dessen ihre Teilaufgabe erfolgt,
3. mehr Möglichkeiten zur Mitsprache und Beteiligung in allen Fragen schaffen, welche die eigene Tätigkeit betreffen.

4. Gefährdungsbeurteilung psychischer Belastungen

Die Ermittlung und Beurteilung der Arbeitsbedingungen im Hinblick auf psychische Belastungen, welche die Gesundheit gefährden können, ist das Ziel der Gefährdungsbeurteilung nach § 5 ArbSchG. Zweck dieser Gefährdungsbeurteilung ist es, eine tragfähige Informationsbasis für die Entscheidung darüber zu treffen, ob und ggf. welche Maßnahmen des Arbeitsschutzes erforderlich sind, um gesundheitliche Gefährdungen zu vermeiden oder zu verringern. Daher erfolgt die Gefährdungsbeurteilung im Sinne einer Schwachstellenanalyse, durch die gezielt nach Risikofaktoren negativer psychischer Belastungen gefragt wird, die psychische Beanspruchungsfolgen nach sich ziehen und die wiederum zu Schädigungen oder Beeinträchtigungen der Gesundheit der Beschäftigten führen können. Es handelt sich dabei letztlich um einen Soll-Ist-Vergleich, bei dem die konkreten betrieblichen Arbeitsbedingungen (Ist) in den für psychische Belastungen relevanten Aspekten mit normierten Schutzzielen und insbesondere mit für die Gesundheit maßgeblichen gesicherten arbeitswissenschaftlichen Erkenntnissen über die menschengerechte Gestaltung Arbeit (Soll) verglichen werden. Ergebnis dieser Beurteilung der Arbeitsbedingungen ist die Entscheidung, ob und ggf. welche Maßnahmen des Arbeitsschutzes erforderlich sind.

Die Gefährdungsbeurteilung verlangt daher zum einen nach Kriterien, mit deren Hilfe die *Risikofaktoren* psychischer Belastungen ermittelt und beurteilt werden können, und zum anderen nach *Gestaltungsgrundsätzen* für Maßnahmen des Arbeitsschutzes, die auf die konkreten betrieblichen Belange hin umgesetzt werden können. Für beides liegen inzwischen eine Fülle von Handlungshilfen vor, die z.B. von der Bundesanstalt für Arbeitsschutz und Arbeitsmedizin (BAuA), vom Länderausschuss für Arbeitsschutz und Sicherheitstechnik (LASI) und vom Hauptverband der gewerblichen Berufsgenossenschaften (HVBG) sowie von staatlichen Aufsichtsbehörden (z.B. in NRW und Hamburg) zur Verfügung gestellt werden und auf welche die Arbeitgeber oder die von ihnen beauftragten Personen (z.B. die Fachkräfte für Arbeitssicherheit) zurückgreifen können.

4.1 Belastungs- und beanspruchungsorientierte Verfahren der Gefährdungsbeurteilung

Gegenstand der Gefährdungsbeurteilung sind die *objektiven Belastungen*, die durch die betrieblichen Arbeitsbedingungen entstehen, für die letztlich der Arbeitgeber verantwortlich ist, der nach Maßgabe des ArbSchG dafür zu sorgen hat, »dass eine Gefährdung für Leben und Gesundheit möglichst vermieden und die verbleibende Gefährdung möglichst gering gehalten wird« (§ 4 Nr. 1 ArbSchG). Das kann dadurch erfolgen, dass nach konkreten *Bedingungen* gefragt wird, die Risikofaktoren negativer psychischer Belastungen darstellen und auf die Betroffene mit psychischen Beanspruchungsfolgen reagieren können, die mit gesundheitlichen Gefährdungen verbunden sind. Eine typische Frage zur Ermittlung des Risikos für Monotonie wäre z.B.: »Wiederholen sich die gleichen eintönigen Aufgaben, ohne dass sich dabei irgend etwas verändert?« Auf solche kritischen Arbeitsbedingungen richten sich dann die erforderlichen Maßnahmen des Arbeitsschutzes, die zu einer Veränderung der betrieblichen Belastungssituation führen sollen, damit gesundheitliche Gefährdungen der Beschäftigten vermieden oder so weit wie möglich verringert werden. Diese objektivierende, bedingungsbezogene Vorgehensweise hat gegenüber personenbezogenen Verfahren, die nach den *subjektiven Beanspruchungsreaktionen* der Betroffenen fragen (ein typisches Statement, das ein Indikator für Monotonie wäre: »Bei meiner Arbeit döse, dämmere oder träume ich vor mich hin.«), den Vorzug, dass sie direkt auf gestaltungsbedürftige Arbeitsbedingungen zielt, die nach den Erfordernissen des Arbeitsschutzes zu gestalten sind und die tatsächlich dem Dispositionsrecht des dafür verantwortlichen Arbeitgebers bzw. die damit beauftragten Personen unterliegen.

4.2 Gefährdungsbeurteilung als Kombination von Selbst- und Fremdeinschätzung

Bei der Gefährdungsbeurteilung psychischer Belastungen sollten sowohl die Fachkompetenz der professionellen Arbeitsschutzexperten (z.B. FASi, Betriebsarzt) als auch die Erfahrung und Wahrnehmung der Beschäftigten selbst herangezogen werden (Oppolzer 2004). Dies kann in Form einer Kombination der *Fremdeinschätzung* der Arbeitsbedingungen mit Hilfe von *Checklisten* durch die Arbeitsschutzexperten und der *Selbsteinschätzung* mittels *Fragebögen* durch die betroffenen Beschäftigten erfolgen. Den Checklisten und den Fragebögen liegen die gleichen Kriterien der Beurteilung der Arbeitsbedingungen zugrunde, damit ihre Ergebnisse anschließend vergleichbar sind. Für die Fremdeinschätzung durch die Arbeitsschutzexperten kann von der Möglichkeit des § 5 Abs. 2 ArbSchG Gebrauch gemacht werden, dem zufolge »bei gleichartigen Arbeitsbedingungen« die »Beurteilung eines Arbeitsplatzes oder einer Tätigkeit ausreichend« ist; solche »Standardbeurteilungen« helfen, den Aufwand erheblich zu verringern. In die Selbsteinschätzung werden jedoch alle Beschäftigten einbezogen, um ein vollständigeres Bild zu gewinnen, um verschiedene Sichtweisen und Erfahrungen zu berücksichtigen und um die individuellen Voraussetzungen und Bewältigungsmöglichkeiten der Betroffenen zu erfassen.

Die *Ergebnisse* der Gefährdungsbeurteilung aus Experten- und aus Betroffenensicht werden anschließend verglichen. Stimmen die Einschätzungen der Experten und der Betroffenen überein, sind keine weiteren Informationen erforderlich und man kann entscheiden, ob und ggf. welche Maßnahmen des Arbeitsschutzes erforderlich sind. Für die Entwicklung konkreter Maßnahmen kann man bereits auf dem Auswertungsformular geeignete *Gestaltungsleitsätze* angeben, die gesicherten arbeitswissenschaftlichen Erkenntnissen über die menschengerechte Gestaltung der Arbeit entsprechen. Weichen die Einschätzungen der Experten und der Betroffenen voneinander ab, können entweder vertiefende Gespräche (z.B. im Arbeitsschutzausschuss nach § 11 ASiG) oder eine weitergehende Feinanalyse mithilfe von Expertenverfahren zur Klärung führen.

4.3 Erfahrungen mit der Umsetzung der Gefährdungsbeurteilung

Auch zwölf Jahre nach dem Inkrafttreten der gesetzlichen Pflicht zur Einbeziehung der psychischen Belastungen in die Gefährdungsbeurteilung war ihre Umsetzung in der betrieblichen Praxis noch immer derart unzureichend, dass sich beispielsweise die Europäische Arbeitsschutzagentur (EU-OSHA) und die Gemeinsame Deutsche Arbeitsschutzstrategie (GDA), in der die Spitzenorganisationen des Arbeitsschutzes in Deutschland, nämlich das BMAS, der LASI und der DGUV zusammengeschlossen sind, veranlasst sahen, für die Jahre 2008/09 gezielte Schwerpunktaktionen zur Gefährdungsbeurteilung durchzuführen (vgl. EU-OSHA 2008, Factsheet 80; GDA Leitlinie Gefährdungsbeurteilung und Dokumentation 2008). Denn Erhebungen der Bundesanstalt für Arbeitsschutz und Arbeitsmedizin (BAuA) waren zu dem Ergebnis gekommen, dass 2005/06 bei 57% der Beschäftigten fast zehn Jahre nach dem Inkrafttreten der Vorschrift des § 5 ArbSchG noch immer keine Gefährdungsbeurteilung erfolgt war und nur bei 28% der Befragten diese Bestimmung erfüllt war (Beermann/Brenscheidt/Siefer 2008). Nur im kleineren Teil der Fälle, in denen eine Gefährdungsbeurteilung durchgeführt worden war, waren auch die psychischen Belastungsfaktoren einbezogen. Einer Faustregel unter Fachleuten zufolge geht man davon aus, dass etwa ein Drittel der Betriebe eine Gefährdungsbeurteilung durchgeführt hat und dass davon wiederum nur bei einem Drittel auch die psychischen Belastungen einbezogen wurden. Die Betriebsrätebefragung 2008/09 des Wirtschafts- und Sozialwissenschaftlichen Instituts der Hans-Böckler-Stiftung (WSI) kam zu dem Ergebnis, dass selbst in den Betrieben, in denen es einen Betriebsrat gibt, nur in 16% der Fälle eine Gefährdungsbeurteilung unter Einschluss der psychischen Belastungsfaktoren erfolgt war (WSI-Betriebsrätebefragung 2008/09).

Bei keiner anderen Frage arbeitsweltbezogener Prävention ist die Kluft zwischen den Kenntnissen und Überzeugungen der professionellen Experten im Arbeits- und Gesundheitsschutz auf der einen und ihrer Berücksichtigung und Umsetzung in der betrieblichen Praxis auf der anderen Seite dermaßen groß wie bei den psychischen Fehlbelastungen. Denn seit Verabschiedung der EU-Arbeitsschutzrahmenrichtlinie 89/391/EWG (1989) haben zunächst im internationalen Bereich und seit dem Inkrafttreten des Arbeitsschutzgesetzes (1996) auch in Deutschland die psychischen Belastungen, wie sie z.B. in der DIN EN ISO 10075-1:2000 definiert sind, als mögliche Ursache gesundheitlicher Gefährdungen in Fachkreisen zunehmend Beachtung gefunden.

Praktisch alle für den betrieblichen Arbeits- und Gesundheitsschutz verantwortlichen Stellen und Institutionen haben inzwischen eine Vielzahl von Verfahren zur Ermittlung und Beurteilung psychischer Belastungen im Hinblick auf ihre negativen Auswirkungen entwickelt. Allein die »Toolbox« der BAuA enthält annähernd einhundert solcher Verfahren zur Gefährdungsbeurteilung psychischer Belastungen.

Zahlreiche Verfahren wurden von der Arbeitswissenschaft und Arbeitspsychologie entwickelt. Die staatlichen Aufsichtsbehörden der Bundesländer und der Länderausschuss für Arbeitsschutz und Sicherheitstechnik (LASI) haben verschiedene Handlungsanleitungen für die betriebliche Praxis herausgegeben. Die Träger der Deutschen Gesetzlichen Unfallversicherung haben den Betrieben vielfach auf einzelne Branchen zugeschnittene Handlungshilfen zur Verfügung gestellt. Die Träger der Gesetzlichen Krankenversicherung haben, zum Teil in Kooperation mit den Trägern der Gesetzlichen Unfallversicherung, geeignete Verfahren entwickelt und in groß angelegten Modellversuchen erprobt. Die Gewerkschaften (z.B. die IG Metall) haben ebenfalls diese Thematik aufgegriffen und den Betriebsräten eine Reihe von Instrumenten zur Erfassung psychischer Belastungen und ihrer Prävention bereitgestellt. Auch die Arbeitgeberverbände (z.B. BDA) haben diese Thematik aufgegriffen und ein entsprechendes Kurzverfahren (KPB) empfohlen.

Darüber hinaus wurde der Stand der gesicherten arbeitswissenschaftlichen Erkenntnisse über die Prävention psychischer Fehlbelastungen z.B. in Handlungsanleitungen der BAuA und in den Gestaltungsleitsätzen der DIN EN ISO 10075-2 der Praxis zur Verfügung gestellt.

Man verfügt inzwischen aber nicht nur über zahlreiche, sondern auch über vielfältige Ansätze zur Erkennung und Prävention psychischer Fehlbelastungen. Es liegen zum einen viele *belastungsorientierte und bedingungsbezogene* Verfahren zur Gefährdungsbeurteilung psychischer Faktoren vor, die auf objektive Belastungen durch die Einwirkungen der Arbeitsbedingungen abheben. Und es wurden zum anderen verschiedene *beanspruchungsorientierte und personenbezogene* Verfahren vorgestellt, die an den subjektiven Beanspruchungen und ihren Auswirkungen auf die Betroffenen ansetzen. Die erforderlichen Informationen über mögliche psychische Fehlbelastungen können entweder über eine *Selbsteinschätzung* durch die Betroffenen in Form einer Befragung mittels Fragebogen, Interview und Gruppengespräch oder über eine *Fremdeinschätzung* durch Experten in Form von Beobachtung anhand von Checklisten oder mit Hilfe eines Handbuchs sowie durch eine Kombination von Selbst- und der Fremdeinschätzung gewonnen werden. Die vorliegenden Ansätze und Verfahren tragen überdies unterschiedlichen Anforderungen an den Aufwand und die Präzision der Ermittlung und Bewertung psychischer Fehlbelastungen Rechnung. Wie bereits ein Blick in die Toolbox der BAuA zeigt, stehen je nach Grad der verlangten Präzision hinsichtlich der Anforderungen an Objektivität, Reliabilität, Validität und Sensitivität verschiedene Ansätze und Verfahren zur Ermittlung und Bewertung psychischer Fehlbeanspruchungen zur Verfügung. Für alle drei Präzisionsstufen der Messung, die in DIN EN ISO 10075-3 beschrieben sind, gibt es geeignete Verfahren. Zunächst einmal verfügt man über *orientierende Verfahren*, die auf niedrigem Präzisionsniveau mit geringem Aufwand erste Informationen liefern, auf deren Grundlage bereits Entscheidungen über erforderliche Präventionsmaßnahmen getroffen werden können. Darüber hinaus stehen eine ganze Reihe von *Screening-Verfahren* zur Verfügung, die auf mittlerem Präzisionsniveau eine genauere Ermittlung problematischer psychischer Fehlbelastungen erlauben und die näher Aufschluss geben über den konkreten Handlungsbedarf nach korrektiven Maßnahmen des Arbeits- und Gesundheitsschutzes. Schließlich kann man auf verschiedene *Expertenverfahren* zurückgreifen, für die in der Regel eine spezifische Ausbildung erforderlich ist und die auf höherem Präzisionsniveau mit größerem Aufwand geeignete Informationen liefern, die insbesondere für eine Optimierung der Arbeitsbedingungen zielführend sind.

4.3.1 Hinderliche Einflüsse (Misserfolgs-Faktoren)

Fragt man nach den Hindernissen, die erfahrungsgemäß dafür verantwortlich sind, dass die psychischen Belastungen bisher nur sehr unzureichend in die Gefährdungsbeurteilungen einbezogen wurden, stößt man immer wieder auf die folgenden Faktoren:

1. Das Gefährdungspotenzial psychischer Fehlbelastungen wird im Hinblick auf die körperliche und seelische Gesundheit der Beschäftigten meist unterschätzt, während die individuellen Bewältigungsmöglichkeiten solcher Belastungen durch die Betroffenen überschätzt werden. Auf Grund der erheblichen interindividuellen Unterschiede in den Beanspruchungen und gesundheitlichen Gefährdungen (Auswirkungen) im Hinblick auf die gleichen arbeitsbedingten Belastungen (Einwirkungen) erscheinen vielfach die psychischen Fehlbelastungen den Verantwortlichen (und mitunter auch den Betroffenen selbst) eher als individuelles denn als betriebliches Problem.

2. Meist konzentriert sich die Gefährdungsbeurteilung auf die klassischen technischen und medizinischen Aspekte gesundheitlicher Gefährdungen, wohingegen die Ermittlung psychischer Fehlbelastungen erst davon abgekoppelt oder gar nicht erfolgt. Denn die professionellen Experten des Arbeitsschutzes stammen in der Regel aus solchen Disziplinen (Technik und Ingenieurwesen, Medizin und Naturwissenschaften sowie Recht), die von ihren Modellvorstellungen her für die Problematik psychischer Belastungen nicht ohne Weiteres kompatibel sind.
3. Gesundheitliche Gefährdungen durch psychische Fehlbelastungen sind in der Regel nicht durch monokausale Ursache-Wirkungsbeziehungen zu erklären, sondern sie beruhen im Wesentlichen auf multifaktoriellen Verursachungszusammenhängen. Im klassischen, versicherungsrechtlich orientierten Arbeitsschutz werden allerdings vorbeugende Maßnahmen im Allgemeinen erst dann für notwendig erachtet, wenn sie auf die Vermeidung oder Verringerung einer monokausal wirkenden Gefahr gerichtet sind (z.B. in Form physikalischer oder chemischer Einwirkungen), die für die Schädigung der Gesundheit wesentlich ist.
4. Psychische Fehlbelastungen wie Zeit- und Termindruck, überlange und flexible oder ungünstig verteilte Arbeitszeiten, unsichere Beschäftigung oder betriebliche Spannungen, die zu psychischen Fehlbeanspruchungen wie Stress, psychischer Ermüdung oder ermüdungsähnlichen Zuständen (z.B. Monotonie) führen können, sind vielfach das Ergebnis globalisierter Konkurrenz oder das Resultat betrieblicher Strategien zur Steigerung der Intensität der Arbeit mit dem Ziel der Erfüllung finanzmarktgetriebener Gewinnerwartungen. Daher können Maßnahmen zur Prävention psychischer Fehlbelastungen stärker mit den wirtschaftlichen Zielen und Interessen kollidieren, als dies bei anderen Zielen und Inhalten des Arbeitsschutzes (z.B. Verhütung von Arbeitsunfällen und der Prävention von Muskel-Skelett-Erkrankungen oder von Hauterkrankungen) der Fall ist, durch die sich eine nachvollziehbare Senkung krankheitsbedingter Personalkosten realisieren lässt.

4.3.2 Förderliche Bedingungen (Erfolgs-Faktoren)

In den Unternehmen und Betrieben, in denen die Ermittlung psychischer Faktoren in die Gefährdungsbeurteilung bereits integriert wurde, haben sich erfahrungsgemäß die folgenden Rahmenbedingungen als förderlich erwiesen:

1. Eine präventive Orientierung des Arbeits- und Gesundheitsschutzes und ein ganzheitliches Verständnis von Gesundheit mit seinen körperlichen,

psychischen und sozialen Dimensionen sowie die Realisierung des »Kohärenzgebots« (Verknüpfung technischer, organisatorischer, sozialer und umweltbezogener Einflüsse, im Arbeitsschutz gemäß § 4 Ziffer 4 und § 5 Abs. 3 Ziffer 4 ArbSchG und Artikel 6 Abs. 2 Buchstabe g EU-Arbeitsschutzrahmenrichtlinie 89/391/EWG) haben sich als besonders vorteilhaft für die Einbeziehung psychischer Fehlbelastungen in die Gefährdungsbeurteilung erwiesen.
2. Durch die Einbettung des Arbeits- und Gesundheitsschutzes in integrierte Managementsysteme, insbesondere in Systeme des Arbeitsschutzmanagements, des Qualitätsmanagements oder des betrieblichen Gesundheitsmanagements wurde die Prävention psychischer Fehlbelastungen in besonderer Weise anschlussfähig an wirtschaftliche Zielsetzungen. Wenn gesundheitliche Ziele als gleichrangig mit wirtschaftlichen Zielen in Unternehmensleitlinien und Führungsgrundsätze integriert werden und wenn man sich davon einen konkreten Beitrag zur Stärkung der Wettbewerbsposition und der Rentabilität verspricht, so wirkt sich dies auch auf die Prävention psychischer Belastungen besonders nachhaltig aus.
3. In den Fällen, in denen die betrieblichen Interessenvertretungen ihr Mitbestimmungsrecht nach § 87 Abs. 1 Nr. 7 BetrVG genutzt und Betriebsvereinbarungen zum Arbeits- und Gesundheitsschutz abgeschlossen haben, in denen der für den Arbeitgeber bei der Umsetzung des ArbSchG und der nachgeordneten Verordnungen (z.B. Bildschirmarbeitsverordnung, Lastenhandhabungsverordnung) bestehende Handlungsspielraum konkretisiert wurde, haben sich im Allgemeinen auch die Rahmenbedingungen für die Einbeziehung der psychischen Belastungen in die Gefährdungsbeurteilung entscheidend verbessert. Denn in diesen Betriebsvereinbarungen, die vielfach erst in Einigungsstellenverfahren (§76 BetrVG) zustande kamen, wurden in der Regel solche Vereinbarungen über Inhalt und Ablauf von Gefährdungsbeurteilungen getroffen, die auch psychische Belastungsfaktoren berücksichtigen.

4.3.3 Prävention psychischer Belastungen im Rahmen der Gemeinsamen Deutschen Arbeitsschutzstrategie 2008-2012

Bund, Länder und Unfallversicherungsträger haben sich unter Berücksichtigung der Entschließung »Gute Arbeit« des Rates der Europäischen Union (30.5.2007) erstmals auf eine gemeinsame Deutsche Arbeitsschutzstrategie (GDA) geeinigt und unter Beteiligung der Arbeitgeberverbände und der Gewerkschaften bestimmte vorrangige Arbeitsschutzziele für den Zeitraum 2008-2012 festgelegt (www.gda-portal.de). Zwar konnte man sich nicht darauf verständigen, die »Verringerung von psychischen Belastungen und Erkrankungen« als eigenständiges Ziel aufzunehmen, aber in den drei prioritären Schutzzielen (1) Verringerung von Arbeitsunfällen, (2) Verringerung von Muskel-Skelett-Belastungen und Erkrankungen sowie (3) Verringerung von Hauterkrankungen wird auf die mitursächliche Bedeutung psychischer Belastungen ausdrücklich hingewiesen, denn:

1. Die Umsetzung des Zieles »Verringerung von Häufigkeit und Schwere von *Arbeitsunfällen«* hat explizit »unter Einbeziehung der Verringerung von psychischen Fehlbelastungen« zu erfolgen; in diesem Zusammenhang wird ausdrücklich auf die »Umsetzung der Gefährdungsbeurteilung (unter Berücksichtigung psychischer Fehlbelastungen)« hingewiesen.
2. Bei der Verwirklichung des Zieles »Verringerung von *Muskel-Skelett-Belastungen und Erkrankungen«* wird ausdrücklich verlangt, dass dies »unter Einbeziehung der Verringerung von psychischen Fehlbelastungen« zu geschehen hat. Im Hinblick auf die verursachenden Arbeitsbedingungen wird neben körperlichen Fehlbelastungen (z.B. schwere Lasten, Bewegungsarmut, Zwangshaltungen) explizit die »Kombination mit psychischen Fehlbelastungen, ausgelöst durch Arbeitsverdichtung, Zeitdruck, eingeschränkte Handlungsspielräume oder fehlende soziale Unterstützung« hervorgehoben, die »zu einem erhöhten Risiko führen«, wobei »Mehrfachbelastungen in der Folge schwerer körperlicher Arbeit in Verbindung mit Zeitdruck und Arbeitsverdichtung« beispielhaft genannt werden.
3. Bei der Umsetzung des Zieles »Verringerung der Häufigkeit und Schwere von *Hauterkrankungen«* wird schließlich ebenfalls »die Notwendigkeit systematischer Gefährdungsbeurteilungen als Voraussetzung systematischer Präventionsmaßnahmen« ausdrücklich betont, wobei die »Verbindung von stofflichen Gefährdungen mit psychischen Fehlbelastungen (z.B. Arbeitsverdichtung, Zeitdruck)« hervorgehoben wird.

Im Rahmen der Gemeinsamen Deutschen Arbeitsschutzstrategie wurde eine »*Leitlinie Gefährdungsbeurteilung und Dokumentation*« (vom 11.6.2008) zur methodischen Vorgehensweise der für den Arbeitsschutz zuständigen Landesbehörden und der Unfallversicherungsträger bei der Beratung und Überwachung der Betriebe zum Thema »Gefährdungsbeurteilung« aufgestellt. Dieser Leitlinie zufolge sind die von den Aufsichtsstellen auf ihre Konformität mit den gesetzlichen Anforderungen hin zu bewertenden in den Betrieben praktizierten Gefährdungsbeurteilungen »nicht angemessen durchgeführt«, wenn »wesentliche Gefährdungen« nicht ermittelt worden sind. Als psychische Belastungsfaktoren, die in einer rechtskonformen Gefährdungsbeurteilung zu prüfen sind, werden in der »Leitlinie« beispielhaft aufgezählt:

1. ungenügend gestaltete Arbeitsaufgabe (z.B. überwiegende Routineaufgaben, Über- und Unterqualifikation)
2. ungenügend gestaltete Arbeitsorganisation (z.B. Arbeiten unter hohem Zeitdruck, wechselnde und/oder lange Arbeitszeiten, häufige Nachtarbeit, kein durchdachter Arbeitsablauf)
3. ungenügend gestaltete soziale Bedingungen (z.B. fehlende soziale Kontakte, ungünstiges Führungsverhalten, Konflikte)
4. ungenügend gestaltete Arbeitsplatz- und Arbeitsumgebungsbedingungen (z.B. Lärm, Klima, räumliche Enge, unzureichende Wahrnehmung von Signalen und Prozessmerkmalen, unzureichende Softwaregestaltung)

5. Fünf Ablaufschritte der Gefährdungsbeurteilung psychischer Belastungen

Es gibt zwar keine starren Normen oder bindenden Vorschriften darüber, wie die Beurteilung psychischer Belastungen zu erfolgen hat. Die betriebliche Praxis kann sich aber an dem folgenden Ablauf orientieren, der mit den Empfehlungen der zuständigen staatlichen Behörden und der Unfallversicherungsträger konform ist und im Wesentlichen fünf Schritte umfasst (Oppolzer 2004):

Erster Schritt: Schaffung der Voraussetzungen und Festlegung der Vorgehensweise

1.1 Bildung einer Lenkungsgruppe zur Steuerung der Gefährdungsbeurteilung

Das Unternehmen sollte zunächst in Übereinkunft mit der Interessenvertretung oder in Betrieben, in denen kein Betriebsrat besteht, unter Einbeziehung der Beschäftigten selbst (§ 87 Abs. 1, Nr. 7 zur Mitbestimmung des Betriebsrates und § 81 Abs. 3 zur Anhörung der Arbeitnehmer in Betrieben ohne Betriebsrat) seine Ziele und Erwartungen bei der Gefährdungsbeurteilung formulieren. Die fach- und sachgerechte Durchführung der Beurteilung psychischer Belastungen dürfte ohne eine Einigung zwischen den Betriebsparteien kaum erfolgreich sein. Die Einigung auf gemeinsame Ziele des Unternehmens und der Beschäftigten bei der Vermeidung bzw. Verringerung negativer psychischer Belastungen sollte daher am Anfang der Gefährdungsbeurteilung stehen, bei der man letztlich sowohl auf die Akzeptanz der Geschäftsleitung und der Vorgesetzten als auch auf die Bereitschaft der Beschäftigten zur Mitwirkung angewiesen ist. Das hat inzwischen dazu geführt, dass in einer zunehmenden Zahl von Unternehmen gesonderte Betriebsvereinbarungen z.B. über die Durchführung der Gefährdungsbeurteilung nach § 5 ArbSchG bzw. § 3 BildscharbV abgeschlossen wurden, in denen sich die Arbeitgeber- und Arbeitnehmerseite auch auf eine Vorgehensweise bei der Beurteilung psychischer Belastungen verständigt haben. Solche Regelungen und die darin vereinbarte Vorgehensweise könnten für andere Unternehmen, auch für solche, in denen kein Betriebsrat besteht, als Vorbild zur Orientierung dienen. Ist eine Einigung darüber erzielt, *dass* eine Gefährdungsbeurteilung psychischer Belastungen vorgenommen werden soll, muss festgelegt werden, *wie* dies geschehen soll.

1.2 Festlegung der mitwirkenden Personen und Gremien

Wie auch von staatlichen Aufsichtsbehörden empfohlen, kann zur Durchführung der Gefährdungsbeurteilung psychischer Belastungen eine Lenkungsgruppe eingesetzt werden, die den gesamten Prozess der Gefährdungsbeurteilung im Betrieb steuert. Die Zusammensetzung und Arbeitsweise dieses Gremiums wird sich letztlich nach Art und Größe des Betriebes richten. In größeren Betrieben sollten ihm neben den verantwortlichen Führungskräften insbesondere die Fachkräfte für Arbeitssicherheit und die Betriebsärzte angehören, die den Arbeitgeber und die sonst für Arbeitssicherheit und Gesundheitsschutz verantwortlichen Personen bei der Beurteilung der Arbeitsbedingungen gem. § 6 Nr. 1 e bzw. § 3 Nr. 1 g ASiG zu beraten haben. Hinzu kommen sollten Vertreter des Betriebsrates und die Schwerbehindertenvertretung sowie, soweit erforderlich, externe Berater. Der in § 11 ASiG für Unternehmen mit mehr als 20 Beschäftigten vorgeschriebene »Arbeitsschutzausschuss« kann ggf. auch für die Durchführung der Gefährdungsbeurteilung psychischer Belastungen hilfreich sein.

1.3 Festlegung der Untersuchungsbereiche

Vor Durchführung der Gefährdungsbeurteilung sind die Untersuchungseinheiten nach Arbeitsbereichen und Tätigkeiten festzulegen. Dabei kann geprüft werden, inwieweit von der Möglichkeit der *Standardbeurteilung* bei Arbeitsplätzen mit gleichartigen Arbeitsbedingungen gemäß § 5 Absatz 2 Satz 2 (»Bei gleichartigen Arbeitsbedingungen ist die Beurteilung eines Arbeitsplatzes oder einer Tätigkeit ausreichend«) Gebrauch gemacht werden kann. Dieses vereinfachte Vorgehen ist allerdings nur bei Arbeitsplätzen möglich, die insofern *gleichartig* sind, als sie sich im Hinblick auf die zu erfüllende Arbeitsaufgabe, die verwendeten Arbeitsmittel, den Arbeitsablauf, die Beschäftigten (v.a. in Bezug auf Alter, Geschlecht, Qualifikation) und die Arbeitsumgebung sowie in Bezug auf die Belastungen und Gefährdungen der Gesundheit bei der Arbeit nicht wesentlich unterscheiden.

1.4 Planung: Festlegung von Ablauf- und Zeitplan
Die Durchführung der Gefährdungsbeurteilung sollte sich nach einem bestimmten Plan vollziehen, in dem festgelegt wird, in welcher Reihenfolge und in welchem Zeitraum die Arbeitsbereiche und Tätigkeiten untersucht werden. Dabei sollte bei den Bereichen begonnen werden, die von ihrem Gefährdungspotential her mehr Aufmerksamkeit verdienen als andere. Die zeitliche Reihenfolge der Gefährdungsbeurteilung sollte also den Prioritäten folgen, die sich aus den Schwerpunkten der Arbeitssicherheit und des Gesundheitsschutzes im jeweiligen Betrieb ergeben.

1.5 Information der Führungskräfte und Beschäftigten
Damit die erforderliche Akzeptanz für den mit der Gefährdungsbeurteilung im Betrieb verbundenen zusätzlichen Arbeitsaufwand hergestellt werden kann, ist es erforderlich, alle Betroffenen rechtzeitig und umfassend über die Inhalte und Ziele dieser Maßnahmen, die sowohl im Interesse des Unternehmens als auch der Beschäftigten erfolgen, zu informieren. Das kann je nach Art und Größe des Betriebes am besten z.B. auf einer Betriebsversammlung, durch ein Informationsblatt oder im persönlichen Gespräch geschehen. Je besser es gelingt, Führungskräfte und Beschäftigte vom Nutzen der Gefährdungsbeurteilung zu überzeugen und sie zur Mitwirkung zu bewegen, um so einfacher und erfolgreicher wird sie zu realisieren sein.

Zweiter Schritt: Ermittlung und Bewertung der Gefährdung durch psychische Belastungen

Im Kern geht es bei der Gefährdungsbeurteilung um die Ermittlung negativer psychischer Belastungen, durch die Sicherheit und Gesundheit der Beschäftigten gefährdet werden können. Hierzu muss der *Ist-Zustand* des Belastungsgeschehens *ermittelt* und auf sein mögliches Gefährdungspotential hin durch den Vergleich mit einem sicheren und gesundheitsgerechten *Soll-Zustand* der Arbeitsbedingungen *bewertet* werden.

2.1 Ermittlung gesundheitlicher Gefährdungen durch psychische Belastungen

Die Gefährdungsbeurteilung kann eher belastungs- oder mehr beanspruchungsorientiert vorgenommen werden; erforderlichenfalls kann man beide Perspektiven ergänzend anwenden. Man kann den Fokus der Untersuchung zum einen auf die bedingungsbezogenen, objektiven, von außen im Arbeitssystem auf die Beschäftigten wirkenden psychischen Belastungen legen, oder auf die dadurch bei den Betroffenen hervorgerufenen personenbezogenen, subjektiven inneren psychischen Beanspruchungen.

Die erste Betrachtungsweise geht eher den objektiven Ursachen und die zweite mehr den subjektiven Auswirkungen negativer psychischer Belastungen (Stress, psychische Ermüdung und ermüdungsähnliche Zustände) nach. Beide Vorgehensweisen haben ihre spezifischen Stärken und Schwächen, weshalb manchmal eine Kombination beider Ansätze empfohlen und praktiziert wird.

2.1.1 Ermittlung gefährdender psychischer Belastungen

Die objektiven Ursachen psychischer Belastungen liegen in den betrieblichen Arbeitsbedingungen. Daher sollte sich die Ermittlung der psychischen Belastungen auf die Aspekte und Leitmerkmale der Arbeitsbedingungen erstrecken, von denen ein Risiko für die Sicherheit und Gesundheit der Beschäftigten ausgeht. Dabei handelt es sich insbesondere um:

- die Arbeitstätigkeit, die Arbeitsaufgabe sowie um die Qualifikation zur Erfüllung der Anforderungen und die Unterweisung über mögliche Gefahren,
- die Arbeitsumgebung (z.B. Lärm, Klima, Beleuchtung, Räumlichkeiten),
- die Arbeitsorganisation und Arbeitsabläufe sowie die Arbeitszeit (Dauer, Lage, Pausen),
- die sozialen Beziehungen bei der Arbeit, insbesondere die Unterstützung und Anerkennung durch Vorgesetzte und Kolleginnen bzw. Kollegen, einschließlich der Personalführung und des Betriebsklimas,
- die Rahmenbedingungen des Beschäftigungsverhältnisses, insbesondere die Sicherheit des Arbeitsplatzes und der arbeits- und sozialrechtlichen Absicherung (z.B. Befristung, Zeitarbeit).

Für jede der negativen psychischen Beanspruchungen (Stress, psychische Ermüdung sowie die ermüdungsähnlichen Zustände der Monotonie, herabgesetzten Wachsamkeit bzw. Vigilanz und psychischer Sättigung) liegen gesicherte arbeitswissenschaftliche Erkenntnisse darüber vor, welche Merkmale der Arbeitsbedingungen als »Risikofaktoren« zu betrachten sind, durch die eine Gefährdung der Sicherheit und Gesundheit der Beschäftigten hervorgerufen werden kann. Diesen Indikatoren negativer psychischer Belastungen in den Arbeitsbedingungen sollte mithilfe geeigneter Methoden und Instrumente (Fremd- und Selbsteinschätzung mittels Checklisten und Fragebögen bzw. Interviews) nachgegangen werden.

Die Vorzüge dieses Ansatzes liegen darin, dass die Risiken ermittelt werden, die durch die Arbeitsbedingungen selbst verursacht werden. Die erforderlichen Maßnahmen des Arbeitsschutzes zur Vermeidung bzw. Verringerung der Gefährdungen können schließlich direkt auf diese Merkmale der Arbeitsbedingungen abzielen. Allerdings wird durch diese objektivierende Vorgehensweise der Tatsache kaum Rechnung getragen, dass die gleichen objektiven Belastungen aus den Arbeitsbedingungen zu unterschiedlichen subjektiven Beanspruchungen bei den Betroffenen führen können.

2.1.2 Ermittlung gefährdender psychischer Beanspruchungen

Die Ermittlung der Gefährdungen durch die negativen psychischen Beanspruchungen berücksichtigt die persönlichen Ressourcen und Kompetenzen der Beschäftigten bei der Bewältigung der psychischen Belastungen. Da sich die gesundheitlichen Gefährdungen durch negative psychische Belastungen erst über die Folgen der daraus resultierenden Beanspruchungen ergeben, kann man durch die Befragung der Betroffenen über Merkmale von Stress, psychischer Ermüdung und ermüdungsähnlichen Zuständen ebenfalls Aufschluss darüber bekommen, dass in den Arbeitsbedingungen bestimmte Risikofaktoren vorliegen, die durch Maßnahmen des Arbeitsschutzes vermieden oder verringert werden sollen.

Daher ist es möglich, durch die Ermittlung bestimmter Aspekte des Erlebens und Empfindens, der Wahrnehmung und des Verhaltens der Beschäftigten, von denen aufgrund gesicherter arbeitswissenschaftlicher Erkenntnisse bekannt ist, dass sie Indikatoren negativer psychischer Beanspruchung darstellen, auf dem Wege der Selbsteinschätzung der Betroffenen zu erfassen. Das kann mithilfe eines Fragebogens oder durch ein Interview (z.B. als »Arbeitssituationsanalyse«) erfolgen. Die dabei zu ermittelnden subjektiven Leitmerkmale auf Seiten der Beschäftigten sind insbesondere:

- bei *Stress*: Unruhe, Gereiztheit, Angst, Anspannung, Furcht vor Misserfolg,
- bei *psychischer Ermüdung*: Müdigkeitsgefühl, Willensanspannung zur Überwindung der Müdigkeit, Erholungsbedürfnis,
- bei den ermüdungsähnlichen Zuständen der *Monotonie* und *herabgesetzten Wachsamkeit* (Vigilanz): Müdigkeitsgefühl, Schläfrigkeit, Langeweile, Aufmerksamkeits- und Antriebsschwäche; bei *psychischer Sättigung*: Gefühl, auf der Stelle zu treten und nicht weiter zu kommen, Widerwillen gegen die Tätigkeit, Ärgerlichkeit, Motivationsmangel.

Diese Vorgehensweise, die individuellen Unterschieden bei der Wahrnehmung und Verarbeitung psychischer Belastungen Rechnung trägt, vermag nur auf indirektem Wege Hinweise auf – aus der Sicht der Sicherheit und des Gesundheitsschutzes – gestaltungsbedürftige Arbeitsbedingungen zu geben. Hinzu kommt, dass, auch wenn die Befragung der Beschäftigten anonym erfolgt, die Angaben durch die Befürchtung der Betroffenen, sie würden den an sie gestellten Anforderungen am Arbeitsplatz aufgrund persönlicher Unzulänglichkeiten nicht gerecht, verzerrt werden können. Außerdem könnten die Befragten bei der Antwort auf die Frage nach persönlichen Beanspruchungen, noch dazu in einer Zeit zunehmender Anforderungen und anhaltenden Personalabbaus in vielen Betrieben, das Stigma der geminderten Leistungsfähigkeit und daraus resultierend beruflicher Benachteiligung befürchten.

2.1.3 Methoden und Instrumente zur Ermittlung gesundheitlicher Gefährdungen durch psychische Belastungen

Zunächst einmal sollten die im Betrieb bereits vorhandenen Informationen, die Aufschluss über psychische Belastungen geben können, in Form einer *Sekundäranalyse* herangezogen werden. Dabei kann es sich z.B. um die regelmäßigen Berichte der Fachkräfte für Arbeitssicherheit und der Betriebsärzte (nach § 6 Nr. 3 a und § 3 Nr. 3 a ASiG), um die Gesundheitsberichte, die von Krankenkassen erstellt werden, um die betriebliche Fehlzeitenstatistik oder um die Ergebnisse von Mitarbeiterbefragungen handeln.

Der erste Schritt einer systematischen Gefährdungsbeurteilung sollte mit Hilfe eines vereinfachten Verfahrens der *Grobanalyse* psychischer Belastungen erfolgen. Zu diesem Zweck eignen sich Checklisten zur Fremdeinschätzung durch die betrieblichen Experten (z.B. für den Arbeitsschutz verantwortliche Führungskräfte, Fachkräfte für Arbeitssicherheit) und Kurzfragebögen zur Selbsteinschätzung der Arbeitsbedingungen durch die

Beschäftigten, deren Ergebnisse dann in den betrieblichen Gremien (z.B. Arbeitsschutzausschuss, Lenkungsgruppe Gefährdungsbeurteilung) im Hinblick auf erforderliche Maßnahmen des Arbeitsschutzes zu erörtern sind; hinzu kommen können strukturierte Interviews bzw. Zirkel, z.B. mithilfe der Arbeitssituationsanalyse. Für weitergehende Untersuchungen sollte zur vertiefenden *Feinanalyse* auf eines der arbeitswissenschaftlichen bzw. arbeitspsychologischen Screening- bzw. Siebtest-Verfahren zurückgegriffen werden (vgl. SIGMA-Verfahren).

Kann die Ermittlung und Bewertung der Hauptfaktoren psychischer Belastungen noch in erster Linie durch die betrieblichen Akteure (z.B. Fachkräfte für Arbeitssicherheit, Sicherheitsbeauftragte, Führungskräfte, Betriebsrat sowie den Arbeitsschutzausschuss erforderlichenfalls mit externer fachlicher und wissenschaftlicher Beratung oder Begleitung erfolgen, verlangen die aufwendigeren Siebtest- oder Screening-Verfahren besondere arbeitswissenschaftliche bzw. arbeitspsychologische Kenntnisse, die in der Regel im Betrieb nicht vorhanden sind und die daher den Einsatz externer Experten oder Berater sowie eine entsprechende Schulung der betrieblichen Experten erforderlich machen.

2.2 Beurteilung gesundheitlicher Gefährdungen durch psychische Belastungen

Diese Beurteilung erfolgt gem. § 5, Abs. 1 ArbSchG mit dem Ziel zu entscheiden, ob und welche Maßnahmen des Arbeitsschutzes zur Vermeidung bzw. Verringerung des Unfall- und Gesundheitsrisikos erforderlich sind. Zu diesem Zweck werden die ermittelten Arbeitsbedingungen (Ist-Zustand) mit einem sicheren und gesundheitsgerechten Soll-Zustand verglichen. Je größer die Differenz zwischen Ist- und Soll-Zustand, umso größer ist der Handlungsbedarf an Maßnahmen des Arbeitsschutzes. Die Kriterien und Anforderungen dieses Soll-Zustandes, den es zu erreichen und gem. § 3, Abs. 1, Satz 3 ArbSchG ständig zu verbessern gilt, sind zu ermitteln durch:

- Vergleich mit *normierten Schutzzielen*, wie sie z.B. in Gesetzen, Verordnungen, Vorschriften, Normen und kollektivvertraglichen Regelungen festgelegt sind; im Hinblick auf negative psychische Belastungen kommen insbesondere das Arbeitszeitrecht (ArbZG) und die Tarifverträge mit Vorschriften über Dauer und Lage der Arbeitszeit sowie Pausen und Ruhezeiten in Frage sowie Vorschriften zur Maschinensicherheit (Maschinenrichtlinie 98/37/EG, Anhang I Nr. 1.1.2 d; Neufassung der Maschinenrichtlinie 2006/42/EG, Anhang I Nr. 1.1.6.) oder über physikalische Belastungen, z.B. in Form von Lärm (vgl. ArbStättV Anhang 3.7 »Lärm«);

- Vergleich mit gesicherten *arbeitswissenschaftlichen Erkenntnissen* zur menschengerechten Gestaltung der Arbeit, wie sie der Fachliteratur und z.B. der von der BAuA herausgegebenen Sammlung »Arbeitswissenschaftliche Erkenntnisse – Forschungsergebnisse für die Praxis« oder anderen berufsgenossenschaftlichen Vorschriften und Empfehlungen zu entnehmen sind; im Hinblick auf negative psychische Belastungen können z.B. die »Arbeitswissenschaftlichen Erkenntnisse Nr. 116 – Psychische Belastung und Beanspruchung« (Hrsg. BAuA 2000) sowie andere einschlägige Veröffentlichungen (z.B. Richter 1997 und 2001; Ratgeber zur Ermittlung gefährdungsbezogener Arbeitsschutzmaßnahmen im Betrieb« 1998; Streß im Betrieb? Handlungshilfe für die Praxis, 1999) der BAuA und nicht zuletzt die in der Norm DIN EN ISO 10075:2000 »Ergonomische Grundlagen bezüglich psychischer Arbeitsbelastung – Teil 2: Gestaltungsgrundsätze« enthaltenen Leitsätze herangezogen werden;
- Vergleich mit bekannten *sicheren und gesundheitsgerechten Lösungen*, die dem Stand von Technik und Arbeitswissenschaft entsprechen, z.B. in Form von »Best-practice-Lösungen« zur Vermeidung und Verringerung negativer psychischer Belastungen, wie sie von Wissenschaftlern und Praktikern, von der Berufsgenossenschaft und den staatlichen Aufsichtsbehörden oder anderen Einrichtungen (z.B. VDI, RKW) gesammelt und veröffentlicht werden.

Die Ermittlung des Ist-Zustandes der Arbeitsbedingungen und ihre Beurteilung im Hinblick auf erforderliche Maßnahmen des Arbeitsschutzes durch Vergleich mit einem Soll-Zustand erfolgt in der Regel mithilfe der vorliegenden Methoden und Instrumente in einem Arbeitsgang und nicht nacheinander. Der Vergleich der betrieblichen Ist-Situation mit den sicheren und gesundheitsgerechten Leitzielen wird daher bereits in die Analyseinstrumente (z.B. Checklisten, Fragebögen, Interviewleitfäden) sozusagen »*eingebaut*«, indem bei den Arbeitsbedingungen nach solchen Leitkriterien gefragt wird, die darüber Aufschluss geben, ob die normierten Schutzziele, die gesicherten arbeitswissenschaftlichen Erkenntnisse und die sicheren und gesundheitsgerechten Lösungen eingehalten werden. Die Gefährdungsbeurteilung kann dadurch direkter auf die Risikofaktoren negativer psychischer Belastungen bzw. Beanspruchungsfolgen abzielen, was den Arbeitsaufwand erheblich reduziert und die Betriebe vor der Überforderung bewahrt, über die für den Vergleich von Ist- und Soll-Zustand erforderlichen umfangreichen und neuesten wissenschaftlichen Erkenntnisse und praktischen Lösungsmöglichkeiten zu verfügen.

Dritter Schritt: Ableitung und Umsetzung der erforderlichen Maßnahmen des Arbeitsschutzes

Die Gefährdungsbeurteilung dient dem Zweck »zu ermitteln, welche Maßnahmen des Arbeitsschutzes erforderlich sind«. (§ 5 Abs. 1 ArbSchG) Bei diesen Maßnahmen des Arbeitsschutzes handelt es sich um »Maßnahmen zur Verhütung von Unfällen bei der Arbeit und arbeitsbedingten Gesundheitsgefahren einschließlich Maßnahmen der menschengerechten Gestaltung der Arbeit.« (§ 2 Abs. 1 ArbSchG) Drei Arten von Arbeitsschutzmaßnahmen sind dabei zu unterscheiden: Maßnahmen zur (1) Unfallverhütung, (2) Verhütung arbeitsbedingter Gesundheitsgefahren und (3) menschengerechten Arbeitsgestaltung. Damit wird der gesundheitsnahe Bereich der menschengerechten Gestaltung der Arbeit den Maßnahmen des Arbeitsschutzes zugerechnet. Der Begriff »Gesundheit« schließt in diesem Zusammenhang sowohl die physischen wie die psychischen Faktoren bzw. die physische und psychische Integrität der Beschäftigten ein, die sich auf die Gesundheit auswirken.

3.1 Arten von Maßnahmen des Arbeitsschutzes bei Gefährdungen durch psychische Belastungen

Aus der Gefährdungsbeurteilung ist zunächst der Handlungsbedarf abzuleiten, der dann in geeignete Maßnahmen umzusetzen ist. Zur Vermeidung und Verringerung psychischer Belastungen kommen drei Arten in Betracht:

- *Technische* Maßnahmen, welche die Gefahren beseitigen oder die Gefährdung verringern; z.B.: Erfüllung der Vorschrift aus dem Anhang I, Nr. 1.1.2 d der Maschinenrichtlinie (98/37/EG): »Bei bestimmungsgemäßer Verwendung müssen Belästigung, Ermüdung und psychische Belastung (Stress) des Bedienungspersonals unter Berücksichtigung der ergonomischen Prinzipien auf das mögliche Mindestmaß reduziert werden«, oder Maßnahmen der Lärmminderung gem. Unfallverhütungsvorschrift »Lärm« BGV B 3 zur Erfüllung der Grenzwerte von 55 bzw. 70 dB(A) oder 85 dB(A).
- *Organisatorische* Maßnahmen können sich auf die Arbeitszeitgestaltung (z.B. Beachtung der Vorschriften über Dauer und Lage der Arbeitszeit, die Regelung von Pausen und Ruhezeiten) nach den Vorschriften des Arbeitszeitgesetzes oder der geltenden Tarifverträge richten oder auf die Or-

ganisation des Arbeitsablaufes, des Arbeitsinhaltes und der Aufgabenverteilung (z.B. »auf eine Erleichterung bei eintöniger Arbeit und bei maschinenbestimmtem Arbeitsrhythmus sowie auf eine Abschwächung ihrer gesundheitsschädlichen Auswirkungen«, wie sie in Artikel 6 Abs. 1, Nr. 2 d der Arbeitsschutzrahmenrichtlinie der EU (89/319/EWG) verlangt wird.
- *Personenbezogene* Maßnahmen können die Entstehung negativer psychischer Belastungen vermeiden, indem sie etwa durch betriebliche oder außerbetriebliche Qualifizierungs- und Weiterbildungsmaßnahmen die Kompetenzen der Betroffenen erweitern und dadurch z.B. möglichem Stress durch Überforderung entgegenwirken oder die Bewältigung negativer Beanspruchungsfolgen durch Förderung der Ressourcen und des Verhaltens (z.B. Maßnahmen betrieblicher Gesundheitsförderung bezogen auf Entspannung, Ernährung, Bewegung und gesundheitsbewusste Lebensführung) verbessern.

3.2 Rangfolge und Prioritäten der Maßnahmen des Arbeitsschutzes

Die Ableitung erforderlicher Maßnahmen sollte sich nach bestimmten Kriterien der Priorität richten, denn im Betrieb wird man nicht an allen möglichen Interventionspunkten zugleich ansetzen können. Vielmehr ist eine Rangfolge der Arbeitsschutzmaßnahmen nach bestimmten Kriterien zu bilden. Dabei kann man sich insbesondere an folgenden Auswahlkriterien für die Prioritätensetzung orientieren:

- *Grad der Belastung und Schwere der Gefährdung* der Gesundheit; d.h. je gravierender eine psychische Belastung für die Betroffenen ist, je stärker die Gesundheit gefährdet ist (z.B. Unfallgefahr), je größer die Diskrepanz zwischen dem betrieblichen Ist-Zustand der Arbeitsbedingungen sowie dem sicheren und gesundheitsgerechten Soll-Zustand ist, je stärker gegen Schutzziele (z.B. in Gesetzen, Vorschriften, Normen) verstoßen wird, um so dringlicher ist die entsprechende Maßnahme.
- *Anzahl der Betroffenen und Bedürfnisse der Beschäftigten*; d.h. je mehr Beschäftigte von einer bestimmten Art negativer Belastung im Betrieb betroffen sind und je wichtiger den Betroffenen eine geeignete Maßnahme zur Vermeidung oder Verringerung der entsprechenden Beanspruchungsfolgen ist, um so dringlicher sollte sie durchgeführt werden.
- *Durchführbarkeit und Wirtschaftlichkeit*; d.h. je weniger Aufwand und Mitteleinsatz eine Maßnahme verlangt (»Machbarkeit«), je größer ihr Effekt für die Beschäftigten und das Unternehmen ist, je besser die

technisch-organisatorischen Möglichkeiten ihrer Umsetzung sind, um so eher sollte eine erforderliche Arbeitsschutzmaßnahme durchgeführt werden.

- *Vereinbarkeit mit den Zielen des Unternehmens*; d.h. je besser sich eine Maßnahme mit den anderen Unternehmenszielen (z.B. Leitbild, Wertesystem und Führungsleitlinien sowie Kunden- und Mitarbeiterorientierung im Rahmen des Qualitätsmanagements oder Verbesserung von Rentabilität und Produkt- bzw. Arbeitsqualität) vereinbaren lässt (»Verzahnungseffekt«) und je mehr sie sich in die Unternehmenskultur einfügt, um so eher sollte sie durchgeführt werden.

Vierter Schritt: Überprüfung der Wirksamkeit der Maßnahmen des Arbeitsschutzes

Nach § 3 Abs. 1 Satz 2 u. 3 ArbSchG hat der Arbeitgeber »die Maßnahmen auf ihre Wirksamkeit zu überprüfen und erforderlichenfalls sich ändernden Gegebenheiten anzupassen. Dabei hat er eine Verbesserung von Sicherheit und Gesundheitsschutz der Beschäftigten anzustreben.« Diese Überprüfung sollte sich insbesondere auf die folgenden Aspekte der Wirksamkeit erstrecken:

- Überprüfung der Durchführung der Maßnahmen (*Durchführungs-Controlling*); von der Ableitung der Maßnahme an sollte in festgelegten Schritten jeweils geprüft werden, wer, was bis wann im Betrieb zu erledigen hat und ob dies tatsächlich erfolgt ist. Die Kontrolle der Wirksamkeit sollte mit der Frage beginnen, ob und inwieweit die Maßnahme wirklich in der vorgesehenen Weise umgesetzt und durchgeführt wurde.
- Überprüfung der Wirkung der Maßnahmen (*Wirkungs-Controlling*); nach einer nach Art und Umfang der Maßnahme angemessenen Zeit sollte festgestellt werden, ob und inwieweit die Maßnahme den beabsichtigten Zweck tatsächlich erreicht hat. Neben dem Grad der Zielerreichung (Effektivität) sollte auch das Verhältnis von Aufwand und Ergebnis (Effizienz) ermittelt und geprüft werden, ob das Ziel mit anderen Maßnahmen effektiver und effizienter erreicht werden könnte. Bei einer Abweichung von Soll- und Ist-Zustand der Zielerreichung sollten weitere Maßnahmen getroffen werden, die zu einer effizienteren und effektiveren Wirkung führen. Die Überprüfung der Wirkung von durchgeführten Maßnahmen sollte neben den direkten Hauptwirkungen im Hinblick auf die Vermeidung oder Verringerung negativer psychischer Belastungen für die Beschäftigten auch möglichen indirekten Nebenwirkungen nicht nur auf

weitere Aspekte des Arbeitsschutzes, sondern auch der Leistungsfähigkeit, Motivation, Kompetenz und Zufriedenheit der Beschäftigten sowie den wirtschaftlichen Effekten für das Unternehmen nachgehen.

- Überprüfung der Nachhaltigkeit der Maßnahmen (*Erhaltungs-Controlling*); es sollte in bestimmten Zeitabständen jeweils erneut festgestellt werden, ob die einmal ergriffenen Maßnahmen, sofern sie sich als wirksam erwiesen haben, auf Dauer aufrecht erhalten bleiben oder ob sie z.B. im Gang der betrieblichen Routine bzw. aufgrund mangelnder Akzeptanz faktisch wieder eingestellt wurden. Dabei sollte geprüft werden, ob die Maßnahmen weiterhin fortbestehen und die Schutzziele nach wie vor eingehalten werden. Insbesondere bei Veränderungen in Technik und Organisation der Arbeit sowie bei wechselndem Personal oder Veränderungen in den Arbeitsaufgaben sollte dieser Überprüfung zusätzlich verstärkte Aufmerksamkeit geschenkt werden.
- Überprüfung weiterer Verbesserungsmaßnahmen (*Verbesserungs-Controlling*); die einmal ergriffenen Maßnahmen sollten in bestimmten Zeitabständen, bei Veränderungen von Technik, Arbeitsorganisation und Arbeitsaufgaben, aufgrund neuer Erkenntnisse und besserer Schutzmöglichkeiten oder durch Veränderungen in der Belastungsfähigkeit betroffener Arbeitnehmer durch gesundheitliche Beeinträchtigungen auf die Notwendigkeit einer Anpassung der Arbeitsschutzmaßnahmen daraufhin überprüft werden, ob und auf welche Weise ein höheres Schutzniveau zu realisieren ist.

Fünfter Schritt: Dokumentation der Ergebnisse

Der Ergebnisse der Gefährdungsbeurteilung, der festgelegten Maßnahmen des Arbeitsschutzes und ihrer Überprüfung sind gemäß § 6 Abs. 1 ArbSchG zu dokumentieren. Diese Dokumentation, schriftlich oder in einer EDV-Form, die einen unverzüglichen Ausdruck erlaubt, sollte insbesondere umfassen:

- Dokumentation der *Ergebnisse der Gefährdungsbeurteilung*, aus der die Art, der Verbreitungsgrad, die Häufigkeit und Schwere sowie die Folgewirkungen der ermittelten und im Hinblick auf ihre gesundheitlichen Gefährdungen beurteilten negativen psychischen Belastungen hervorgeht.
- Dokumentation der festgelegten *Maßnahmen des Arbeitsschutzes*, durch welche die negativen psychischen Belastungen in den Arbeitsbedingungen vermieden oder verringert werden sollen; dazu sollte insbesondere die

Dokumentation der Maßnahmen nach Art, Umfang und Schutzzielen sowie ihrer Durchführung bzw. Umsetzung (z.B. Zeit- und Ressourcenplan, Verantwortliche, Beteiligte) gehören.

- Dokumentation der *Wirksamkeit* der Maßnahmen, wobei sowohl die Haupt- als auch die Nebeneffekte, die direkten und indirekten Wirkungen zu erfassen sind; diese Dokumentation sollte auch die Ergebnisse der Effektivitäts- und Effizienzüberprüfung sowie die Prüfung der Aufrechterhaltung der Maßnahmen und der Nachhaltigkeit ihrer Wirkungen umfassen.
- Dokumentation der *Anpassung* der Maßnahmen des Arbeitsschutzes an sich ändernde Gegebenheiten der Arbeitsbedingungen und möglich gewordener *Verbesserungen* des Schutzniveaus aufgrund technischer, organisatorischer und wissenschaftlicher Fortschritte; dabei sollten auch über die Vorschriften des öffentlich-rechtlichen Arbeitsschutzes hinaus ggf. im Betrieb praktizierte Maßnahmen betrieblicher Gesundheitsförderung (z.B. Gesundheitszirkel, Maßnahmen der Verhaltens- und der Verhältnisprävention) dokumentiert werden, die eine zusätzliche Verbesserung der Schutzniveaus beabsichtigen.

Kapitel 4
Menschengerechte Gestaltung der Arbeit durch Kurzpausen (Erholzeiten)

1. Kurzpausen (Erholzeiten) zur menschengerechten Gestaltung der Arbeit

Es gehört zu den am besten gesicherten arbeitswissenschaftlichen Erkenntnissen, dass zusätzliche Erholzeiten in Form stündlicher Kurzpausen wirksame Maßnahmen der menschengerechten Gestaltung der Arbeit darstellen. Seit Jahrzehnten haben wissenschaftliche Untersuchungen und betriebliche Erfahrungen immer wieder belegt, dass sich diese zusätzlichen Erholzeiten von fünf bis zehn Minuten je Stunde in der Regel als »lohnende« Kurzpausen erweisen (Graf 1960: 70; Martin 1994: 95; Rohmert/Rutenfranz 1983: 92; Hettinger 1993: 467; Ulich 2001: 445; Knauth/Rutenfranz 1987: 544). Denn der rechnerische Verlust an Arbeitszeit wird durch eine entsprechende Leistungssteigerung aufgrund der Pause nicht nur wieder voll kompensiert, sondern es kann darüber hinaus eine Mehrleistung erbracht werden, weil es infolge der zusätzlichen Erholzeiten zu einer Verringerung der Ermüdung und einer Erhöhung der Leistungsfähigkeit kommt. Eine »lohnende Pause« liegt also dann vor, »wenn der Leistungsverlust durch die Pause geringer ist als die Leistungssteigerung durch die Erholung« auf Grund der Pause (Luczak 1998: 287). Neuere Untersuchungen haben sowohl die positiven Effekte auf die Produktivität und das körperliche und psychische Wohlbefinden der Beschäftigten als auch die Minderung der Unfallrisiken bestätigt (Tucker/Folkard/Macdonald 2003; Dababneh/Swanson/Shell 2001; McLean/Tingley/Scott/Rickards 2001; Henning/Jacques/Kissel/Sullivan/Alteras-Webb 1997).

1.1 Belastungsnahe Erholung durch Kurzpausen (Erholzeiten)

Der zu erzielende »Pausengewinn« kommt indes nicht allein durch die Mehrleistung aufgrund der Erholungswirkung im Anschluss an die Kurzpause zustande, sondern auch durch die positive »*Vorauswirkung*« einer bevorstehenden Erholzeit. Es gehört nämlich ebenfalls zu den gesicherten arbeitswissenschaftlichen Erkenntnissen, dass die Einschaltung einer Erholzeit schon die der Kurzpause vorausgehende Arbeitsleistung positiv beeinflusst (Graf 1960: 71f.).

Die positiven Effekte der Erholzeiten bzw. Kurzpausen ergeben sich aus den Besonderheiten der Funktionsweise von Ermüdung und Erholung beim arbeitenden Menschen: Arbeits-*Ermüdung* ist die natürliche Folge der Beanspruchung der physischen und psychischen Ressourcen des Menschen durch Belastungen in Gestalt von Leistungsanforderungen und in Form der Arbeitsbedingungen insgesamt (Luczak 1998: 278f.; Rohmert/Rutenfranz 86f.). Zur Ermüdung kommt es, wenn die verbrauchten Ressourcen nicht gleichzeitig vollständig nachgebildet werden können und deshalb die vorhandenen Leistungsreserven in Anspruch genommen werden müssen. Auf diese Weise kommt es zu einer Erhöhung der Beanspruchung des Organismus, auch wenn die Belastungen aufgrund der Leistungsanforderungen und Arbeitsbedingungen gleich bleiben. Bei der Ermüdung handelt es sich um einen reversiblen Vorgang, der durch *Erholung* wieder rückgängig gemacht werden kann. Für diese Erholung im Sinne einer »Entmüdung« sind *Pausen* erforderlich, in denen die für die Verursachung der Ermüdung verantwortlichen Belastungen durch Unterbrechung der Tätigkeit vermieden oder so stark verringert werden, dass sie zu vernachlässigen sind.

Ermüdung und Erholung müssen sich innerhalb eines Tages ausgleichen. Das heißt, im 24-Stunden-Rhythmus muss die *Bilanz* zwischen der Summe der Beanspruchungen, die zur Ermüdung geführt haben, auf der einen Seite und der Gesamtheit der Erholungsvorgänge auf der anderen Seite ausgeglichen werden. Man kann die Notwendigkeit der Erholung nicht ohne Risiko für die Leistungsfähigkeit sowie für das Wohlbefinden und die Gesundheit auf einen späteren 24-Stunden-Zyklus übertragen (Grandjean 1991: 163). Je weiter die Vorgänge der Beanspruchung und Ermüdung von denen der Erholung und Entmüdung im Zeitverlauf auseinander liegen, umso größer wird das Erholungsdefizit, das sich allmählich als »Erholungsschuld« anhäuft. Auf diese Weise entstehen langfristig Zustände der chronischen Übermüdung und Erschöpfung, die entweder in unverhältnismäßig langen Erholungsphasen mit erheblichen Beeinträchtigungen des Wohlbefindens wieder behoben werden oder aber zu bleibenden Funktionsminderungen des Leistungsvermögens und zu Schädigungen der Gesundheit führen können (Grandjean 1991: 163; Luczak 1998: 279).

Aus arbeitswissenschaftlicher Sicht ist daher im Hinblick auf eine menschengerechte Gestaltung der Arbeit ein möglichst *belastungsnaher Ausgleich* der durch die Arbeit hervorgerufenen beanspruchungsbedingten Ermüdung geboten. Allein dadurch lässt sich vermeiden, dass im Verlauf zunehmender Ermüdung in immer stärkerem Umfang auf verbliebene Leistungsreserven zurückgegriffen werden muss, damit die gleich bleibenden Arbeitsanforderungen erfüllt werden können. Je stärker diese Leistungsreserven aber zur Kompensation der ermüdungsbedingten Minderung der Leistungsfähigkeit angegriffen werden müssen, umso größer wird der Erholungsbedarf (»Erholungsschuld«), der sich allenfalls noch in unverhältnismäßig langen Ruhezeiten ausgleichen ließe.

Die Wichtigkeit eines belastungsnahen Ausgleichs der Beanspruchungen verstärkt sich noch vor dem Hintergrund der gesicherten arbeitswissenschaftlichen Erkenntnisse über die Prozesse der Ermüdung und Erholung im *Zeitverlauf*. Bei gleich fortdauernder Belastung steigen die Beanspruchung und die daraus resultierende Ermüdung nicht linear, vielmehr nimmt die Ermüdung im Verlauf der Arbeitszeit überproportional, nämlich *exponential* zu (geometrisch progressiver Kurvenverlauf der Ermüdung) (Lehmann 1962; Graf 1961; Schmidtke 1965; Hettinger 1993: 465). Auch die Erholungswirkung einer Pause folgt einer Potenz- bzw. Exponentialfunktion, die Wirksamkeit nimmt allerdings mit zunehmender Dauer einer Pause ab (geometrisch degressiver Kurvenverlauf der Erholung). In der Arbeitswissenschaft geht man davon aus, dass nach etwa einem Viertel der Pausenzeit rund drei Viertel des Erholungsbedarfes ausgeglichen sind (Hettinger 1993: 463; Graf 1960; Lehmann 1962; Luczak 1998: 285f.).

Die Erholungs- und Entmüdungs-Effekte der Kurzpausen beruhen auf zwei einander ergänzenden Funktionen solcher Erholzeiten (Allmer 1996: 26; Knauth/Rutenfranz 1987: 541ff.; Rutenfranz/Knauth/Nachreiner 1993: 590f.; Frieling/Sonntag 1999: 399f.). Kurzpausen haben zum einen eine *kompensatorische* Funktion im Hinblick auf die *vorangegangene* Beanspruchung; sie dienen insofern dem Ausgleich von eingetretener Ermüdung. Sie haben zum anderen eine *präventive* Funktion in Bezug auf die Erhöhung der Widerstandskraft bzw. der Bewältigungskompetenz gegenüber *bevorstehender* Beanspruchung; sie dienen insofern der Vermeidung bzw. Verringerung von eintretender Ermüdung.

Kombiniert man die Erkenntnisse über den exponentiellen Verlauf der Ermüdung und den (umgekehrt) exponentiellen Verlauf der Erholung, so ergibt sich als Konsequenz für die Pausengestaltung die arbeitswissenschaftliche Leitregel: Wenn die Erholzeiten in kurzen Abständen aufeinander folgen, wenn also die Zyklen arbeitsbedingter Belastung kürzer werden, steigt ihr Erholungswert. Mit anderen Worten: Bei kürzeren Arbeitszyklen und häufigeren Kurzpausen ist insgesamt weniger Erholzeit für den Ausgleich der gleichen Gesamtermüdung erforderlich, weil die Ermüdung langsamer zunimmt und belastungsnäher durch Erholung ausgeglichen wird (Luczak 1998: 286; Hettinger 1993: 462f.; Kirchner/Rohmert 1973: 90f.). Werden häufigere Erholzeiten eingeschaltet, so kann sich weniger Ermüdung ansammeln, die zudem rascher durch Erholung ausgeglichen werden kann.

1.2 Humanisierung der Arbeit durch Kurzpausen (Erholzeiten)

Bei ihrer erstmaligen Verankerung im Lohnrahmentarifvertrag II für die Metallindustrie Nordwürttemberg/Nordbaden im Oktober 1973 waren die Regelungen über die Erholungs- und Bedürfniszeit selbst Teil einer Reihe von Maßnahmen, durch die im Rahmen einer »qualitativen Tarifpolitik« ein Beitrag zur *Humanisierung der Arbeit* geleistet werden sollte (z.B. Mindesttaktzeiten, Aufgabenerweiterung und Aufgabenanreicherung bei Fließ-, Fließband- und Taktarbeit). Die Bestrebungen zu einer Verbesserung der »Qualität der Arbeitsbedingungen« standen zu Beginn der 1970er Jahre nicht nur in Deutschland, sondern in ganz Westeuropa, vor allem in den skandinavischen Ländern, und auch in den USA (»Quality of Work«) auf der Tagesordnung. Schließlich fanden die Forderungen nach einer »menschengerechten Gestaltung der Arbeit« in der Bundesrepublik auch Eingang in das langjährige Aktionsprogramm »Humanisierung des Arbeitslebens« (1974) und die verschiedenen Nachfolgeprogramme der Bundesregierung sowie in eine Reihe von Gesetzen (Betriebsverfassungsgesetz 1972, Arbeitssicherheitsgesetz 1973).

In der Arbeitswissenschaft intensivierte sich, angeregt durch die Notwendigkeit zur Ausfüllung des zuerst in den §§ 90 und 91 BetrVG 1972 aufgenommenen unbestimmten Rechtsbegriffes »gesicherte arbeitswissenschaftliche Erkenntnisse über die *menschengerechte Gestaltung der Arbeit*« seit Beginn der 1970er Jahre in diesem Zusammenhang die Debatte um Kriterien für eine menschengerechte Gestaltung der Arbeit, die durch die Aufnahme dieser Forderung (»adapting the work to the individual«) z.B. 1989 in Art. 6 Abs. 2d der EU-Arbeitsschutzrahmenrichtlinie 89/391/EWG sowie in § 6 Abs. 1 Arbeitszeitgesetz 1994 oder in § 2 Abs. 1 Arbeitsschutzgesetz 1996 noch an Bedeutung gewonnen hat.

Erholzeiten bzw. Kurzpausen leisten in mehrfacher Hinsicht einen wichtigen Beitrag zur menschengerechten Gestaltung der Arbeit, ihre »*Erholungswirkung*« erstreckt sich auf den Ausgleich unterschiedlicher Arten von Ermüdung (Luczak 1998: 280ff.). Erholzeiten bzw. Kurzpausen ermöglichen den belastungsnahen Ausgleich von Beanspruchungen bei *physischer* Ermüdung z.B. im Bereich der Muskulatur, der Bewegungskoordination, der Herz-Kreislauftätigkeit, der Atmung und des Blutbildes ebenso wie bei *psychischer* Ermüdung vor allem in Form von Störungen der Wahrnehmung, Koordination, Aufmerksamkeit, Konzentration, Motivation sowie des Denkens und der sozialen Beziehungen. Sie sind geeignet, *peripherer* Ermüdung z.B. der Muskulatur und der Sinnesorgane ebenso entgegenzuwirken wie *zentraler* Ermüdung vor allem des Zentralnervensystems und des Herz-Kreislaufsystems. Sie dienen dem Ausgleich von *partieller* Ermüdung einzelner Organe ebenso wie von *allgemeiner* Ermüdung des gesamten Organismus.

1.3 Verbesserung der Menschengerechtheit der Arbeit durch Kurzpausen (Erholzeiten)

Kurzpausen leisten auf verschiedenen Ebenen der Kriterien der Menschengerechtheit der Arbeit einen wichtigen Beitrag; Erholzeiten tragen dazu bei, dass die grundlegenden Kriterien menschengerechter Arbeitsgestaltung besser erfüllt werden.

Eine *menschengerechte* Arbeit muss nicht allein die elementaren Kriterien der biologischen oder physiologischen Ausführbarkeit und kurzfristigen Aushaltbarkeit erfüllen. Vielmehr verlangt die menschengerechte Gestaltung der Arbeit generell die *Anpassung der Arbeit an den Menschen* (genauer: an seine physischen, psychischen und sozialen Erfordernisse und Gegebenheiten) und die Berücksichtigung seiner evolutionsbedingten anthropologischen Konstanten (z.B. Struktur und Funktionsweise des Organismus) sowie seiner historisch bedingten soziokulturellen Variablen (z.B. Qualifikation, Motivation, Werthaltungen). Ziel der Arbeitswissenschaft ist es daher, Erkenntnisse aus verschiedenen Disziplinen der Natur-, Technik-, Human- und Sozialwissenschaften in der Absicht zusammenzufassen, eine *menschengerechte* Gestaltung der Arbeit in umfassender Weise zu ermöglichen (Luczak/Volpert u.a. 1987; Luczak 1997).

Daraus lassen sich allgemeine *Anforderungen* formulieren, die in der Arbeitswissenschaft auf breite Übereinstimmung treffen: »Als human werden Arbeitstätigkeiten bezeichnet, die die psychophysische Gesundheit der Arbeitstätigen nicht schädigen, ihr psychosoziales Wohlbefinden nicht – oder allenfalls vorübergehend – beeinträchtigen, ihren Bedürfnissen und Qualifikationen entsprechen, individuelle und/oder kollektive Einflussnahme auf Arbeitsbedingungen und Arbeitssysteme ermöglichen und zur Entwicklung ihrer Persönlichkeit im Sinne der Entfaltung ihrer Potentiale und Förderung ihrer Kompetenzen beizutragen vermögen.« (Ulich 2001: 147)

Damit eine Arbeitstätigkeit aus arbeitswissenschaftlicher Sicht als »menschengerecht« gelten kann, muss sie über Ausführbarkeit und kurzfristige Aushaltbarkeit hinaus weitere Kriterien erfüllen, nämlich die der mittel- und langfristigen Schädigungslosigkeit und Erträglichkeit, der Beeinträchtigungsfreiheit und Zumutbarkeit sowie der Zufriedenheit und Persönlichkeitsförderlichkeit (Luczak/Volpert u.a. 1987: 58; Martin 1994: 21ff.; Luczak 1997: 16f.; Hacker 1995: 224; Ulich 2001: 135ff.; Fürstenberg 2002: 388f.).

Gesicherten arbeitswissenschaftlichen Erkenntnissen zufolge hängt die Größe der Beanspruchung (abgesehen von der individuellen Leistungsfähigkeit) von der Größe der Belastung ab, wobei letztere wiederum von der Einwirkzeit oder Dauer sowie von der Höhe oder Intensität der Belastung abhängt (Rutenfranz/Knauth/Nachreiner 1993: 590). Daher sind auch der Grad der allgemeinen Ermüdung und der daraus resultierende Erholungsbedarf im Wesentlichen von der Dauer und der Höhe der Belastung bei der Arbeit abhängig (Luczak 1998: 285). Bei gleich bleibender Höhe der Belastung durch die Arbeitsanforderungen und Arbeitsbedingungen und bei gleicher Dauer der täglichen bzw. wöchentlichen Arbeitszeit kann das *Risiko* einer Gefährdung oder Beeinträchtigung der Gesundheit und des Wohlbefindens wesentlich dadurch verhindert oder verringert werden, dass kurzfristige Unterbrechungen (stündliche Kurzpausen) eingefügt werden, durch die vor allem eine Kumulation von Ermüdung verhindert und eine rasche Erholung (Entmüdung) ermöglicht werden. Diesem Leitbild der Risikominderung durch Vermeidung und Verringerung der arbeitsbedingten Gefährdungen folgt auch der zeitgemäße Arbeits- und Gesundheitsschutz, wie er insbesondere im Arbeitsschutzgesetz (1996) zum Ausdruck kommt.

1.3.1 Ausführbarkeit und Aushaltbarkeit der Arbeit

Auf der elementaren Zielebene der *Ausführbarkeit* und der kurzfristigen *Aushaltbarkeit* der Arbeit ermöglichen kleinste erholungswirksame Pausen notwendige biophysiologische und psychophysiologische organismische Vorgänge z.B. im Zentralnervensystem oder im Bewegungsapparat, die für den Arbeitsvollzug erforderlich sind (Luczak 1983: 358). Ohne solche und andere »Organpausen« würde die Arbeit an absolute Ausführbarkeitsgrenzen und physiologische Erträglichkeitsgrenzen stoßen; ohne solche kleinste Pausen wäre die Arbeit daher in einem elementaren Sinne als nicht menschengerecht zu beurteilen, weil sie physiologisch nicht ausführbar wäre. Durch zusätzliche Erholzeiten kann die Ausführbarkeit im Sinne der bio- und psychophysiologischen Aushaltbarkeit einer Arbeit zwar verbessert werden, sichergestellt werden muss die Einhaltung dieses elementaren Kriteriums der Menschengerechtheit bereits bei der Planung eines Arbeitsvorgangs, z.B. indem die im Rahmen der Zeitwirtschaft vorgesehenen Kleinstpausen und Erholungszeiten eingeplant werden. Auf die Erfüllung dieses *Elementarkriteriums* menschengerechter Arbeit, also auf die Einhaltung der physiologischen Erträglichkeitsgrenze, zielen im Kern die arbeitswissenschaftlichen Ansätze einer formelhaften Berechnung des Erholungszuschlages hauptsächlich bei energetischer bzw. muskulärer Beanspruchung (Bokranz 1997: 948; Luczak 1998: 285).

1.3.2 Schädigungslosigkeit und Erträglichkeit der Arbeit

Für die Beurteilung der Ausführbarkeit und der kurzfristigen Aushaltbarkeit können für einzelne Faktoren unter Umständen Grenzwerte oder Schwellenwerte angegeben werden, deren Überschreitung eine konkrete Gefahr darstellt, die mit absoluter Sicherheit oder mit hinreichender Wahrscheinlichkeit zu einem gesundheitlichen Schaden für die Betroffenen führt. Für die allermeisten Belastungen, die in der modernen Arbeitswelt zudem vielfach in Kombination (Mehrfachbelastungen) auftreten, ist indes eine Betrachtung erforderlich, die sich an der Minderung des relativen Risikos einer Gefährdung bzw. Beeinträchtigung der Betroffenen orientiert, wobei das unter Berücksichtigung des fortschrittlichen Standes von Technik, Arbeitsmedizin und Hygiene sowie sonstiger gesicherter arbeitswissenschaftlicher Erkenntnisse (§ 4 Nr. 3 ArbSchG) zu realisierende Schutzniveau bei gleichzeitigem Streben nach ständiger Verbesserung (§ 3 Abs. 1 Satz 3 ArbSchG) maßgeblich ist. Ziel des zeitgemäßen Arbeitsschutzes ist also nicht nur die Vermeidung einer konkreten *Gefahr*, die bei ungehindertem Ablauf des objektiv zu erwartenden Geschehens mit hinreichender Wahrscheinlichkeit zu einem erheblichen Schaden führt, sondern bereits die Vermeidung oder Verringerung einer früher einsetzenden *Gefährdung*, die »im Gegensatz zur Gefahr die Möglichkeit eines Schadens oder einer gesundheitlichen Beeinträchtigung ohne bestimmte Anforderungen an deren Ausmaß oder deren Eintrittswahrscheinlichkeit« bezeichnet (Amtliche Begründung zum Gesetzentwurf der Bundesregierung zum Entwurf eines Gesetzes zur Umsetzung der EG-Rahmenrichtlinie Arbeitsschutz und weiterer Arbeitsschutzrichtlinien, Bundesrats-Drucksache 81/95 vom 29.12.1995, zu § 4 ArbSchG).

Das Gleiche gilt auch für die Kriterien zur Beurteilung der Menschengerechtheit einer Arbeitstätigkeit, durch die weniger geprüft werden kann, *ob*, sondern eher festgestellt werden kann, *inwieweit* eine Arbeit menschengerecht gestaltet ist. Dabei ist die konkrete Ist-Situation jeweils zu vergleichen mit einem Soll-Zustand, wie er sich unter Berücksichtigung des fortschrittlichen Standes der Technik, der Arbeitsmedizin und der weiteren gesicherten arbeitswissenschaftlichen Erkenntnisse über die menschengerechte Gestaltung der Arbeit als reale Möglichkeit bestimmen lässt. Auf dieser Grundlage kann man dann feststellen, welche Faktoren der Verwirklichung dieses unter den gegebenen Bedingungen möglichen menschengerechten Zustandes als »*Risikofaktoren*« für die Verwirklichung der jeweiligen Bewertungsebenen der Menschengerechtheit der Arbeit entgegenstehen und daher in ihrer Höhe und/oder Dauer verhindert oder verringert werden müssen. Das Denken in Kategorien der Wahrscheinlichkeit, mit der die Faktoren einer Gefährdung und Beeinträchtigung ebenso vermieden wie die Kriterien der Menschengerechtheit erfüllt werden können, beruht letztlich auf dem in der Präventivmedizin entwickelten »*Risikofaktorenmodell*«, auf dessen Grundlage die Bekämpfung der für das Krankheitspanorama in modernen Gesellschaften charakteristischen Erkrankungen (z.B. Herz-Kreislaufkrankheiten, Krebserkrankungen, Wirbelsäulenschädigungen, Stoffwechselstörungen, psychische Störungen) praktiziert wird: Je mehr der für die jeweilige Erkrankungsart identifizierten Faktoren, welche die epidemiologische Wahrscheinlichkeit in der Regel (nicht biomedizinische Zwangsläufigkeit im Einzelfall) vermieden und je mehr deren Stärke verringert werden kann, um so geringer ist das Risiko, dass die entsprechende Krankheit auftritt (Schaefer/Blohmke 1978: 177f.). Für die Prävention arbeitsbedingter Gefährdungen der Gesundheit durch negative psychische Belastungen aus den Arbeitsbedingungen kann man dieses Risikofaktorenmodell ebenfalls zugrunde legen (Oppolzer 2000).

Neben der prinzipiellen Ausführbarkeit und kurzfristigen Aushaltbarkeit einer Arbeit ist die Verwirklichung der Kriterien der mittel- und langfristigen *Schädigungslosigkeit* und *Erträglichkeit* ein wichtiges Kriterium der Menschengerechtheit. Dazu leisten Erholzeiten im Sinne von Kurzpausen einen wichtigen Beitrag, denn sie ermöglichen es dem Organismus, nicht nur die allgemeine, zentrale Ermüdung und die periphere Ermüdung z.B. des Bewegungsapparates (z.B. der Arme oder des Rückens) oder der Sinnesorgane (z.B. der Augen) zeitnah durch eine passive, ruheförmige Erholung (»Organpause«) auszugleichen und wirken auf diese Weise einer Überbeanspruchung infolge von Übermüdung und Erschöpfung vor. Erholzeiten gestatten es darüber hinaus, einseitige Beanspruchungen des Bewegungsapparates (z.B. in Gestalt einseitig dynamischer Muskelarbeit durch ständig wiederholte, gleichförmige Bewegungen) oder einseitige Beanspruchungen der Muskulatur durch statische Muskelarbeit (z.B. Halte- und Haltungsarbeit in Form bewegungsarmer, ungünstiger Körperhaltungen) durch aktive Erholung in Form ausgleichender Beanspruchung bzw. eines Wechsels der Beanspruchung auszugleichen.

1.3.3 Beeinträchtigungsfreiheit und Zumutbarkeit der Arbeit

Über die Schädigungslosigkeit und Beeinträchtigungsfreiheit in primär arbeitsmedizinischer Hinsicht hinaus muss eine Arbeitstätigkeit auch die Kriterien der *Beeinträchtigungsfreiheit* und *Zumutbarkeit* in psychophysiologischer und psychosozialer Hinsicht erfüllen, damit sie als menschengerecht beurteilt werden kann. Dieses Kriterium der Menschengerechtheit findet sich wieder in dem ganzheitlichen Gesundheitsbegriff der Weltgesundheitsorganisation (WHO), dem zufolge Gesundheit einen »Zustand vollständigen körperlichen, geistig-seelischen und sozialen Wohlbefindens« darstellt, was auch in dem erweiterten Gesundheitsbegriff des Übereinkommens Nr. 155 (Art. 3 e) der Internationalen Arbeits-Organisation (ILO) zum Ausdruck kommt, demzufolge Gesundheit »im Zusammenhang mit der Arbeit nicht nur das Freisein von Krankheit und Gebrechen« ist, sondern »auch die physischen und geistig-seelischen Faktoren« umfasst, »die sich auf die Gesundheit auswirken und die in einem unmittelbaren Zusammenhang mit der Sicherheit und der Gesundheit bei der Arbeit stehen«.

Im Unterschied zu »Schädigungen«, die physische oder psychophysische Veränderungen darstellen und die im Verlauf eines normalen Erholungszyklus nicht zu beheben sind, sondern (insbesondere wenn sie Krankheitswert besitzen) in der Regel behandlungsbedürftig sind und sogar mit bleibenden Funktionseinschränkungen des Organismus verbunden sein können, sind »*Beeinträchtigungen*« zunächst vorübergehender Natur, wenngleich psychosoziale Beeinträchtigungen, die über einen längeren Zeitraum fortbestehen, sich schließlich in psychosomatischen Schädigungen niederschlagen können (Ulich 2001: 144f.). In der Regel handelt es sich indes bei »Beeinträchtigungen« um Störungen des psychosozialen Wohlbefindens, die reversibel sind, für die Betroffenen aber mit bestimmten Erschwernissen und Behinderungen der Erholung und des Wohlbefindens verbunden sind, ohne dass dies Krankheitswert besitzt und nach Behandlung verlangt.

Zusätzliche Erholzeiten im Sinne bezahlter Kurzpausen leisten einen wichtigen Beitrag zur Erfüllung des Zieles der *Beeinträchtigungsfreiheit*, weil sie insbesondere der Entstehung »beeinträchtigender Effekte« in Form von psychischer Ermüdung und ermüdungsähnlichen Zuständen (Monotoniezustand, herabgesetzte Wachsamkeit und psychische Sättigung) im Sinne der Norm DIN EN ISO 10075-1:2000 über »Ergonomische Grundlagen bezüglich psychischer Arbeitsbelastung – Teil 1 Allgemeines und Begriffe« sowie negativen arbeitsbedingten Stresszuständen infolge von Überforderung (»Leistungsstress«) oder sozialen Spannungen (»Konfliktstress«) gesicherten arbeitswissenschaftlichen Erkenntnissen zufolge wirksam begegnen können. Die in der Norm DIN EN ISO 10075-2:2000 (»Ergonomische Grundlagen bezüglich psychischer Arbeitsbelastung – Teil 2 Gestaltungsgrundsätze«) enthaltenen »Leitsätze« zur Vermeidung psychischer Über- und Fehlbeanspruchungen empfehlen explizit die Einschaltung zusätzlicher Erholungspausen, durch die sowohl psychischer Ermüdung als auch Monotoniezuständen, herabgesetzter Wachsamkeit und psychischer Sättigung vorgebeugt werden kann. In den »Leitsätzen in Bezug auf Ermüdung« der Norm DIN EN ISO 10075-2:2000 heißt es hierzu beispielsweise: »Aufgrund der exponentiellen Beziehung zwischen der Dauer der ununterbrochenen Arbeit und der Ermüdung sowie des exponentiellen Erholungsverlaufes sind kurze Pausen nach kurzen Arbeitsabschnitten längeren Pausen nach längeren Arbeitsabschnitten vorzuziehen.« Beispielhaft genannt werden in diesem Zusammenhang »kurze Arbeitsunterbrechungen von jeweils 5 min nach jeweils 55 min Arbeit«. Entsprechendes gilt nach gesicherten arbeitswissenschaftlichen Erkenntnissen auch für die Prävention von Stresszuständen, die ebenfalls durch zusätzliche Erholzeiten verringert oder besser bewältigt werden können (BAuA 2004: 360ff.).

Erholzeiten in Form von stündlichen Kurzpausen stellen ein wirksames Mittel zur Verringerung der im Arbeitsablauf und in der Arbeitsaufgabe liegenden Risikofaktoren dar, die zu Beeinträchtigungen infolge psychischer Über- und Fehlbeanspruchungen führen können. Zum einen erlauben sie eine belastungsnähere Erholung bei psychischer Ermüdung infolge hoher Arbeitsintensität und langer Arbeitszeit. Zum anderen wirken sie der Entstehung von Zuständen der Monotonie, der psychischen Sättigung und der herabgesetzten Wachsamkeit entgegen, weil sie die Orts-, Zeit- und Taktbindung der Tätigkeit auflockern sowie für eine gewisse Abwechslung und Anregung bei gleichförmigen und eintönigen Aufgaben sorgen. Schließlich sind Erholzeiten geeignet, der Entstehung und dem ungünstigen Verlauf von

Stresszuständen vorzubeugen, weil sie zu einer Entdichtung des Arbeitsablaufes bei intensiver Beanspruchung, einer Lockerung der Anspannung und zu zwischenzeitlicher Entspannung beitragen können.

Mit dem Ziel der »*Zumutbarkeit*« als Kriterium der Menschengerechtheit einer Arbeitstätigkeit im Sinne der »sozialen Angemessenheit« ist das Erfordernis ihrer »personalen und sozialen Akzeptanz« gemeint (Fürstenberg 2002: 388). Die Zumutbarkeit einer Arbeit ist im Wesentlichen von gesellschaftlichen und subjektiven Werthaltungen abhängig, wobei es »zum Aufbau einer Verweigerungshaltung« kommen kann, wenn die herrschenden Zumutbarkeitsgrenzen nicht eingehalten werden (Fürstenberg 2002: 389).

Zusätzliche Erholzeiten als bezahlte Kurzpausen tragen erheblich dazu bei, die Zumutbarkeit einer Arbeit zu gewährleisten, denn sie verbessern die Möglichkeit einer Bewältigung der Arbeitsanforderungen, indem sie möglichen »Überforderungen infolge einer Unfähigkeit zur Situationsbewältigung« entgegenwirken; solche Erholzeiten erhöhen die Akzeptanz gegenüber den Arbeitsanforderungen, weil sie zu ihrer besseren Bewältigung beitragen. Kurzpausen erhöhen die Akzeptanz einer Anforderung gegenüber, weil sie »die Möglichkeit zur Vermeidung kumulierender Belastungen bzw. die Befähigung zu kompensatorischem Verhalten« verbessern, indem sie zu einer besseren zeitlichen Strukturierung der Anforderungen beitragen (Fürstenberg 2002: 395f.).

1.3.4 Zufriedenheit und Persönlichkeitsförderlichkeit

Über die Beeinträchtigungsfreiheit und Zumutbarkeit hinaus muss eine Arbeitstätigkeit, die als menschengerecht gelten kann, auch die Kriterien der *Zufriedenheit* und der *Persönlichkeitsförderlichkeit* erfüllen. Zwar verlangt die Erfüllung dieser anspruchsvollen Kriterien der Menschengerechtheit, dass die subjektiven Erwartungen und die objektiven Arbeitsbedingungen in Einklang miteinander gebracht werden und dass die vorhandenen Qualifikationen tatsächlich angewandt, erhalten und erweitert werden können. Aber auch die Einschaltung zusätzlicher Erholzeiten im Sinne bezahlter Kurzpausen leistet einen Beitrag dazu, weil sie den zeitlichen Handlungsspielraum spürbar verbessern.

1.3.5 Kompensatorische und präventive Effekte der Kurzpausen/Erholzeiten

Zusammenfassend können wir festhalten, dass zusätzliche Erholzeiten im Sinne von bezahlten Kurzpausen in *mehrfacher* Hinsicht wichtige Beiträge zur menschengerechten Gestaltung der Arbeit leisten, wobei »Erholung«

nicht nur als ein biophysiologischer Vorgang zu verstehen ist, sondern auch psychophysiologische, psychosoziale und soziokulturelle Prozesse der Erhaltung und Wiederherstellung des Leistungsvermögens enthält und kompensatorische ebenso wie präventive Funktionen hat:

1. Erholzeiten (Kurzpausen) verbessern die Voraussetzungen dafür, dass die elementaren Kriterien der Menschengerechtheit einer Arbeitstätigkeit, nämlich die unmittelbare *Ausführbarkeit* und kurzfristige *Aushaltbarkeit* in technisch-energetischer Hinsicht sowie die mittel- und langfristige *Schädigungslosigkeit* und *Erträglichkeit* in physiologisch-medizinischer Hinsicht erfüllt werden. Denn sie ermöglichen und verbessern die erforderliche Erholung von den durch die Belastungen der Arbeit hervorgerufenen Beanspruchungen. Erholzeiten erlauben die Rückkehr der physiologischen Funktionen, die durch die Arbeit aus ihrer Ruhelage ausgelenkt werden, in den Ruhezustand; sie stellen in biologischer und physiologischer Hinsicht das Gleichgewicht im Organismus (»Homöostase«) wieder her. Dies kann in Form von passiver Erholung (»Entmüdung«) geschehen, wobei in Ruhe die physiologischen Funktionen des Organismus in den Ruhezustand zurückkehren, oder in Gestalt aktiver Erholung, indem durch physische und psychische Abwechslung ein Ausgleich der arbeitsbedingten Fehlbeanspruchungen erfolgt. Hinzu kommt, dass die gefährdenden Wirkungen durch schwere und einseitige Belastungen des Bewegungsapparates oder hohe Beanspruchungen der Sinnesorgane sowie durch physikalische, chemische und biologische Einflüsse in ihrer Einwirkdauer verkürzt und unterbrochen werden, was zu einem geringeren Schädigungsrisiko führt.
2. Erholzeiten (Kurzpausen) verbessern die Voraussetzungen dafür, dass die anspruchsvolleren Kriterien der Menschengerechtheit einer Arbeit, nämlich die *Beeinträchtigungsfreiheit* und *Zumutbarkeit* sowie die *Zufriedenheit* in psycho-physiologischer, psychosozialer und sozio-kultureller Hinsicht erfüllt werden. Durch zusätzliche Erholzeiten werden der zeitliche Handlungsspielraum erweitert sowie die Orts-, Zeit- und Taktbindung der Arbeitsabläufe und die Dichte der Leistungsanforderungen gelockert. Dadurch kann Beeinträchtigungen des physischen und psychischen Wohlbefindens sowie negativen psychischen Beanspruchungen in Gestalt von psychischer Ermüdung, Stresszuständen sowie Zuständen von Monotonie, psychischer Sättigung und herabgesetzter Wachsamkeit wirksam begegnet werden. Damit wird auch den gesundheitlichen Risiken begegnet, die aufgrund psychosomatischer Wirkungszusammenhänge durch ne-

gative psychische Beanspruchungen verursacht oder begünstigt werden (z.B. Herz-Kreislauferkrankungen, Rückenbeschwerden, psychische Erkrankungen) und damit die Erfüllung der Elementarkriterien der Schädigungslosigkeit und Erträglichkeit einer menschengerechten Arbeit gefördert. Darüber hinaus wird die Zumutbarkeit und Akzeptanz einer Arbeit durch die Einschaltung zusätzlicher Erholzeiten gefördert, weil z.B. die Bewältigung der mit der Arbeit verbundenen Anforderungen verbessert wird und weil die Arbeit weniger mit den Erhaltungs-, Verwertungs- und Gestaltungsinteressen des Arbeitsvermögens der Betroffenen kollidiert.

2. Pausen bei Bildschirmarbeit (Bildschirmpausen)

Ein gutes Beispiel und einen Sonderfall von Kurzpausen (Erholzeiten) stellen die »*Bildschirmpausen*« insofern dar, als sie in § 5 der Bildschirmarbeitsverordnung (BildscharbV) eine rechtliche Grundlage finden, deren Umsetzung dem gesetzlichen Mitbestimmungsrecht des Betriebsrates nach § 87 Abs. 1 Nr. 7 BetrVG unterliegt (Richenhagen/Prümper/Wagner 2002: 113ff.). In § 5 (»Täglicher Arbeitsablauf«) der BildscharbV vom 20.12.1996 sind »Bildschirmpausen« vorgesehen, sofern die Arbeit am Bildschirm nicht regelmäßig durch andere Tätigkeiten im Sinne von »Mischarbeit« unterbrochen werden kann. Dort heißt es nämlich: »*§ 5 Täglicher Arbeitsablauf. Der Arbeitgeber hat die Tätigkeit der Beschäftigten so zu organisieren, dass die tägliche Arbeit an Bildschirmgeräten regelmäßig durch andere Tätigkeiten oder durch Pausen unterbrochen wird, die jeweils die Belastung durch die Arbeit am Bildschirmgerät verringern.*«

Diese Bestimmung setzt die Vorschrift des Artikel 7 (»Täglicher Arbeitsablauf«) der Bildschirmarbeits-Richtlinie der EG (90/270/EWG) vom 29.5.1990 in nationales Recht um. In der EU-Bildschirmarbeits-Richtlinie heißt es dazu: »*§ 7 Täglicher Arbeitsablauf. Der Arbeitgeber ist verpflichtet, die Tätigkeit des Arbeitnehmers so zu organisieren, dass die tägliche Arbeit an Bildschirmgeräten regelmäßig durch Pausen oder andere Tätigkeiten unterbrochen wird, die die Belastung durch die Arbeit an Bildschirmgeräten verringern.*«

In diesem Zusammenhang sind zunächst zwei Fragen zu klären:

1. Was ist unter den *anderen Tätigkeiten* (welche die Bildschirmarbeit regelmäßig unterbrechen und die Belastung durch die Arbeit am Bildschirmgerät dadurch verringern) zu verstehen?

2. Welcher Art sind die *Pausen* (durch welche die Belastung durch die Arbeit am Bildschirmgerät verringert werden soll) und welche Anforderungen müssen diese Kurzpausen im Sinne bezahlter Arbeitsunterbrechungen erfüllen?

2.1 Zum Begriff »andere Tätigkeiten« bei Bildschirmarbeit

Unter den die Belastung bei der Arbeit an Bildschirmgeräten verringernden »anderen Tätigkeiten«, durch welche die Bildschirmarbeit regelmäßig unterbrochen wird, ist die *Mischung* der Bildschirmarbeitsanteile mit Tätigkeiten, für die kein Bildschirmgerät erforderlich ist, zu verstehen. Dabei müssen die nicht bildschirmbezogenen Tätigkeiten insofern *regelmäßig* vorkommen, als sie zusammen mit der am Bildschirm verbrachten Zeit einen geschlossenen, ganzheitlichen und überschaubaren Arbeitsvollzug bilden und dadurch den Beschäftigten einen größeren Handlungsspielraum, mehr Eigenverantwortung, Motivation und größere Arbeitszufriedenheit ermöglichen (vgl. Dia.L.O.G. 1999). Dass der Gesetzgeber mit der Formulierung »andere Tätigkeiten« in diesem Zusammenhang das Konzept der »Mischarbeit« gemeint hat, ergibt sich zunächst bereits aus der *Amtlichen Begründung* zur Bildschirmarbeitsverordnung (vgl. Bundesrats-Drucksache 656/96 vom 5.9.1996). Dort heißt es hierzu: »*Mit der Forderung nach regelmäßiger Unterbrechung der Bildschirmarbeit durch andere Tätigkeiten, die die Belastung durch die Arbeit am Bildschirmgerät verringern, ist das Konzept ›Mischarbeit‹ angesprochen. Ziel von ›Mischarbeit‹ ist es, dass das Bildschirmgerät ein ›normales‹ Arbeitsmittel des Beschäftigten ist, das nicht Inhalt und Art der Aufgabenerledigung diktiert oder dominiert.*«

In der einschlägigen Kommentierung dieser Bestimmung der BildscharbV wird unter Verweis auf das BMA und die gesicherten arbeitswissenschaftlichen Erkenntnisse zur menschengerechten Gestaltung der Arbeit dann näher erläutert, welche Anforderungen diese »anderen Tätigkeiten« zu erfüllen haben, damit sie geeignet sind, die Belastung durch die Arbeit am Bildschirmgerät zu verringern (vgl. Richenhagen 1997: 77ff. m.w.N.). In den Kommentaren (vgl. Kollmer/Blachnitzky, PraxKomArbSchG, D 5.2, Rn. 27-29) wird hierzu beispielsweise erläuternd ausgeführt: »*Unterbrechung durch* andere Tätigkeiten *bedeutet die Möglichkeit von* ›Mischarbeit‹ *mit vorgegebenem oder wahlweisem Wechsel des Arbeitsablaufs. Arbeitswissenschaftliche Modelle dafür sind:*

- systematischer Arbeitsplatzwechsel (Job rotation),
- Erweiterung des Aufgabenumfangs (Job enlargement),

- Bereicherung des Arbeitsinhaltes (Job enrichment) und
- Arbeitsgruppen mit erweiterten Handlungs- und Entscheidungsspielräumen.«

Dieser Auffassung von »anderen Tätigkeiten« im Sinne von »Mischarbeit« folgen sowohl die Träger der gesetzlichen Unfallversicherung (z.B. die Verwaltungs-BG in Dia.L.O.G.) als auch die staatlichen Arbeitsschutzbehörden (vgl. LASI Länderausschuss für Arbeitsschutz und Sicherheitstechnik: Bildschirmarbeitsverordnung, Auslegungshinweise zu den unbestimmten Rechtsbegriffen, 2000: 10f.).

Der Sinn und die Funktion dieser (Kurz-)Pausen wird in den LASI-Auslegungshinweisen (ebd.: 10f.) aus der Sicht des Arbeitsschutzes folgendermaßen beschrieben: »*Es ist angestrebt, keine starre Sitzhaltung über lange Zeit vorherrschen zu lassen. Ideal ist ein Wechsel von Sitzen, Stehen und Gehen. Wenn das nicht möglich ist, ist es empfehlenswert, Kurzpausen von 5-10 Minuten in der Stunde einzulegen, damit die starre Sitzhaltung und die Fixierung der Augen (auf den Sehbereich des Arbeitsplatzes) unterbrochen und auch eine wechselnde psychische Belastung erreicht wird. Es ist nicht gestattet, die Kurzpausen über den Tag anzusammeln und so die tägliche Arbeitszeit zu verkürzen. Vielmehr sollten zusammenhängende Arbeitszeiten am Bildschirmgerät einen Zeitraum von 2 Stunden nicht überschreiten.*«

2.2 Zum Begriff »Pausen« bei Bildschirmarbeit

Bei den »Pausen«, wie sie in § 5 BildscharbV verlangt werden, handelt es sich, wie aus der Amtlichen Begründung zur BildscharbV hervorgeht, um regelmäßige *Kurzpausen*, die sich von den in § 4 Arbeitszeitgesetz vorgeschriebenen unbezahlten »Ruhepausen« dadurch unterscheiden, dass sie »dem Auftreten von Ermüdung entgegenwirken« sollen. In der Amtlichen Begründung zur BildscharbV (vgl. Bundesrats-Drucksache 656/96 vom 5.9.1996) heißt es dazu: »*Bei den alternativ (zu Mischarbeit; A.O.) geforderten regelmäßigen (Kurz-) Pausen, die die Belastung durch die Arbeit am Bildschirmgerät verringern, handelt es sich nicht um die im Arbeitszeitrecht geforderten Ruhepausen. Die (Kurz-)Pausen sollen vielmehr dem Auftreten von Ermüdung entgegenwirken: aus ergonomischer Sicht ist der Erholungswert mehrerer kurzer Pausen (oder Unterbrechungen der Tätigkeit am Bildschirmgerät) größer als der von wenigen, festgelegten langen Pausen. Die (Kurz-)Pausen sollen, wenn sie erforderlich werden, hinsichtlich ihrer Lage von den Beschäftigten frei gewählt werden können, auch im Interesse einer flexiblen Unternehmensorganisation und eines gesundheitszuträglichen Ar-*

beitsablaufs.« Daran orientiert sich auch die arbeitsrechtliche Kommentierung: »*Flexible Kurzpausen sollen dem Auftreten von Ermüdung entgegenwirken; der Erholungswert mehrerer kurzer Pausen ist aus ergonomischer Sicht größer als der von wenigen, festgelegten langen Pausen. Kurzpausen müssen keine Pausen im Sinne des Arbeitszeitgesetzes sein, sondern können bezahlte Arbeitsunterbrechungen sein.«* (Blachnitzky 2000: Rn. 28)

2.3 Belastungen und Erholungsbedarf bei Bildschirmarbeit

Dass sich bei der Bildschirmarbeit vielfach erhebliche gesundheitliche Gefährdungen durch die vielfältigen und intensiven *Belastungen* ergeben können, ist in zahlreichen Studien belegt worden (vgl. im Überblick: Richenhagen 1997, S. 26ff. m.w.N.).

Das hat letztlich dazu geführt, dass der Gesetzgeber in § 3 BildscharbV dem Arbeitgeber eine »Beurteilung der Arbeitsbedingungen« aufgegeben hat, »insbesondere hinsichtlich einer möglichen Gefährdung des Sehvermögens sowie körperlicher Probleme und psychischer Belastungen«; auch hier ist der Gesetzgeber der Vorlage aus der EU-Bildschirm-Richtlinie 90/270/EWG gefolgt, die bereits in Artikel 3 eine entsprechende Vorschrift zur »Arbeitsplatzanalyse« mit dem Hinweis auf die gleichen Belastungsarten (Augenbeanspruchungen, Probleme des Bewegungsapparates und psychische Aspekte) vorgegeben hatte.

Charakteristisch für das Belastungs-Beanspruchungsprofil an *Bildschirmarbeitsplätzen* sind die einseitigen und intensiven physischen und psychischen Anforderungen, wie sie sich insbesondere ergeben aus:

1. Beanspruchung der Augen und des Sehvermögens,
2. Beanspruchungen des Bewegungsapparates durch die einseitige Haltungsarbeit,
3. psychische Beanspruchungen aufgrund von psychischer Ermüdung, Stress, psychischer Sättigung infolge von hoher Arbeitsintensität und fremdbestimmtem Arbeitstempo, hoher Aufmerksamkeitsspannung sowie der strikten Orts- und Zeitbindung,
4. psychosoziale Beanspruchungen aufgrund von Stress infolge emotionaler Anforderungen durch Kontakte mit Kunden und daraus resultierenden möglichen Spannungen und Konflikten,
5. psychische Beanspruchungen aufgrund psychischer Ermüdung und ggf. psychosozialen Beanspruchungen durch arbeitsanfallorientierte Arbeitszeiten, die Schicht- und Nachtarbeit einschließen und die Synchronisierung von Arbeits- und Berufsleben beeinträchtigen.

Es ist daher ein Gebot des Arbeitsschutzes und im Sinne einer menschengerechten Arbeitsgestaltung angezeigt, durch zusätzliche Kurzpausen dem besonderen Belastungs-Beanspruchungsgeschehen bei der Bildschirmarbeit Rechnung zu tragen und auf diese Weise einer gesundheitlichen Gefährdung der Beschäftigten sowie der Minderung ihrer Leistungsfähigkeit, was Qualität und Quantität des Arbeitsergebnisses betrifft, wirksam entgegen zu treten. Diese »Bildschirmpausen« wirken im arbeitswissenschaftlichen Sinn als »Kurzpausen« und »Erhol- bzw. Erholungszeiten« zum Zwecke der »Entmüdung« (vgl. Luczak/Volpert 1997: 946ff. m.w.N.).

Verstehen wir im arbeitswissenschaftlichen Sinne unter »*Ermüdung*« eine zeitlich begrenzte, reversible Minderung der Leistungs- bzw. Funktionsfähigkeit des Organismus bzw. einzelner Organsysteme infolge arbeitsbedingter Belastung und Beanspruchung, die zur Wiederherstellung der Leistungsfähigkeit und zur Vermeidung gesundheitlicher Gefährdung eine entsprechende »*Erholung*« erfordert, dann können wir die »Erholungs- bzw. Erholzeiten« als benötigte Zeitaufwände zur Wiederherstellung und Erhaltung der Leistungsfähigkeit über eine Arbeitsschicht hinweg begreifen (vgl. Luczak/Volpert 1997: 347ff. m.w.N.).

Dieser Erholungseffekt kann sich allerdings nur dann tatsächlich realisieren, wenn die vorgesehenen Kurzpausen am Bildschirmgerät auch bestimmten Anforderungen genügen, damit sich der autonom-biologische, emotional-kognitive und soziale Prozess der Wiederherstellung, Erhaltung und präventiven Bereitstellung der persönlichen Leistungsvoraussetzungen der Beschäftigten in vollem Umfang vollziehen kann. Insofern wirkt die Erholung in der Kurzpause nicht nur *kompensatorisch* im Hinblick auf vorangegangene Belastung, sondern auch *präventiv* in Bezug auf die Bewältigung bevorstehender Anforderungen. Eine Pause kann sowohl der *passiven* Erholung (z.B. kompensatorische Erholung durch Ruhe, Ausruhen, Untätigkeit) als auch der *aktiven* Erholung (z.B. durch Ausgleichstätigkeiten physischer und psychischer Art, etwa körperliche Bewegung, soziale Kontakte, psychische Entspannung) dienen. In jedem Fall erfordert eine Erholungspause das vorübergehend vollständige physische und psychische *Lösen* von der beanspruchenden Tätigkeit, »damit der volle Erholungseffekt erreicht wird«. (Luczak/Volpert 1997: 351)

Die seit langem in der arbeitswissenschaftlichen und arbeitsphysiologischen Fachliteratur empfohlenen Kurzpausen haben meist eine Dauer von fünf Minuten je Arbeitsstunde. Sie waren in der Regel für Arbeitsplätze vorgesehen, an denen besondere Belastungen durch hohe körperliche Beanspruchungen oder durch widrige Umgebungseinflüsse wie Hitze (»Hitzepausen«) oder Kälte (»Kältepausen«) und Lärm (»Lärmpausen«) vorkamen. Für diese Zwecke ist eine häufige Unterbrechung angezeigt, die jeweils nur kurz sein muss, damit sie eine rasche Regeneration des besonders beanspruchten Organsysteme (z.B. Kreislauf, Gehör, Temperaturregulation) erlaubt. An Bildschirmarbeitsplätzen handelt es sich allerdings im Wesentlichen um Belastungen des Sehvermögens, des Stütz- und Bewegungsapparates sowie um psychische Beanspruchungen, die zu ihrer Verringerung Kurzpausen von längerer Dauer erfordern. Denn körperlicher Ausgleich durch entsprechende Bewegungsübungen oder die Minderung der intensiven psychischen Beanspruchungen verlangen nach einer äußeren und inneren Distanzierung von der Tätigkeit, damit sie ihre Erholungseffekte realisieren können. Daher sollte die Bildschirmpause *nicht weniger als zehn Minuten in der Stunde* umfassen, wobei auf Wunsch der Betroffenen höchstens zwei Pausen zu einem Block von 20 Minuten zusammengelegt werden sollten. Die in den bei vielen Unternehmen und Verwaltungen bisher abgeschlossenen Betriebsvereinbarungen zur Bildschirmarbeit vorgesehenen »Bildschirmpausen« orientieren sich in ihrer Dauer und Lage an diesen gesicherten arbeitswissenschaftlichen Erkenntnissen.

Diese Pausen dürfen allerdings, weil sie der Erholung *von* der bis dahin geleisteten und *für* die noch zu leistenden Arbeit dienen, nicht an den Beginn oder das Ende der täglichen Arbeitszeit gelegt werden. Pausen von weniger als zehn Minuten ermöglichen kaum die gerade bei der Erholung von psychischer Ermüdung besonders wichtige innere und ggf. räumliche Distanzierung von den vorangegangenen Beanspruchungen und setzen der freien Verwendbarkeit allzu enge Grenzen. Dauer und Lage der Kurzpausen sollten, wie bei den unbezahlten Ruhepausen, grundsätzlich im Voraus feststehen. Sie bewirken aufgrund der anschließenden Mehrleistung nicht nur einen »kompensatorischen *Aufholeffekt*«, sie verfügen nämlich auch über eine positive »Vorauswirkung« in Form eines »Endspurt-Effektes« vor der Pause (vgl. Graf 1961: 818). Dieser »anspornende *Erwartungseffekt*« (Oppolzer 1992: 63), der von den Kurzpausen ausgeht, gilt als gesicherte arbeitswissenschaftliche Erkenntnis: »In Erwartung einer Pause wird in dem Bewusstsein, bald von der Arbeit ausruhen zu können, schneller gearbeitet, als wenn eine Arbeitsleistung von unübersichtlich langer Dauer bevorsteht.« (Lehmann 1962: 66)

2.4 Mehrfachwirkungen von Kurzpausen (Erholzeiten) bei Bildschirmarbeit

Grundsätzlich lässt sich festhalten, dass die Bildschirmpausen insbesondere in dreierlei Hinsicht positive Wirkungen entfalten:

1. Aus der Sicht des *Arbeits- und Gesundheitsschutzes* sind sie geeignet, gesundheitliche Gefährdungen der Beschäftigten aufgrund von hoher Belastung und chronischer Ermüdung zu vermeiden oder zu verringern. Denn durch die vorübergehende Unterbrechung der aus der Arbeitstätigkeit resultierenden Belastungseinwirkung und durch die Erholung von vorangegangener Ermüdung wird der Gefährdung der Gesundheit und des Wohlbefindens der Beschäftigten vorgebeugt.
2. Für die *Beschäftigten* gehen von den Kurzpausen und Erholzeiten positive Mehrfachwirkungen aus, die leistungsstabilisierend und -steigernd sowie gesundheits- und zufriedenheitsförderlich sind (vgl. Oppolzer 1992: 62-70 m.w.N). Denn sie ermöglichen:
   a) die Regeneration des Organismus oder einzelner Organsysteme durch passive Erholung (»*Organpause*«),
   b) den Ausgleich einseitiger Körperhaltungen und der Bewegungsarmut durch aktive Erholung (»*Bewegungspause*«),
   c) die Abwechslung von der Arbeitsaufgabe durch Wechsel der Aufmerksamkeit (»*Entspannungs- oder Anregungspause*«),
   d) die Entdichtung der Arbeitsintensität und die Lockerung des fremdbestimmten Arbeitstempos bei hohen psychischen Anforderungen (»*Stresspause*«),
   e) die Gelegenheit zu informellen Kontakten und Gesprächen (»*Sozialpause*«).
3. In *betriebswirtschaftlicher* Hinsicht erweist sich die Kurzpause in der Regel als »lohnende Pause« (vgl. Graf 1960: 70; Lehmann 1962: 66; Grandjean 1979: 269), weil der dadurch eintretende rechnerische Verlust an Arbeitszeit mehr als kompensiert wird, indem es infolge der Pause zu einer Steigerung der Arbeitsleistung kommt, die sich in der erreichten Quantität und Qualität der Arbeitsergebnisse positiv niederschlägt (vgl. Oppolzer 1994: 44f. m.w.N.).

3. Nie waren Kurzpausen (Erholzeiten) so wertvoll wie heute

Aus arbeits- und gesundheitswissenschaftlicher Sicht sind zusätzliche Erholzeiten in Form von stündlichen Kurzpausen angesichts der strukturellen Veränderungen in den betrieblichen Leistungsanforderungen und in den persönlichen Leistungsvoraussetzungen keineswegs »überholt«, sondern sie sind im Gegenteil *besonders wertvoll.*

Seit ihrer tarifvertraglichen Einführung 1973 haben diese Erholzeiten nichts von ihrer Notwendigkeit eingebüßt, weil die Intensität der arbeitsbedingten Belastungen aufgrund der technischen Fortschritte in den Arbeitsmitteln und der organisatorischen Restrukturierungen der Arbeitsabläufe (»schlanke Organisation«, »kontinuierlicher Verbesserungsprozess«) erheblich zugenommen hat. Denn der Strukturwandel des Belastungs-Beanspruchungsprofils, der sich allen empirischen Untersuchungen der letzten drei Jahrzehnte zufolge in der modernen Arbeitswelt vollzogen hat, zeichnet sich im Wesentlichen dadurch aus, dass psychische und psychosoziale Belastungsarten (Zeit- und Leistungsdruck, hohes und fremdbestimmtes Arbeitstempo, Handlungs- und Gestaltungsspielraum) stark an Bedeutung gewonnen haben, während körperliche Belastungen (einseitige Zwangshaltungen, gleichförmige Bewegungsabläufe und Handhaben von Lasten) sowie Belastungen durch die Arbeitsumwelt (Lärm, Gefahrstoffe) – trotz aller Fortschritte, die im Einzelfall durch den Arbeits- und Gesundheitsschutz erreicht werden konnten – tendenziell fortbestehen (Oppolzer 1999a m.w.N.; Sauer/Boes/Kratzer 2005; Kuhn 1999; Lenhardt/Priester 2005; Lenhardt 2001; Jansen 2000; Reusch 2001; v. Henninges 1998).

3.1 Intensivierung und Extensivierung der Leistungsanforderungen

Erholzeiten haben aber auch deshalb nichts an Bedeutung verloren, weil sich – nach einer vorübergehenden Periode der Arbeitszeitverkürzung – inzwischen aufgrund der globalisierten Kostenkonkurrenz ein Trend zur Ausweitung der effektiven und der tariflichen Arbeitszeiten vollzieht, der sowohl zu einer Verlängerung der Wochenarbeitszeit auf 40 Stunden und darüber, als auch zu verschiedenen Formen arbeitsanfallorientierter Massierung der Arbeitszeit im Tages-, Wochen-, Monats- oder Jahreszyklus (»flexible Arbeitszeiten«) führt.

Damit haben im Laufe der letzten drei Jahrzehnte und insbesondere im Laufe der letzten Jahre *beide* Aspekte zugenommen, die über den zeitlichen Nutzungsgrad des menschlichen Arbeitsvermögens entscheiden, nämlich die zeitliche Ausdehnung (»*Extensität*«) und die zeitliche Dichte (»*Intensität*«) der Belastung und Beanspruchung.

Gesicherten arbeitswissenschaftlichen Erkenntnissen zufolge hängt die Größe der Beanspruchung (abgesehen von der individuellen Leistungsfähigkeit) von der Größe der Belastung ab, wobei die Größe der Belastung wiederum von der Einwirkzeit oder Dauer sowie von der Höhe oder Intensität der Belastung abhängt (Rutenfranz/Knauth/Nachreiner 1993: 590). Daher sind auch der Grad der Ermüdung und der daraus resultierende Erholungsbedarf im Wesentlichen von der *Dauer* und der *Höhe* der vorangegangenen Belastung bei der Arbeit abhängig (Luczak 1998: 285). Daraus folgt für die Einschaltung zusätzlicher Erholzeiten, dass ihr Nutzen größer und ihr Erfordernis wichtiger werden, wenn die Dauer und/oder die Lage der Arbeitszeiten sowie die Höhe und die Intensität der Belastungen zunehmen. Denn verstärkte und verlängerte Belastungen und Beanspruchungen verlangen nach einer stärkeren und häufigeren Erholung.

3.2 Demographischer Wandel und alternde Belegschaften

Nicht allein die betrieblichen Leistungsanforderungen haben sich in einer Weise verändert, die zusätzliche Erholzeiten gegenwärtig besonders angezeigt erscheinen lassen. Auch die sich abzeichnenden Veränderungen in den Leistungsvoraussetzungen aufgrund der »alternden Belegschaften« verleihen stündlich eingeschalteten Kurzpausen besondere Aktualität. Im Zuge des vielfach beschriebenen demographischen Wandels kommt es zu einem doppelten Alterungsprozess (»double aging«) der Bevölkerung, weil zum einen die Anzahl der älteren Menschen infolge der Anhebung der Lebenserwartung steigt und zum anderen die Anzahl der jungen Menschen auf Grund der sinkenden Geburtenhäufigkeit zurückgeht (Kistler 2005; Dostal 2005; Badura/Schellschmidt/Vetter 2003; Deutsche Bank Research 2002). Nach Berechnungen des DIW gab es 2005 erstmals mehr über 50-jährige als unter 30-jährige. Bei den Beschäftigten führt dies zu einer Zunahme des Anteils älterer Beschäftigter und zu einem Anstieg des Durchschnittsalters der Belegschaften, weil zum einen das bisherige Personal vor dem Hintergrund der eingeschränkten Möglichkeiten eines sozialverträglichen vorzeitigen Ausstiegs aus dem Erwerbsleben und angesichts der Anhebung des Rentenalters länger im Betrieb verbleiben wird und weil zum anderen weniger junge Kräfte neu eingestellt werden (können). Allerdings zeigt die Statistik, dass bisher der Anteil älterer Beschäftigter im Laufe der letzten Jahre und Jahrzehnte mehr und mehr abgenommen hat; Berechnungen des IAB der Bundesagentur für Arbeit zufolge haben 2002 nur 43% der Betriebe in Deutschland noch Personen beschäftigt, die älter als 50 Jahre sind.

Diese Selektionsprozesse nach dem Alter sind zwar auch vor dem Hintergrund der anhaltend hohen Arbeitslosigkeit und der Besonderheiten der Sozialauswahl beim betrieblichen Personalabbau zu sehen. Eine wichtige Rolle spielen dabei aber auch die mit zunehmendem Alter tendenziell ansteigende Häufigkeit krankheitsbedingter Arbeitsunfähigkeit (gemessen in ausgefallenen Arbeitstagen) und das steigende Risiko einer Frühinvalidität (vorzeitige Rente wegen Erwerbsminderung) aufgrund chronischer Erkrankungen sowie die mit zunehmendem Alter typischen Veränderungen im Leistungsvermögen. Obwohl das »Defizitmodell« des Alterns mit seinen generalisierten Annahmen über eine Rückbildung der Leistungsfähigkeit vor dem Hintergrund der gerontologischen Forschung inzwischen von dem »Kompetenzmodell« mit einer differenzierteren Betrachtung einer gewandelten Struktur der Leistungsfähigkeit abgelöst wurde, darf nicht vernachlässigt werden, dass eine ganze Reihe bio- und psycho-physiologischer Funktionen des Organismus (z.B. Muskelkraft, Sehvermögen, Hörvermögen, Reaktionsfähigkeit, Geschicklichkeit) mit zunehmendem Alter nachlassen (Maintz 2003; Aronsson u.a. 2001; Lehr 2003; Ahrend/Konietzko 1995). Durch eine altersgerechte Arbeitsgestaltung lassen sich indes viele dieser Einschränkungen in beträchtlichem Maße ausgleichen und die Arbeitsfähigkeit (»workability«) und Beschäftigungsfähigkeit (employability«) erhalten (Ilmarinen/Tempel 2002; Badura/Schellschmidt/Vetter 2003).

Das gilt insbesondere für die altersgerechte Gestaltung der *Pausenregelungen*, »denn ein älterer Mitarbeiter benötigt mehr Zeit, um sich von den Belastungen zu erholen, als ein jüngerer«, wobei zu beachten ist, »dass die Notwendigkeit kurzer Erholungspausen zum einen mit dem Alter und zum anderen in Abhängigkeit vom Ausmaß der körperlichen Belastung steigt«. (Ilmarinen/Tempel 2002: 251) Daraus folgern Arbeitsmediziner für die Gestaltung altersgerechter Pausenregelungen: »Je körperlich schwerer die Arbeit ist, desto größer ist der Mehraufwand an Erholungszeit mit steigendem Alter. Dabei ist für die *Effizienz der Erholung* von entscheidender Bedeutung, dass sie unmittelbar im Anschluss an eine Spitzenbelastung« und damit »unmittelbar während der Arbeit« stattfinden muss (Ilmarinen/Tempel 2002: 251f.).

Mit zunehmendem Alter verändern sich im Organismus eine Reihe von biochemischen und physiologischen Prozessen (z.B. der durchschnittliche Grundumsatz als Ausdruck der Gesamt-Vitalität des Menschen), die sich im Sinne einer Minderung der Leistungsfähigkeit und einer Steigerung der *Erholungsbedürftigkeit* niederschlagen. Mit zunehmendem Alter verändert sich die Erholungsfähigkeit (abgesehen von arbeitsbedingten Vorschädigungen) in der Weise, dass der Ausgleich der durch die Arbeitsbeanspruchungen verursachten Ermüdung weniger gut auf spätere Regenerationszyklen verlagert werden kann und daher möglichst belastungsnah erfolgen sollte, damit Übermüdung und Erschöpfung vermieden werden. Es gehört daher zu den auf gesicherten arbeitswissenschaftlichen Erkenntnissen über die menschengerechte Gestaltung der Arbeit beruhenden Empfehlungen, für Nacht- und Schichtarbeit oder flexible Arbeitszeiten ältere Beschäftigte möglichst nicht einzusetzen und die Auswirkungen solch belastender Arbeitszeitregime für diesen Kreis besonders aufmerksam und vorsorglich zu überwachen. In diesem Zusammenhang ist z.B. die Bestimmung des § 6 Abs. 3 Satz 2 ArbZG zu sehen, Nachtarbeitnehmern nicht erst in regelmäßigen Zeitabständen von drei Jahren, sondern bereits im Abstand von einem Jahr das Recht zuzugestehen, sich arbeitsmedizinisch untersuchen zu lassen, wenn sie das 50. Lebensjahr vollendet haben.

Da mit zunehmendem Alter die »Ermüdungsgeschwindigkeit« und damit auch der »Erholungsbedarf« zunehmen (Stitzel 1985: 120 m.w.N.; Simonson 1971; Rosenmayr 1978), tragen zusätzliche *Erholzeiten* dazu bei, dass die bevorstehenden Herausforderungen des demographischen Wandels in der Arbeitswelt besser bewältigt werden, denn sie beugen wirksam der Ermüdungskumulation vor, weil sie es erlauben, den entstandenen Erholungsbedarf zeitnah auszugleichen, sodass es nicht zu einer derartigen »Erholungsschuld« (im Sinne eines »Erholungsdefizits«) kommt, die anschließend nur noch in unverhältnismäßig langen Ruhezeiten auszugleichen wäre oder die das Risiko einer Schädigung oder Beeinträchtigung der Gesundheit und der Leistungsfähigkeit nach sich ziehen könnte. Die belastungsnahe Erholung durch häufiger eingeschaltete Erholzeiten ist daher ein wichtiger Beitrag zur altersgerechten Arbeitsgestaltung sowie zum Erhalt der *Arbeits- und Beschäftigungsfähigkeit* über das gesamte (und künftig verlängerte) Erwerbsleben hinweg.

4. Regelung der Kurzpausen (Erholzeiten) im Tarifvertrag

Für die Gestaltung der Arbeitszeit vermag die Wissenschaft zwar nützliche Empfehlungen und hilfreiche Kriterien für die betriebliche Praxis zu liefern, aber letztlich sind die faktischen Pausenregelungen ebenso wie die Normierungen der täglichen oder wöchentlichen Arbeitszeit das Ergebnis von Entscheidungen innerhalb eines Kräftefeldes, das sich zwischen vier Akteuren erstreckt. Zum einen artikulieren die *Arbeitgeber* bestimmte Anforderungen, die sich aus technisch-organisatorischen Gegebenheiten und aus wirtschaftlichen Interessen ergeben. Zum anderen formulieren die *Arbeitnehmer* und ihre Interessenvertretungen ihre Forderungen, die ihren persönlichen Bedürfnissen und sozialen Belangen entsprechen. Zum dritten setzt der *Gesetzgeber* bestimmte, allerdings verbindliche Mindestanforderungen des öffentlich-rechtlichen Arbeits- und Gesundheitsschutzes, die sozial- und gesundheitspolitischen Zielsetzungen entsprechen und konkretisiert werden müssen. Diese Konkretisierung obliegt den Tarif- und/oder Betriebsparteien. Und schließlich steuert die *Wissenschaft* ihre Erkenntnisse über die Auswirkungen der unterschiedlichen Aspekte der Arbeitszeit auf die Menschen bei und liefert den anderen Akteuren sachlich begründete Kriterien und Argumente für eine menschengerechte Gestaltung der Arbeit. Keine dieser einzelnen Positionen kann sich absolut mit ihren Forderungen gegenüber den anderen durchsetzen, vielmehr bildet sich jeweils ein *Kompromiss* auf Zeit heraus, in den insbesondere sachliche Argumente, politische Ziele und wirtschaftlich-soziale Machtkonstellationen eingehen. Das gilt auch für die Regelung von Erholzeiten im Sinne von Kurzpausen als Teil der bezahlten Arbeitszeit. In der Regel erfolgte die Einführung solcher Erholzeiten in den letzten drei Jahrzehnten, sofern es überhaupt dazu kam, auf der Grundlage von Flächen- oder Firmentarifverträgen (Kempen/Zachert 2006, § 1 Rn. 300ff.; Sperling 1983: 107ff.).

In dem parlamentarischen Verfahren, das der Verabschiedung des *Arbeitszeitgesetzes* (1994) vorausging, hatte zwar der Bundesrat in seiner Stellungnahme zum Entwurf der Bundesregierung (unter Rückgriff auf einen Alternativentwurf der SPD-Fraktion, Bundestags-Drucksache 12/5282 vom 28.6.1993) im Hinblick auf die Ruhepausen beschlossen, einen ergänzenden Absatz anzufügen, der zusätzliche *Erholzeiten* von mindestens 5 Minuten je Stunde als bezahlte Arbeitszeit vorsah, um besonderen Belastungen insbesondere durch Unfallgefahren, durch den Umgang mit gefährlichen Stoffen, durch physikalische Einwirkungen unterschiedlicher Art, durch hohe

Sehanforderungen oder durch »besondere körperliche, nervliche und psychische Beanspruchungen oder monotone und einseitig belastende Arbeitsabläufe oder hohes Arbeitstempo« vorzubeugen und dabei auch die Addition oder Kombination von Einzelgefährdungen zu berücksichtigen (Bundestags-Drucksache 12/5888 vom 13.10.1993: 38f.). In den Anhörungen der Sachverständigen vor dem Bundestagsausschuss für Arbeit und Sozialordnung wurde ebenfalls auf die Notwendigkeit von zusätzlichen *Kurzpausen* bei besonderen Belastungen hingewiesen (vgl. Deutscher Bundestag, 12. Wahlperiode, Ausschuss für Arbeit und Sozialordnung – 752-2401 – Protokoll Nr. 104, 29.11.1993: 63f.). Die Bundesregierung hat allerdings diesem Vorschlag nicht zugestimmt und statt dessen die Auffassung vertreten: »Derartige Arbeitsunterbrechungen sollten unter Berücksichtigung der Bedürfnisse der Praxis von den Tarifparteien und Betriebspartnern vereinbart werden, die besser als der Gesetzgeber die in den Betrieben zu leistende Arbeit und die damit verbundenen Belastungen der Arbeitnehmer beurteilen können (größere Sachnähe).« (Bundestags-Drucksache 12/5888: 51; ausführlicher m.w.N. Oppolzer 1994)

Für die *tarifvertragliche* Regelung der Erholzeiten sprechen insbesondere die positiven Effekte für den *Arbeits- und Gesundheitsschutz*. Die Regelung solcher Erholzeiten in einem Tarifvertrag stellt eine Form dar, die geeignet ist, auf der Grundlage gesicherter arbeitswissenschaftlicher Erkenntnisse über die menschengerechte Gestaltung der Arbeit eine kollektivvertragliche Übereinkunft darüber zu treffen, welche Arbeitsbelastungen einer Kompensation durch Erholzeiten bedürfen. Sie ist insofern eine Konkretisierung für die menschengerechte Gestaltung der Arbeit. Durch solche Kurzpausen können die Ausführbarkeit sowie die Schädigungslosigkeit und Erträglichkeit der Arbeit besser gewährleistet werden, weil zum einen die Belastungen begrenzt und zum anderen die Erholungsmöglichkeiten erweitert werden. Im Tarifvertrag kann in Form von Erholzeitenregelungen vereinbart werden, dass gesicherte arbeitswissenschaftliche Erkenntnisse über die menschengerechte Gestaltung der Arbeit zu berücksichtigen sind, durch die einer Überforderung vorgebeugt und den Risiken einer Schädigung oder Beeinträchtigung der Gesundheit wirksam entgegen gewirkt wird.

Die Wirkungen von Erholzeiten bzw. Kurzpausen als Maßnahmen zur menschengerechten Gestaltung der Arbeit gehen indes über diese elementaren biologisch-organismischen Restitutions- und Erholungsfunktionen hinaus. Denn sie tragen dazu bei, dass mögliche physische, psychophysische und psychosoziale Beeinträchtigungen des Wohlbefindens vermieden und die Zumutbarkeit der Anforderungen verbessert sowie die Zufriedenheit der Beschäftigten mit den Arbeitsbedingungen gefördert wird. Damit bleiben die Erholzeiten in ihrer Wirksamkeit nicht auf die Verbesserung des Arbeits- und Gesundheitsschutz-Niveaus im weiten Sinne beschränkt, sondern erstrecken sich darüber hinaus auf die »soziale Angemessenheit« einer Pausenregelung und können daher auch als »zumutbarkeitsbestimmte Pausen« (Luczak 1983: 359; Kirchner/Rohmert 1973: 90f.) oder als Verwirklichung einer »sozialen Anspruchsnorm« (Sperling 1983: 147) betrachtet werden. Sofern man die Gewährung der Erholzeiten im Sinne von bezahlten Kurzpausen von bestimmten Voraussetzungen abhängig machen will, kommen als Indizien solche Merkmale der Arbeitsbedingungen in Frage, die für die Erfüllung der verschiedenen Kriterien der Menschengerechtheit einer Arbeit sowie für die Verwirklichung der verschiedenen Effekte bzw. Funktionen von wesentlicher Bedeutung sind. Von der physischen, psychophysischen und psychosozialen Erholungswirkung der Kurzpausen her sind geeignete Kriterien vor allem die Dauer, Lage und Verteilung (Flexibilität) der Arbeitszeit sowie die Intensität der Belastungen (z.B. körperlich, psychisch, Sinnesorgane, Umgebungseinflüsse). Für die Erfüllung der Ziele der Beeinträchtigungsfreiheit und Zumutbarkeit sowie der Zufriedenheit und Persönlichkeitsförderlichkeit sind vor allem solche Kriterien für die Gewährung der Erholzeiten angezeigt, die Risikofaktoren für negative psychische Beanspruchungen in Form von Stresszuständen, psychischer Ermüdung, Monotonie, psychische Sättigung und herabgesetzte Wachsamkeit darstellen (z.B. Zeit- und Leistungsdruck, hohes und fremdbestimmtes Arbeitstempo, eintönige und gleichförmige Arbeitsabläufe, Unterforderung der vorhandenen beruflichen Qualifikation).

Kapitel 5
Anwesenheitsmanagement: Verbesserung der Anwesenheit und Verringerung der Fehlzeiten

1. Modelle der Erklärung von »krankheitsbedingten Fehlzeiten« und von »Anwesenheit« im Betrieb

So wenig es *die* Ursache krankheitsbedingter Fehlzeiten gibt, so wenig gibt es *die* Theorie zur Erklärung dieser Phänomene.

Man ist daher gut beraten, zum besseren Verständnis der Wirkungszusammenhänge auf unterschiedliche theoretische Ansätze zurückzugreifen, die jeweils verschiedene Aspekte des komplexen Ursachengeflechts zu beleuchten geeignet sind.

Wenn man die vielfältigen Ursachen besser begreift, ist man auch eher in der Lage, angemessen und wirksam Maßnahmen zur Verbesserung der Anwesenheit zu entwickeln und umzusetzen.

1.1 Das Kontinuum von »arbeitsfähig gesund« und »arbeitsunfähig krank«: Kritische Übergänge und Möglichkeiten der Intervention

»Gesundheit« und »Krankheit« stellen eher die Pole in einem Kontinuum gradueller Beeinträchtigungen der physischen, psychomentalen und psychosozialen Funktions- und Leistungsfähigkeit des Individuums dar, als dass sie binär als »entweder/oder« (»0/1«) voneinander abzugrenzen wären.

Bei der jeweiligen Verortung einer Person auf dieser Skala, die sich zwischen »arbeitsfähig gesund« und »arbeitsunfähig krank« erstreckt, spielen zahlreiche Faktoren eine Rolle, die bei möglichen Interventionsmaßnahmen zur Verbesserung der Anwesenheit adressiert werden können. Wie können wir uns dieses Kontinuum vorstellen und welche Konsequenzen können wir daraus ziehen?

Vier Punkte auf dem Gesundheits-Krankheits-Kontinuum markieren im Verlauf der individuellen Anwesenheits-Karriere die verschiedenen Stufen bzw. Etappen relativer oder bedingter Arbeits- bzw. Arbeitsunfähigkeit (vgl. Schaefer/Blohmke 1978: 419ff.; Marstedt/Müller 1998: 31ff.; Ortlieb 2003: 75ff.):

```
A ------------------------------------------------------- B --------------- C ---------------------- D
|                        a                                |        b        |           c            |
```

- *Punkt A* soll einen Zustand völliger Gesundheit und Beschwerdelosigkeit darstellen, in dem die Individuen sowohl vom objektiven medizinischen Befund als auch vom subjektiven Empfinden her als »gesund« zu betrachten sind.
- *Punkt B* charakterisiert das Auftreten einer Befindensstörung oder eines Unwohlseins, wobei das Individuum sich in seiner Gesundheit und Leistungsfähigkeit gestört fühlt.
- *Punkt C* markiert den Schritt des Individuums, professionelle Hilfe in Anspruch zu nehmen und den Arzt aufzusuchen, weil die Leistungsfähigkeit herabgesetzt und die Gesundheit »angeschlagen« ist, sodass es zur Krankschreibung kommen kann.
- *Punkt D* beschreibt einen Zustand schwerer, manifester Krankheit, der sich aufgrund objektiver medizinischer Befunde und der subjektiven Empfindung infolge gravierender Beeinträchtigungen der Leistungsfähigkeit, krank zu sein, ausdrückt.

Damit werden drei Stufen der Arbeits(un)fähigkeit gekennzeichnet, die sich zwischen den Polen »Gesundheit« und »Krankheit« unterscheiden lassen und unterschiedliche Ansatzpunkte möglicher Interventionsmaßnahmen bieten:

a) *Stufe a* umfasst *zweifellos Gesunde*, die aufgrund objektiver und subjektiver Kriterien als »gesund« zu betrachten und in ihrer Leistungsfähigkeit nicht wesentlich beeinträchtigt sind. Sofern diese Personen »krankheitsbedingt« der Arbeit fernbleiben, erfüllt dies nicht die Anforderungen des Entgeltfortzahlungsgesetzes, weil sie nicht »durch Arbeitsunfähigkeit infolge Krankheit« an ihrer Arbeitsleistung verhindert sind (§ 3 Abs. 1 EFZG). Es handelt sich insofern um *»illegitime Kranke«*, um so genannte »Simulanten« oder »Missbrauchsfälle« der Entgeltfortzahlung im Krankheitsfall. Ziel dieses Verhaltens sind das Ausweichen bzw. die Flucht aus beruflichen Pflichten und Zwängen sowie der Wunsch nach alternativer Zeitverwendung, nach Erholung und zusätzlicher Freizeit. Ihre Anwesenheit im Betrieb wäre daher ohne weiteres möglich. – Maßnahmen zur Erhöhung der Motivation in Form von extrinsischen (z.B. monetäre Gratifikationen, Anerkennung) und intrinsischen Anreizen (z.B. Handlungsspielraum, Entscheidung und Verantwortung) sowie durch Sanktionen (z.B. Kontrolle des Verhaltens, rechtliche Schritte, Entgelteinbußen) können daher zur Verbesserung der Anwesenheit beitragen.

b) *Stufe b* erstreckt sich auf die *Grauzone relativer Krankheit* bzw. bedingter Gesundheit, die ein breites Spektrum von Befindlichkeitsstörungen sowie Krankheitsvor- und Frühstadien einschließlich Erschöpfungszuständen oder chronischen Krankheitsbeschwerden umfassen kann. Die Betroffenen fühlen sich dabei gesundheitlich »angeschlagen« und graduell leistungsgemindert. Ob sie sich »krank melden« oder trotz dieser gesundheitlichen Beeinträchtigungen zur Arbeit gehen, hängt zum einen vom Grad ihrer Leistungsminderung (im Verhältnis zu den Arbeitsanforderungen) sowie vom Ergebnis der Selbsthilfe bzw. Selbstmedikation und sozialer Unterstützung und zum anderen von gesellschaftlichen Normen sowie von der persönlichen Einstellung zu Arbeit und Betrieb ab. Wenn sie der Arbeit fern bleiben, kann dies auf ihre höhere Symptomaufmerksamkeit oder niedrigere Symptomtoleranz sowie auf eine niedrigere Motivation und Identifikation hindeuten. Die gesundheitlichen Beeinträchtigungen sind in diesen Fällen zwar ein faktischer Anlass, sie wären aber kein zwingender Grund für die Abwesenheit. Diese *»bedingt legitim Kranken«* betrachten ihre Abwesenheit als Mittel zur Schonung und Regeneration der Gesundheit und Leistungsfähigkeit sowie zur Vermeidung der Verschleppung oder Chronifizierung gesundheitlicher Beschwerden; sie wollen vermeiden, dass sich der prämorbide Zustand (Krankheitsvorstadium) zu einer manifesten Erkrankung verschlimmert. – Ansatzpunkte zur Verbesserung der Anwesenheit dieser Personen können insbesondere in der relativen Schonung durch vorübergehend eingeschränkte bzw. verringerte Leistungsanforderungen oder zusätzliche Unterstützung bei der Erfüllung der verlangten bzw. erwarteten Anforderungen am Arbeitsplatz sowie durch Beratung und Hilfestellung bei der besseren Bewältigung gesundheitlicher Beeinträchtigungen (z.B. infolge chronischer Erkrankungen) gefunden werden. In diesem Zusammenhang vermag auch die Vermeidung bzw. Verringerung gesundheitlicher Belastungen und Gefährdungen am Arbeitsplatz durch verstärkten Arbeits- und Gesundheitsschutz sowie menschengerechtere Gestaltung der Arbeit zur Anwesenheitsverbesserung beizutragen.

c) *Stufe c* betrifft *behandlungsbedürftig Kranke*, die schwerwiegendere, manifeste Erkrankungen aufweisen und unter massiven Leistungsminderungen leiden. Aufgrund objektiver medizinischer Befunde und subjektiven Befindens sind sie als »krank« zu betrachten (*»legitime Kran-*

ke«). Ihre Abwesenheit dient der Wiederherstellung der Leistungs- und Arbeitsfähigkeit; sie nehmen daher professionelle ärztliche Hilfe in Anspruch, um möglichst vollständig und unverzüglich wieder gesund zu werden. – Maßnahmen zur Verbesserung der Anwesenheit können sich hierbei auf die Beratung und Unterstützung beim Zugang zu wirksamer Behandlung und künftiger Vorbeugung (Verhältnis- und Verhaltens-Prävention) sowie auf die Unterstützung und Förderung der Genesung und Rekonvaleszenz erstrecken. Auch Maßnahmen der menschengerechten Arbeitsgestaltung sowie präventiver Arbeits- und Gesundheitsschutz, die sich auf die Vermeidung bzw. Verringerung arbeitsbedingter Gefährdungen der Gesundheit richten, können prospektiv die Anwesenheit verbessern. Eher kontraproduktiv wirken sich bei dieser Gruppe Maßnahmen zur Anwesenheitsverbesserung aus, die auf eine Verkürzung bzw. Leugnung tatsächlicher Krankheitsepisoden durch Appelle an die Motivation oder durch negative Sanktionen abzielen, weil dies letztlich zu einer zusätzlichen Gefährdung in Gestalt eines Arbeits- oder Wegeunfalls oder zu einer Verschleppung der Krankheit und Verlängerung der Abwesenheit führen kann.

1.2 Anwesenheit durch »Fügsamkeit« – Resultat der Legitimität betrieblicher Herrschaft: Innere Gründe der subjektiven Verpflichtung zur Anwesenheit

Wenn wir die Anwesenheit als Resultat des »Gehorsams« gegenüber betrieblicher Herrschaft verstehen, können wir zwei Hebel unterscheiden, die für ein erwartungskonformes Verhalten der Beschäftigten sorgen (Weber 1921/1956: 26ff., 117ff.). Es genügt nicht, dass den Beschäftigten gegenüber die Erwartung regelmäßiger Anwesenheit (»Gehorchen-Sollen«) durch »äußere Zwangsmittel« in Gestalt persönlicher, technischer und organisatorischer Kontrolle sowie durch personale, formale und fachliche Autorität – »auch gegen Widerstreben« – durchgesetzt wird. Vielmehr muss auf Seiten der Beschäftigten die innere Bereitschaft zur »Fügsamkeit«, das »Gehorchen-Wollen«, hinzukommen, die wesentlich vom subjektiven Einverständnis in die »Legitimität« bzw. Rechtmäßigkeit des betrieblichen Anspruchs auf Anwesenheit bestimmt wird (siehe Abbildung 1).

Die inneren Gründe für die Anerkennung der Legitimität der Pflicht zur Anwesenheit können unterschiedlicher Natur sein, wobei die folgenden »Idealtypen« in Wirklichkeit stets in Mischformen vorkommen (Weber 1921/1956: 157ff. und 24ff.). Diese zweck- und wertrationalen, emotionalen

Abbildung 1: Anwesenheit durch »Fügsamkeit«

und traditionalen Gründe bieten zugleich geeignete Ansatzpunkte für Maßnahmen zur Verbesserung der Anwesenheit im Betrieb:

1. Die Pflicht zur Anwesenheit kann von den Beschäftigten als Ergebnis des Arbeitsvertrages mit seinem Austauschverhältnis auf Gegenseitigkeit von Arbeitsleistung gegen Entgeltzahlung (»Synallagma«) betrachtet werden. Die Anwesenheit der Beschäftigten ist insofern die *zweckrationale* Voraussetzung für die Erfüllung des technisch-organisatorischen Betriebszwecks der Produktion von Gütern bzw. Dienstleistungen ebenso wie zur Erzielung eines existenzsichernden Einkommens aus unselbständiger Arbeit. Kurz: Man kommt zur Arbeit, weil es für den Produktionszweck und für das Einkommensinteresse »nützlich« ist. – Zur Verbesserung der Anwesenheit können diese zweckrationalen Motive z.B. durch Informationen über den individuellen Beitrag zum Produkt bzw. zur Produktion bzw. Leistungserstellung oder über die störenden Effekte von Fehlzeiten für den Arbeitsablauf ebenso adressiert werden wie durch eine sicht- oder spürbare Verknüpfung des Anwesenheits- mit dem Einkommensniveau oder die Verbindung vertraglicher Pflichten mit zugehörigen Rechten bzw. Ansprüchen (z.B. in Form von Zielvereinbarungen).
2. Die Verpflichtung zur Anwesenheit kann sich für die Beschäftigten aus dem bewussten Glauben an die Verbindlichkeit ethischer Verhaltensimperative ergeben. Die Anwesenheit ist daher Ergebnis der Überzeugung, dass es ungeachtet bestehender Interessendivergenzen doch gemeinsame Ziele übergeordneter Natur im Betrieb gibt. Die soziale Verbindlichkeit der Pflicht zur Anwesenheit ist insofern Ergebnis der Überzeugung, dass das individuelle Verhalten *wertrationalen* Überlegungen von ethisch »richtigen« und »falschen« Handlungsweisen folgt. Kurz: Man kommt zur Arbeit, weil man es moralisch für »richtig« bzw. ethisch für

geboten hält. – Zur Verbesserung der Anwesenheit können diese wertrationalen Motive durch die Betonung gemeinsamer Ziel- und Wertvorstellungen zwischen Betrieb und Individuum bedient werden, was durch die Beteiligung der Beschäftigten am Erfolg des Unternehmens (z.B. in Form von Gratifikationen, die individuelle Leistungen honorieren oder durch Leistungen, die den Rentenanspruch erhöhen) zum Ausdruck gebracht werden kann.

3. Die subjektive Verpflichtung zur Anwesenheit kann aus dem Gefühl von Solidarität, Zugehörigkeit und Sympathie gegenüber den Kollegen und/oder Vorgesetzten sowie dem Betrieb hervorgehen. Die Motive zur Anwesenheit können insofern affektuellen bzw. *emotionalen* Gefühlslagen entspringen, die in der gefühlsmäßigen Hingabe an die soziale Gemeinschaft bei der Arbeit aktualisiert werden können. Kurz: Man kommt zur Arbeit, weil man die Kollegen und die Vorgesetzten nicht allein, sozusagen nicht »im Stich« lassen will. – Zur Verbesserung der Anwesenheit können diese affektuellen Motive durch die Pflege des Betriebsklimas und durch die Förderung des Zusammenhalts z.B. in Form gemeinschaftsstiftender Einrichtungen und Aktivitäten, durch Maßnahmen zur sozialförderlichen Arbeitsgestaltung (z.B. Team- bzw. Gruppenarbeit) sowie Freizeitgestaltung (z.B. Sporttreffs) verstärkt werden.
4. Die Pflicht zur Anwesenheit kann schließlich aus der gewohnheitsmäßigen Übernahme von in der sozialen Umwelt, insbesondere von »bedeutsamen Dritten«, praktizierten Verhaltensweisen resultieren. Regelmäßige Anwesenheit entspringt insofern einem *traditionalen* Verhalten, das sich an dem hergebrachten, üblichen und allgemein akzeptierten Handeln orientiert. Kurz: Man kommt zur Arbeit, weil man das schon immer so getan hat und weil sich die anderen ebenso verhalten. – Zur Verbesserung der Anwesenheit kann die »Vorbildlichkeit« dieses Verhaltens als konstitutiver Bestandteil der etablierten professionellen Identität der jeweiligen Berufs- bzw. Tätigkeitsgruppe z.B. durch die Pflege von Elementen eines etablierten beruflichen Selbstbildes, zu dem es gehört, nur im Ausnahmefall tatsächlicher Krankheit der Arbeit fern zu bleiben, herausgestellt werden.

1.3 Anwesenheit als Ergebnis von »Sollen«, »Wollen« und »Können« der Beschäftigten

Wir können die Anwesenheit der Beschäftigten als ein Verhalten verstehen, das aus einem Zusammenspiel von sozialem Sollen, individuellem Wollen und persönlichem Können resultiert und das sich jeweils in einer bestimmten betrieblichen Situation äußerer Umstände (betriebliche Ermöglichung) vollzieht (vgl. Rosenstiel 1998: 280). Diese vier Bestimmungsgründe der Anwesenheit, die selbst miteinander in komplexen Wechselwirkungen interagieren, bieten daher zugleich eine ganze Reihe von Ansatzpunkten für Maßnahmen zur Verbesserung der Anwesenheit:

Abbildung 2: Anwesenheit als Ergebnis von »Sollen«, »Wollen« und »Können«

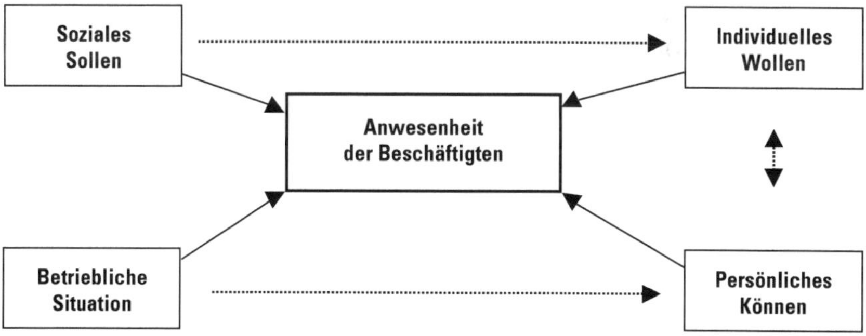

1. Die tatsächliche Anwesenheit der Beschäftigten wird von dem System der Normen und Werte nachhaltig beeinflusst, das in einem Unternehmen herrscht und das die Individuen mit bestimmten Pflichten und Rechten versieht. Insbesondere die expliziten Anforderungen und impliziten Erwartungen bezüglich der Anwesenheit, die von Vorgesetzten, Kollegen oder Arbeitsgruppen bzw. Teams formal artikuliert oder informell kommuniziert werden, kennzeichnen die herrschenden Verhaltensimperative, die im Sinne eines »*sozialen Sollens*« dafür sorgen, was »man tut« und was man »nicht tut«. Durch formale und informelle Anerkennungen und Sanktionen wird das erwünschte Sozialverhalten der Anwesenheit durch Gratifikationen gefördert, und die unerwünschten Fehlzeiten werden reduziert. Normen und Werte sowie Gratifikationen und Sanktionen tragen dazu bei, dass eine »Anwesenheitskultur« entsteht, die durch geeignete Maßnahmen und betriebliche Kampagnen zur Anwesenheitsverbesserung gezielt gefördert werden kann.

2. Damit sie wirklich verhaltenslenkend wirken, müssen die sozialen Normen und Werte von den Beschäftigten verinnerlicht und Teil ihres »*individuellen Wollens*« werden. Kurz: Das »Gehorchen-Sollen« muss vom »Gehorchen-Wollen« begleitet werden. Die tatsächliche Anwesenheit der Beschäftigten hängt daher entscheidend von ihrem bewussten Willen und von ihrer empfundenen Motivation ab, nur in begründeten Ausnahmefällen nicht zur Arbeit zu kommen. Die inneren Wertehaltungen, die persönlichen Überzeugungen von »richtig« und »falsch« im Hinblick auf die Arbeitsmoral halten wie ein »ethischer Kreiselkompass« die Beschäftigten auf »Anwesenheitskurs«. Die Identifikation mit der Arbeit und der Firma, die Zufriedenheit mit den Arbeitsbedingungen und den Beziehungen zu den Kollegen und Vorgesetzten sind für die subjektive Motivation zur Anwesenheit mit entscheidend.
3. Die Anwesenheit der Beschäftigten ist abhängig von ihrer Leistungsfähigkeit. Das betrifft ihre Möglichkeiten, die verlangten Arbeitsaufgaben sowohl im Hinblick auf die Qualität der Arbeit als auch in Bezug auf die Erledigung eines bestimmten Arbeitspensums in der zur Verfügung stehenden Zeit zu erfüllen. Das »*persönliche Können*« ist eine wichtige Voraussetzung der Anwesenheit. Wenn die Leistungsfähigkeit aufgrund gesundheitlicher Beeinträchtigungen des Wohlbefindens eingeschränkt ist, entscheiden die persönlichen Möglichkeiten im Verhältnis zu den objektiven Anforderungen letztlich mit darüber, ob die Beschäftigten zur Arbeit kommen oder nicht. Wenn die Betroffenen den Eindruck haben, dass sie ihre »Normalleistung« aufgrund gesundheitlicher Beeinträchtigungen nicht oder allenfalls unter zusätzlichen Beschwernissen erbringen können, bleiben sie eher der Arbeit fern. Wenn sie hingegen davon überzeugt sind, dass sie z.B. durch zusätzliche Unterstützung (Kollegen, Vorgesetzte) und/oder vorübergehende Verringerung der Anforderungen zu einem hinreichenden Leistungsniveau in der Lage sein werden, kommen sie eher zur Arbeit.
4. Die äußeren Umstände der betrieblichen Situation, insbesondere die Arbeitsbedingungen, können die Anwesenheit erheblich beeinflussen, weil sie nicht nur die Zufriedenheit und damit das »individuelle Wollen« tangieren, sondern auch die objektiven Anforderungen und deshalb das »persönliche Können« zur Anwesenheit der Beschäftigten betreffen. Kurz: Die objektive »*Situation*«, in der das Anwesenheits-Verhalten stattfindet, beinhaltet eine Reihe von äußeren Umständen, die sich auf die Anwesenheit der Beschäftigten entweder hemmend oder begünstigend auswirken

können. Eine menschengerechte Arbeitsgestaltung und ein konsequenter Arbeits- und Gesundheitsschutz, die Beteiligung der Mitarbeiter an den Entscheidungen und die Gewährung eines gewissen Handlungs- und Entscheidungsspielraumes ohne Überforderung der Beschäftigten wirken sich als äußere situative Merkmale ebenso positiv auf die tatsächliche Anwesenheit aus, wie die Chancen beruflichen Weiterkommens und die Möglichkeiten der Vereinbarung von Berufs- und Privatleben.

Dieses für die Anwesenheit wichtige »Sollen« und »Wollen« in Einklang zu bringen, ist ein Teilaspekt des generellen *Transformationsproblems*, vor das sich jede Organisation gestellt sieht, die unselbständige Arbeitskräfte beschäftigt. Denn das in Form des Arbeitsvertrages »kontrahierte Arbeitsvermögen« muss in »realisierte Arbeitsleistung« verwandelt werden (Neuberger 1997: 307), damit es sich in einer konkreten Dienstleistung oder einem Gut verwirklichen kann. Die regelmäßige Anwesenheit und die Vermeidung von Fehlzeiten stellt dabei eine Grundvoraussetzung für die kontinuierliche und verlässliche Nutzung der Arbeitskraft dar.

Für die tatsächliche Anwesenheit ganz entscheidend ist die subjektive Verbindlichkeit, mit der die arbeitsvertragliche Pflicht zur Erbringung der Arbeitsleistung von den Beschäftigten selbst empfunden wird. Der *juristische* Arbeitsvertrag ist hierfür zwar eine notwendige, aber keine hinreichende Voraussetzung. Dieser explizite und schriftlich fixierte Arbeitsvertrag zwischen ArbN und ArbG geht nämlich einher mit einem impliziten, sozusagen *»psychologischen«* Arbeitsvertrag (»psychological contract«), der letztlich in den individuellen Erwartungen und persönlichen Werthaltungen der Beschäftigten verankert ist (Rousseau 1995). Aus dieser Perspektive kann man zwischen einem geschriebenen, expliziten und einem ungeschriebenen, impliziten Kontrakt bzw. Vertrag unterscheiden, der zwischen ArbN und ArbG besteht. Innere Selbstverpflichtung aufgrund psychologischer Selbsteinbindung (»commitment« und »involvement«) erweist sich in aller Regel als eine bessere Voraussetzung für die vollständige Erfüllung von Verträgen als äußerer Zwang; daher ist der *»psychologische Arbeitsvertrag«* von Bedeutung. Denn Verträge sind nicht allein etwas *Juristisches* (mit letztlich einklagbaren Rechten und Pflichten), sondern mehr noch etwas *Psychologisches* (mit der Anerkennung wechselseitigen Versprechens eines gegenseitigen Gebens und Nehmens).

Wichtig für den psychologischen Arbeitsvertrag ist nicht nur, dass das Individuum davon überzeugt ist, dass es der Organisation ein bestimmtes Verhalten schuldet (z.B. Anwesenheit, Loyalität, Leistungsbereitschaft), sondern auch die Wahrnehmung, inwieweit die Organisation ihrer Verpflichtung gegenüber dem Individuum nachkommt (z.B. Anerkennung, Sicherheit, Verhältnis von Leistung und Entgelt). Mit anderen Worten: Die subjektive Verbindlichkeit (»commitment«) sowie die Akzeptanz und Verlässlichkeit (»reliance«), mit der die impliziten Pflichten aus dem psychologischen Arbeitsvertrag erfüllt werden, ist entscheidend davon abhängig, ob die Beschäftigten den Eindruck haben (können), dass die Verpflichtungen zwischen Individuum und Organisation auf *Gegenseitigkeit* (»mutuality«) und *Wechselseitigkeit* (»reciprocity«) beruhen (Rousseau 1995: 7-14).

1.4 Bestimmungsfaktoren der Anwesenheit: Ergebnisse empirischer Studien

Einige Komplexe von Faktoren, die auf die Anwesenheit der Beschäftigten offenbar einen starken Einfluss ausüben, sind in empirischen Untersuchungen immer wieder festgestellt worden (Hauß 1992). Insbesondere vier Faktorenbündel spielen dabei eine wichtige Rolle.

Abbildung 3: Bestimmungsfaktoren der Anwesenheit

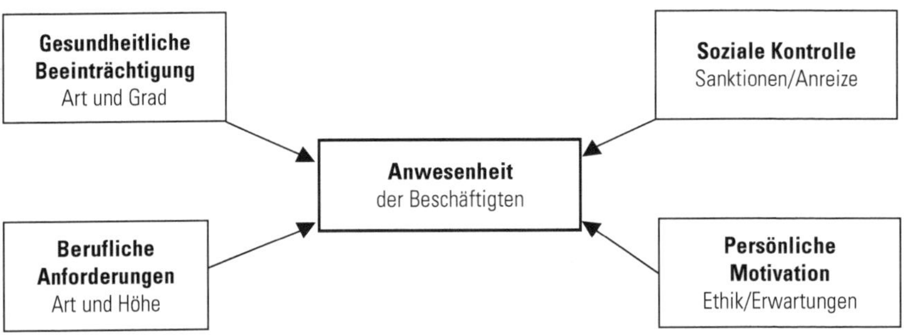

1. Die Art und Schwere der *gesundheitlichen Beeinträchtigung* spielt eine besonders wichtige Rolle dabei, ob es zu krankheitsbedingten Fehlzeiten kommt. Zum einen, weil dadurch die berufliche Leistungsfähigkeit gemindert ist, und zum anderen, weil davon die Legitimität der Entgeltfortzahlung im Krankheitsfall abhängt. Kurz: Je schwerer die krankheitsbedingte Beeinträchtigung der Leistungsfähigkeit, um so geringer die Wahrscheinlichkeit der Anwesenheit im Betrieb. Gelingt es, den Schweregrad der gesundheitlichen Beeinträchtigung durch geeignete Intervention (z.B. vorbeugenden Gesundheitsschutz und begleitende Unterstützung bzw.

gesundheitliche Versorgung) möglichst niedrig zu halten, fördert dies die Anwesenheit.

2. Die Art und Schwere der *beruflichen Anforderungen* sind insbesondere in zweifacher Hinsicht für die Anwesenheit von Bedeutung. Zum einen bestimmen sie im Verhältnis zur Art und Schwere der gesundheitlichen Beeinträchtigung der Leistungsfähigkeit über die tatsächliche »Arbeitsfähigkeit« und zum anderen wächst mit dem Grad der Arbeitsbelastungen die Wahrscheinlichkeit krankheitsbedingter Fehlzeiten. Menschengerechte Arbeitsgestaltung sowie präventiver Arbeits- und Gesundheitsschutz können daher in doppelter Weise die Anwesenheit der Beschäftigten fördern. Sie reduzieren die arbeitsbedingten Risiken gesundheitlicher Gefährdungen und erleichtern die Erfüllung der beruflichen Anforderungen.
3. Die Formen der *sozialen Kontrolle* und der Sanktionen, durch die ungerechtfertigte Fehlzeiten vermieden und die Anwesenheit gefördert werden sollen, spielen ebenfalls eine wichtige Rolle. Der Druck und die Sanktionen, die bei häufiger Abwesenheit drohen (z.B. Kontrollbesuche, Rückkehrgespräche, finanzielle Einbußen) sowie die kritischen Reaktionen der Kollegen und Vorgesetzten haben ebenfalls Einfluss auf die Anwesenheit. Allerdings sehen sich alle Kontroll- und Disziplinarmaßnahmen vor der Schwierigkeit, Kriterien und Anhaltspunkte zu entwickeln, die zwischen gerechtfertigtem und ungerechtfertigtem Fehlen zu unterscheiden in der Lage sind, damit nicht unsensitive Entscheidungen zu »Kollateralschäden« in der Arbeitsmoral führen.
4. Die persönliche *Motivation* der Beschäftigten ist ein wichtiger Faktor der Anwesenheit, wobei insbesondere die Zufriedenheit mit den Arbeitsbedingungen, das soziale Klima gegenüber den Kollegen und Vorgesetzten, die Identifikation mit der Arbeit und die Überzeugung vom Stellenwert des eigenen Leistungsbeitrages zum betrieblichen Erfolg mit ausschlaggebend sind. Kurz: Wer davon überzeugt ist, dass er seine Arbeit besonders gut macht und dass es auch auf ihn ankommt, ob der Betrieb gut läuft und man nicht so leicht auf ihn verzichten kann, der wird erst bei gravierenden Erkrankungen der Arbeit fern bleiben. Durch die Übertragung von Verantwortung und die Gelegenheit zu beruflichen Erfolgserlebnissen sowie durch die Anerkennung der geleisteten Arbeit kann diese Identifikation mit der Arbeit und dem Betrieb gefördert werden.

1.5 Anwesenheit als Ergebnis von Arbeitsmotivation und Arbeitsfähigkeit

Wir können mehrere der bereits angeführten Aspekte des Ursachengeflechts, das über die Anwesenheit der Beschäftigten entscheidet, in einem »Anwesenheits-Modell« (Steers/Rhodes 1978; Neuberger 1997: 62ff.; Ortlieb 2003: 48ff.) zusammenfassen, das in der folgenden Übersicht verdeutlicht werden kann:

Abbildung 4: Anwesenheit als Ergebnis von Arbeitsmotivation und Arbeitsfähigkeit

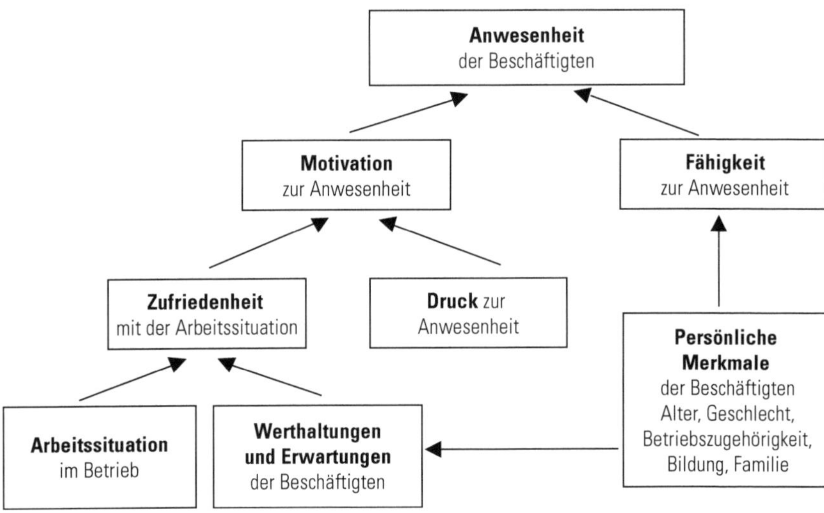

Die *Anwesenheit* der Beschäftigten ist dabei als Ergebnis der Motivation und der Fähigkeit zur Anwesenheit zu verstehen. Die *Fähigkeit* zur Anwesenheit, also die Möglichkeit, angesichts von Krankheit, Unfall, Familienpflichten und Verkehrsinfrastruktur zur Arbeit zu kommen, wird im Wesentlichen bestimmt von den *persönlichen Merkmalen* der Beschäftigten, insbesondere von Alter, Geschlecht, Familienverhältnissen, Bildungsniveau und Betriebszugehörigkeit. Die *Motivation* zur Anwesenheit ist dem zu Folge letztlich das Ergebnis der *Zufriedenheit* mit den Arbeitsbedingungen und des *Druckes* zur Anwesenheit (z.B. Arbeitsmarkt, Kontrolle, Sanktionen, Erwartungen). Die Zufriedenheit mit der Arbeitssituation wiederum ist abhängig von der tatsächlichen *Arbeitssituation* im Betrieb (z.B. Arbeitsaufgabe, Betriebsklima, Umgebungseinflüsse) und von den individuellen *Werthal-*

tungen und beruflichen Erwartungen bzw. Ansprüchen der Beschäftigten. Arbeitszufriedenheit wird insofern als individuelle Bilanz zwischen tatsächlichen Arbeitsbedingungen auf der einen und individuellen Erwartungen auf der anderen Seite betrachtet.

1.6 »*Präsentismus*«: Anwesenheit trotz Krankheit

Vor dem Hintergrund anhaltender Arbeitslosigkeit und weiter sinkenden Krankenstands wächst die Gefahr, dass selbst ernsthaft Kranke – sei es aus Verantwortungsbewusstsein, sei es aus Angst um den Arbeitsplatz oder vor beruflichen Nachteilen – nicht mehr der Arbeit fern bleiben und sogar nicht einmal mehr zum Arzt gehen. Auf diese Weise kann sich nicht nur kurzfristig die Unfall- und Verletzungsgefahr bei der Arbeit und auf dem Arbeitsweg steigern, mittel- und langfristig können sich darüber hinaus durch die Verschleppung und Verschlimmerung von Krankheiten die Risiken chronischer Erkrankungen mit den entsprechenden Folgen einer nachhaltigen Schädigung der Arbeits- und Erwerbsfähigkeit erhöhen, was die sozialen Sicherungssysteme zusätzlich belasten und die wirtschaftliche Existenz der Betroffenen gefährden würde. Untersuchungen aus dem angelsächsischen und skandinavischen Raum kamen überdies zu dem Ergebnis, dass die Anwesenheit kranker Beschäftigter (Präsentismus) zu erheblichen Produktivitätseinbußen im Unternehmen führen kann und dass die verborgenen Kosten der Anwesenheit trotz Krankheit weitaus höher sein können als die Kosten, die in der Regel durch krankheitsbedingte Fehlzeiten entstehen.

Hohe krankheitsbedingte Fehlzeitenquoten sind nicht nur dem wirtschaftlichen Erfolg des Unternehmens abträglich, weil sie »Kosten ohne Leistung« bedeuten und weil die Leistungserfüllung gegenüber den Kunden beeinträchtigt wird. Darüber hinaus stellen häufige Fehlzeiten in der Belegschaft die Vorgesetzten angesichts der knappen Personaldecke, die in den Unternehmen meistens herrscht, vor zusätzliche Probleme der Arbeitsorganisation, damit die betrieblichen Arbeitsabläufe aufrecht erhalten werden können. Nicht zuletzt bedeuten hohe Abwesenheitsquoten für die anwesenden Beschäftigten erhebliche Mehrbelastungen, weil aufgrund der knappen Personaldecke die Arbeit der fehlenden Kollegen vielfach von ihnen mit erledigt werden muss. So wünschenswert daher die Verbesserung der Anwesenheit und die Verringerung der Fehlzeiten sind, so doch nicht um jeden Preis.

Wie in anderen Ländern, die sich durch eine anhaltende und hohe Arbeitslosigkeit auszeichnen, befindet sich auch in Deutschland der Krankenstand auf einem Allzeit-Tief: 2005 lag der Anteil der Kranken an allen Pflicht-

Abbildung 5: Zusammenhang von Krankenstand und Arbeitslosenquote 1960-2005 (Bundesrepublik Deutschland, alte Bundesländer)

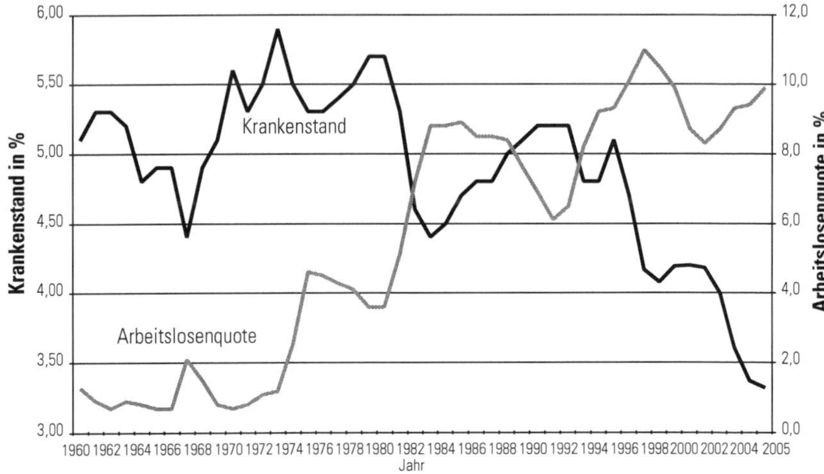

mitgliedern im Durchschnitt aller Kassen der gesetzlichen Krankenversicherung (alte Bundesländer) bei nur 3,32%. Die Höhe des Krankenstandes korrespondiert im Zeitverlauf überaus deutlich mit der Höhe der Arbeitslosenquote (Korrelationskoeffizient nach Pearson r = -0,66): Hohe Arbeitslosigkeit geht mit niedrigem Krankenstand einher und umgekehrt.

In Abbildung 5 wird die Entwicklung des Krankenstandes (Pflichtmitglieder in der Gesetzlichen Krankenversicherung) und der Arbeitslosenquote von 1960 bis 2005 für die alten Bundesländer gegenübergestellt. Der weiterhin sinkende Krankenstand dürfte aber auf mehrere Ursachen zurückzuführen sein:

- Als wichtige Ursache für den rückläufigen Krankenstand wird zu Recht im Allgemeinen die Bedeutung der Angst der Beschäftigten vor dem Verlust des Arbeitsplatzes oder vor anderen beruflichen Nachteilen angesichts der Ungunst auf dem Arbeitsmarkt angesehen; insofern gehen von hohen Arbeitslosenquoten *Disziplinierungseffekte* aus, die dazu führen, dass die Symptomtoleranz der Beschäftigten bei gesundheitlichen Beeinträchtigungen steigt, sodass sie erst bei schwerwiegenderen Krankheitssymptomen der Arbeit fernbleiben.
- Hinzu kommen dürften *Selektionseffekte*, die sich aufgrund der bei Personalabbau praktizierten Auslese verwirklichen, wobei jüngere, gesündere und leistungsstärkere Beschäftigte eher gehalten und ältere, häufiger

bzw. längere Zeit kranke und leistungseingeschränkte Personen eher entlassen werden. Auf diese Weise entstehen die sprichwörtlichen »olympiareifen Belegschaften«, die tendenziell niedrigere Fehlzeitenquoten aufweisen. Der steigende Anteil von Personen mit gesundheitlichen Einschränkungen unter den Langzeitarbeitslosen ist ein weiteres Indiz für diese Selektionsprozesse, die durch Möglichkeiten des Übergangs in den vorzeitigen Ruhestand für ältere Beschäftigte erleichtert wurden.

- Darüber hinaus dürften *Struktureffekte* wirksam geworden sein, die zum einen auf den Wandel in der Struktur der Beschäftigten *zwischen* den Sektoren (*Wandel der Wirtschaftsstruktur*) in Form des Beschäftigtenwachstums von Branchen mit eher niedrigen Fehlzeitenquoten (z.B. »Dienstleistungssektor«) und gleichzeitigem Beschäftigtenrückgang in Wirtschaftszweigen mit hohen Fehlzeitenquoten (z.B. Altindustrien, Baugewerbe) zurückgehen. Zum anderen beruhen diese Struktureffekte auf dem Strukturwandel zwischen den Berufen *innerhalb* der Wirtschaftszweige (*Wandel der Berufs- bzw. Tätigkeitsstruktur*) im Gefolge des technischen Fortschritts, der z.B. mit einem relativen Rückgang der »herstellenden« und einer Zunahme der »verwaltenden« Berufe auch im sekundären Sektor (Industrie und produzierendes Handwerk) einher geht, was sich letztlich ebenfalls in den Fehlzeitenquoten niederschlagen dürfte.
- Schließlich dürften sich auch die im Laufe der Zeit realisierten Verbesserungen im öffentlich-rechtlichen *Arbeits- und Gesundheitsschutz* sowie die Effekte der betrieblichen *Gesundheitsförderung* allmählich positiv auf die Fehlzeitenquoten auswirken.

Unter dem Begriff »*Absentismus*« (engl.: *absenteeism*) wird seit längerem in der Literatur zur Fehlzeitenproblematik die Abwesenheit ohne krank zu sein thematisiert. Wenn Beschäftigte nicht zur Arbeit kommen, ohne dass ein zwingender medizinischer Grund dafür vorliegt, spricht man in der Regel von »motivationsbedingtem Absentismus«, wobei die Abwesenheit nicht durch einen arbeitsvertraglich oder arbeitsrechtlich legitimierten Grund (vgl. § 3 Entgeltfortzahlungsgesetz) »entschuldigt« ist (vgl. Neuberger 1997: 310ff. und 316; Brandenburg/Nieder 2003: 37). Für den gegenteiligen Fall, also die Anwesenheit, ohne gesund zu sein, wurde in den letzten Jahren der Begriff »*Präsentismus*« (engl.: *presenteeism*) geprägt (Aronsson u.a. 2000: 503; Hemp 2004).

In einer ganzen Reihe von Untersuchungen vor allem aus den USA, Skandinavien und Großbritannien wurde in diesem Zusammenhang beklagt, dass der Produktivitätsverlust (»on-the-job-productivity-loss«), der dadurch entsteht, dass Beschäftigte trotz Krankheit zur Arbeit gehen *(»sickness presenteeism«)*, vielfach erheblich größer ist als jener, der infolge der krankheitsbedingten Fehlzeiten *(»sickness absenteeism«)* für die Unternehmen entsteht.

Denn durch die krankheitsbedingte Minderleistung der trotz Krankheit zur Arbeit gehenden Beschäftigten kann die individuelle Produktivität der Betroffenen um ein Drittel oder mehr verringert werden (Hemp 2004: 49). Die Kosten, die den Unternehmen in den USA durch solche krankheitsbedingte Minderleistung anwesender Kranker entstehen, werden auf mehr als 150 Mrd. US-Dollar jährlich geschätzt (Hemp 2004: 51). Fallstudien in den USA kamen zu dem Ergebnis, dass die verborgenen Kosten des Präsentismus für die Unternehmen zwei- bis dreimal höher waren als die Ausgaben für die Krankenversicherung der bei ihnen Beschäftigten insgesamt (Hemp 2004: 51). Der durch Schmerzsyndrome (v.a. Kopf- und Rückenschmerzen) und Depressionen verursachte Produktivitätsverlust aufgrund krankheitsbedingter Minderleistung war beispielsweise dreimal höher als der Produktionsausfall durch abwesende Kranke (Hemp 2004: 51).

In einer umfangreichen Studie aus den USA wurden die Kosten untersucht, die aufgrund der zehn wichtigsten Krankheitsbilder (Bluthochdruck, Herzkrankheiten, Depressionen und andere psychische Störungen, Arthritis, Krebs, Allergien, Asthma, Diabetes, Migräne bzw. Kopfschmerzen, Atemwegserkrankungen) den Unternehmen zum einen durch abwesende Kranke (sickness absenteeism) und zum anderen anwesende Kranke (sickness presenteeism) entstehen (Goetzel u.a. 2004).

Dabei zeigte sich, dass im Durchschnitt dieser zehn häufigsten Krankheitsarten 39% der dadurch entstandenen Kosten durch Produktionsausfälle infolge von Fehlzeiten (absenteeism), aber 61% durch Produktivitätsverluste anwesender kranker Beschäftigter (presenteeism) verursacht wurden (Goetzel u.a. 2004: 407). Bei einigen der häufigsten Krankheitsarten war der durch Präsentismus verursachte Produktivitätsausfall besonders hoch; das gilt insbesondere für Migräne bzw. Kopfschmerzen (89% aller Kosten durch Produktivitätsverlust leistungsgeminderter, trotz Krankheit anwesender Kranker), für Allergien (82% durch Präsentismus verursacht) und für Arthritis (77% durch Minderleistung anwesender Kranker) (Goetzel u.a. 2004: 406).

Eine Reihe von Studien aus den USA beschäftigte sich mit den Kosten, die durch einzelne Krankheitsarten für die Unternehmen entstanden, wobei zwischen einerseits den Kosten, die durch die krankheitsbedingte Abwesenheit und andererseits den Kosten, die durch die krankheitsbedingte Leistungsminderung anwesender Beschäftigter verursacht wurden, unterschieden werden konnte. Dabei zeigte sich:

- Durch *Depressionen*, unter denen die Beschäftigten litten, wurden in den Jahren 2001/2002 in den USA jährliche Kosten für die Unternehmen in Höhe von schätzungsweise insgesamt 44 Mrd. US-Dollar aufgrund ausgefallener produktiver Arbeitszeit verursacht; der größte Teil dieser Kosten (81%) wurde durch die verringerte Leistungsfähigkeit der kranken, aber trotzdem anwesenden Beschäftigten verursacht (Stewart u.a. 2003a: 3135).
- Allgemeine *Schmerzsyndrome* (vor allem in Form von Kopf- und Rückenschmerzen, Gelenk- und anderen Schmerzen des Bewegungsapparates) verursachten in den USA in den Jahren 2001/2002 jährliche Kosten von 61,2 Mrd. US-Dollar; mehr als drei Viertel (76,6%) dieser Kosten wurden durch die Leistungsminderung der trotz ihrer Krankheit im Betrieb anwesenden Mitarbeiter verursacht (Stewart u.a. 2003 b: 2442).
- Durch an *Migräne* erkrankte Beschäftigte wurden in den USA für die Unternehmen jährliche Kosten von über 13 Mrd. US-Dollar verursacht; davon waren 8 Mrd. US-Dollar (62%) durch ausgefallene Arbeitstage abwesender kranker Mitarbeiter und 5 Mrd. US-Dollar (38%) infolge von geminderter Leistungsfähigkeit anwesender kranker Beschäftigter bedingt (Hu u.a. 1999: 813).

Eine Untersuchung bei Angestellten des öffentlichen Dienstes in Großbritannien macht deutlich, dass es zu ernsten gesundheitlichen Gefährdungen kommen kann, wenn Beschäftigte zur Arbeit kommen, obwohl sie krank sind (Kivimäki u.a. 2005). Es zeigte sich nämlich, dass krankheitsbedingte Fehlzeiten für kranke und gestresste Beschäftigte die Möglichkeit bieten, sich zu erholen, wohingegen die Anwesenheit im Betrieb trotz Krankheit eine zunehmende Stressbelastung hervorrufen kann und daher das Risiko einer Erkrankung der Herzkranzgefäße erhöht (Kivimäki u.a. 2005: 98). In der Studie wurde der Zusammenhang zwischen der Anwesenheit trotz Krankheit (»sickness presenteeism«) und dem Auftreten ernster Erkrankungen der Herzkranzgefäße untersucht. Dabei fand man heraus, dass die Angestellten, die während eines Zeitraums von drei Jahren nie gefehlt hatten, obwohl sie krank gewesen waren, im Vergleich zu ihren Kollegen, die bei gleichem Gesundheitszustand und denselben koronaren Risikofaktoren bis zu 14 Tagen jährliche krankheitsbedingte Fehlzeiten (sickness absenteeism) aufwiesen, ein *doppelt* so hohes Risiko zu verzeichnen hatten, einen nichttödlichen Herzinfarkt oder eine tödliche Erkrankung der Herzkranzgefäße zu erleiden (Kivimäki u.a. 2005: 98). Die Forscher kamen zu der Schlussfolgerung, dass dieses erhöhte Risiko einer ernsten Erkrankung der Herzkranzgefäße auf das Fehlen von kürzeren, regenerativen Abwesenheitsperioden (bis zu 14 Tage jährlich) zurückzuführen sei, weil sich die Untersuchungsgruppen sonst in nichts (z.B. Alter, Gewichtsstatus, Bluthochdruck, Alkoholkonsum, Cholesterinkonzentration) unterschieden (Kivimäki u.a. 2005: 102).

Das Ausmaß des Präsentismus ist offenbar keine zu vernachlässigende Größe, es kommt relativ häufig vor, dass Beschäftigte zur Arbeit kommen, obwohl sie wirklich krank sind. Eine in Schweden durchgeführte Untersuchung kam zu dem Ergebnis, dass etwa ein Drittel der Befragten angaben, es sei im letzten Jahr zwei oder mehrere Male vorgekommen, dass sie zur Arbeit gegangen sind, obwohl sie sich so krank gefühlt hatten, dass sie eigentlich hätten zu Hause bleiben sollen (Aronsson u.a. 2000: 502). Überdurchschnittlich häufig kam dieser Präsentismus bei pflegenden, helfenden und erziehenden Berufen (Pflegepersonal, Lehrer/innen und Erzieher/innen) sowie bei Tätigkeiten vor, bei denen im Anschluss an eine krankheitsbedingte Fehlzeit die liegen gebliebenen Arbeiten nachgeholt werden mussten (Aronsson u.a. 2000: 508).

Ein überdurchschnittlich hoher Präsentismus wurde darüber hinaus bei Beschäftigtengruppen mit niedrigem Einkommen festgestellt, die zugleich auch hohe krankheitsbedingte Fehlzeiten zu verzeichnen hatten. Es wurde in diesem Zusammenhang eine besonders häufige Kumulation von Problemlagen gefunden, die sich durch das Zusammentreffen von niedrigem Einkommen, hohen krankheitsbedingten Fehlzeiten und hohem Präsentismus trotz Krankheit auszeichnen (Aronsson u.a. 2000: 502). Im Allgemeinen geht aber ein geringeres Einkommen mit einer niedrigeren beruflichen Position und mit höheren Belastungen sowie mit häufigeren gesundheitlichen Gefährdungen einher.

Diese Kumulation von Gefährdungen und Benachteiligungen findet auch in dem Beschwerdespektrum seinen Niederschlag, das für Personen mit überdurchschnittlich hohem Präsentismus trotz Krankheit weithin charakteristisch ist. Denn die häufigsten Symptome, über die Personen mit überdurchschnittlichem Präsentismus klagten, waren Schmerzen im Nacken bzw. oberen Rücken (49%), Müdigkeit und depressive Verstimmung (43%), Magenschmerzen (34%), Unwohlsein (30%) und Schlafstörungen (26%) (Aronsson u.a. 2000: 508).

Auch in Deutschland ist es offenbar weit verbreitet, dass Beschäftigte zur Arbeit gehen, obwohl sie ernsthaft krank sind. Mehr als zwei Drittel der Befragten (71%) gaben im Rahmen einer 2002 vom Wissenschaftlichen Institut der AOK (WIdO) durchgeführten Untersuchung an, es sei im letzten Jahr vorgekommen, »dass sie zur Arbeit gegangen sind, obwohl sie sich richtig krank gefühlt« hätten (Zok 2003: 252). Etwas weniger als zwei Drittel der Befragten (62%) gaben an, es sei im letzten Jahr vorgekommen, dass sie mit der Genesung einer Krankheit bis zum Wochenende gewartet hätten und der Arbeit nicht fern geblieben seien, und fast ein Drittel (30%) der Befragten sagten, sie seien sogar »ihrer Arbeit nachgegangen, obwohl der Arzt ihnen davon abgeraten« habe. In einer Studie der Angestelltenkammer Bremen hatten bereits 1993 40% der befragten Beschäftigten angegeben, dass sie im Zeitraum eines Jahres vor der Befragung »trotz einer als ernsthaft erlebten Erkrankung sich gleichwohl nicht krankgemeldet« hatten (Angestelltenkammer Bremen 1993).

Der Präsentismus scheint seither noch weiter zugenommen zu haben. Denn die Erhebungen der Bertelsmann Stiftung im Rahmen des »Gesundheitsmonitors« kommen zu dem Ergebnis, dass von den Erwerbstätigen in den vorangegangenen zwölf Monaten gut 70% einmal und 42% zweimal oder öfter krank zur Arbeit gegangen sind; als bemerkenswert wurde in diesem Zusammenhang registriert, dass es nicht, wie erwartet, die Selbständigen (52% sind trotz Krankheit einmal zur Arbeit gegangen), sondern dass es die abhängig Beschäftigten (74%) sind, die arbeiten, auch wenn sie krank sind (Bertelsmann Stiftung, Pressemitteilung, Gütersloh 9.9.2009: »Fast jeder zweite Beschäftigte geht krank zur Arbeit«). Es ist nicht in erster Linie die Angst vor beruflichen Nachteilen oder vor Arbeitsplatzverlust, was die Betroffenen dazu veranlasst, krank zur Arbeit zu gehen (jeweils rund ein Viertel der Beschäftigten), sondern für jeweils die Hälfte der Befragten ist es vielmehr das Pflichtgefühl sowie die Rücksicht auf die Kolleginnen und Kollegen, was sie dazu veranlasst (Bertelsmann Stiftung, Pressemitteilung, Gütersloh 3.7.2007: »Umfrage: Mehrheit der Deutschen arbeitet auch im Krankheitsfall«).

Die Untersuchungen zum Präsentismus sowie seinen gesundheitlichen und wirtschaftlichen Folgen sind insbesondere in den USA vielfach von der pharmazeutischen Industrie (mit-)finanziert worden (Hemp 2004: 51-54). Dort verspricht man sich von den positiven Effekten, die entsprechende Medikamente für die Aufrechterhaltung der Leistungsfähigkeit kranker Beschäftigter im Betrieb haben können, ein starkes Argument für das Marketing. In einer ganzen Reihe von Untersuchungen (im Überblick: Burton u.a. 2003) konnte in der Tat nachgewiesen werden, dass sich durch den Einsatz geeigneter Medikamente die Minderung der Leistungsfähigkeit und der daraus resultierende Produktivitätsverlust bei den trotz Krankheit zur Arbeit kommenden Beschäftigten erheblich verringern, wenn nicht vermeiden lässt. Das wurde vor allem für die besonders häufigen Erkrankungen der Atemwege (z.B. Asthma, allergische Erkrankungen, Bronchitis, Infektionen der oberen Atemwege, Grippe) sowie für Diabetes, Depressionen und Migräne untersucht (Burton u.a. 2003: 610).

Neben einer geeigneten Medikation bei den entsprechenden Erkrankungen werden für die Unternehmen in den USA auf Grundlage dieser Studien zum Präsentismus und seinen Gefahren indes auch Programme zur Verhaltens-Prävention empfohlen und praktiziert, die dazu beitragen sollen, dass die Betroffenen besser mit ihren Krankheiten umzugehen lernen, damit ihre berufliche Leistungsfähigkeit möglichst erhalten wird und es weder zu Fehlzeiten noch zu Produktivitätsverlusten durch Präsentismus kommt (Hemp 2004: 55). Weniger Beachtung finden in diesem Zusammenhang offenbar bisher Maßnahmen zur Verhältnis-Prävention in Gestalt gesundheitsschonender und menschengerechter Arbeitsgestaltung und betrieblicher Gesundheitsförderung, die sowohl eine betriebliche Unterstützung bei der individuellen Bewältigung krankheitsbedingter Minderungen der Leistungsfähigkeit als auch eine differenzielle Gestaltung der Aufgaben und Anforderungen entsprechend den Veränderungen der persönlichen Leistungsfähigkeit ermöglichen würden.

2. Ansatzpunkte zur Fehlzeiten-Verringerung und Anwesenheits-Verbesserung

In Anlehnung an die Unterscheidung von patho- und salutogenetischem Pfad beim Arbeits- und Gesundheitsschutz kann man auch zwei Perspektiven beim Blick auf die Krankenstandsproblematik unterscheiden. Die eine Sichtweise orientiert sich an der Vermeidung des Negativen (Fehlzeiten), die andere an der Verbesserung des Positiven (Anwesenheit); auch bei dieser Problematik können beide Perspektiven sich ergänzen.

Maßnahmen zur Verbesserung der Anwesenheit und zur Senkung krankheitsbedingter Fehlzeiten können sehr unterschiedlicher Art sein: Sie reichen von Maßnahmen des Arbeits- und Gesundheitsschutzes sowie der betrieblichen Gesundheitsförderung über Maßnahmen zur menschengerechten und anforderungsoptimalen Arbeit sowie Maßnahmen zur Erhöhung der Motivation und Zufriedenheit bis hin zu disziplinarischen und arbeitsrechtlichen Maßnahmen.

2.1 Fehlzeiten-Verringerung

Die im Personalwesen üblicherweise gestellte Leitfrage »*Warum bleiben die Mitarbeiter wegen (tatsächlicher oder angeblicher) Krankheit der Arbeit fern?*« soll im Wesentlichen dazu dienen, mögliche Ursachen für krankheitsbedingte Fehlzeiten zu ermitteln, um Ansatzpunkte für geeignete Maßnahmen zur Senkung des Krankenstandes zu entwickeln und umzusetzen. Dabei unterscheidet man, vereinfacht ausgedrückt, in der Regel zwei Arten von Fehlzeiten-Ursachen:

a) *Krankheitsbedingte Ursachen* von Fehlzeiten, die sich im Wesentlichen entweder auf (1) anlagebedingte und schicksalhafte Erkrankungen oder auf (2) arbeitsbedingte Gesundheitsgefährdungen aufgrund von negativen Beanspruchungsfolgen betrieblicher Belastungen sowie auf (3) verhaltensbedingte Risikofaktoren des persönlichen Lebensstils zurückführen lassen, die zudem miteinander interagieren können (z.B. kann ein riskantes Gesundheitsverhalten, wie z.B. Rauchen, der Bewältigung negativer Beanspruchungsfolgen, wie z.B. Stress, dienen).
b) *Motivationsbedingte Ursachen* von Fehlzeiten spielen, abgesehen von Art und Grad der tatsächlichen oder angeblichen gesundheitlichen Beeinträchtigung, eine wichtige Rolle, weil (1) die persönlichen Werthaltungen (z.B. Arbeitsmoral, Verantwortung) dabei ebenso von Bedeutung sind wie (2) die individuelle Arbeitszufriedenheit, die sich im Wesentlichen aus dem Vergleich zwischen betrieblichen Arbeitsbedingungen und den Erwartungen bzw. Erfahrungen der Mitarbeiter ergibt.

2.2 Anwesenheits-Verbesserung

Die moderne Personalpolitik fragt mehr und mehr nicht allein nach den negativen Faktoren, die sich in krankheitsbedingten Fehlzeiten niederschlagen können, sondern geht der Leitfrage nach: »*Warum kommen die Mitarbeiter (auch bei gesundheitlicher Beeinträchtigung) zur Arbeit?*« Es gibt nicht nur »unechte« bzw. »illegitime« Kranke, die der Arbeit fernbleiben, ohne dass die versicherungsrechtlichen Voraussetzungen hierfür gegeben wären, sondern auch Mitarbeiter, die auch bei einer Beeinträchtigung von Wohlbefinden und Gesundheit zur Arbeit kommen, obwohl sie die medizi-

Arbeitspolitische Leitbilder für Strategien zur Anwesenheitsverbesserung
Stufen wissenschaftlicher Lösungsversuche des Transformationsproblems
bei der Verwandlung von Arbeitsvermögen in Arbeitsleistung

Wissenschaftlicher Ansatz Arbeitspolitisches Paradigma	**Ansatzpunkte zur Leistungserschließung und Integration der Beschäftigten**	**Ansatzpunkte und Strategien zur Senkung der Fehlzeiten und zur Verbesserung der Anwesenheit**
Sp. 1	Sp. 2	Sp. 3
1. Individualwissenschaftliche Stufe: Taylorismus, Fordismus, Psychotechnik	Arbeitsstudien, Zeit- und Bewegungsstudien, Arbeitsteilung, Leistungslohn, Mechanisierung, Personalauswahl, Anlernung, Gestaltung von Arbeitsmitteln und Arbeitsbedingungen; Leitbild: *»homo oeconomicus«*	Kontrolle und Überwachung des Verhaltens, z.B. durch Belohnung (Prämien) von Anwesenheit und Bestrafung (Entgeltabschläge) bzw. Erschwerung der Abwesenheit (Kontrolluntersuchungen); Vermeidung gesundheitsschädlicher Arbeitsbedingungen, Arbeits- und Gesundheitsschutz, ergonomische Arbeitsgestaltung
2. Gruppenwissenschaftliche Stufe: Human Relations, Betriebsklima, Psycho-Soziologie der Arbeit	Zwischenmenschliche Beziehungen, informelle Gruppen, soziale Bedürfnisse nach Anerkennung und Zugehörigkeit; Führungsverhalten der Vorgesetzten; Leitbild: *»social man«* (Mensch als soziales bzw. gesellschaftliches Wesen)	Zufriedenheit mit sozialen Beziehungen zwischen Beschäftigten und mit dem Verhalten der Vorgesetzten, Förderung der informellen sozialen Beziehungen zwischen den Beschäftigten, betriebliche Sozialpolitik, Förderung der Zusammengehörigkeit in der Belegschaft

nischen Voraussetzungen für eine Inanspruchnahme der Entgeltfortzahlung im Krankheitsfall erfüllen würden. Für ihre Anwesenheit sind im Wesentlichen zwei Faktorenbündel verantwortlich, die über die Fähigkeit und die Bereitschaft zur Anwesenheit entscheiden:

a) Die *Anwesenheits-Fähigkeit* ergibt sich letztlich aus der subjektiv wahrgenommenen Bilanz zwischen der Art und dem Grad der gesundheitlichen Beeinträchtigung auf der einen und der Art und der Höhe der beruflichen Anforderungen auf der anderen Seite, also aus dem Verhältnis von subjektivem Leistungsvermögen und objektiven Leistungsanforderungen.
b) Die *Anwesenheits-Bereitschaft* ergibt sich im Wesentlichen aus der persönlichen Einstellung und Überzeugung, ungeachtet gewisser gesundheitlicher Beeinträchtigungen zur Arbeit gehen zu wollen und zu sollen. Sie

Wissenschaftlicher Ansatz Arbeitspolitisches Paradigma	Ansatzpunkte zur Leistungserschließung und Integration der Beschäftigten	Ansatzpunkte und Strategien zur Senkung der Fehlzeiten und zur Verbesserung der Anwesenheit
Sp. 1	Sp. 2	Sp. 3
3. Aktionswissenschaftliche Stufe: Soziotechnischer Ansatz, Qualität des Arbeitslebens, Humanisierung der Arbeit	Arbeitstätigkeit und Aufgabeninhalt, Gestaltung der Arbeitsstrukturen und der Organisation, Partizipation der Beschäftigten; Leitbild: »self actualizing man« (Mensch als sich selbst verwirklichendes Wesen)	Attraktive (»anziehende«) Arbeitsinhalte und komplexere Aufgaben, Mobilisierung intrinsischer Motivation durch Gelegenheit zur Anwendung vorhandener Kenntnisse und Fähigkeiten, Möglichkeiten zur Qualifizierung und zur Übernahme von Verantwortung für die eigene Arbeit
4. Subjektwissenschaftliche Stufe: Indirekte Steuerung durch Vermarktlichung und Prozeduralisierung	Gewährung größerer Autonomie bei der Erfüllung vorgegebener Aufgaben (»Herrschaft durch Autonomie«), Antrieb zur Selbstökonomisierung der Arbeit (»Benchmarking«), Entgrenzung der Anforderungen (»Arbeit ohne Ende«) und Erosion des Normalarbeitsverhältnisses (»Flexibilisierung«, »Deregulierung«), Leistungsvereinbarungen Leitbild: *»flexible man«* (flexibler Mensch)	Zielvereinbarungen über Leistung und Verhalten, Einbeziehung der Anwesenheitsverbesserung in alle betrieblichen Strukturen (z.B. Qualitätsmanagement, Kontinuierlicher Verbesserungsprozess, Ressourcenmanagement, Herstellung von Selbsteinbindung (»commitment«, »involvement«) durch Beteiligung und Verantwortung der Beschäftigten; Organisationsentwicklung (Struktur- und Personalentwicklung) zur Einbindung und Beteiligung der Beschäftigten

Sp. 1 und 2: nach Volpert 1975 und Moldaschl 2003

ist zum einen abhängig von der individuellen Motivation zur Arbeit und der Identifikation mit der Tätigkeit oder dem Unternehmen sowie zum anderen von der Art und der Qualität der sozialen Einbindung am Arbeitsplatz, wobei sowohl drohende negative Sanktionen als auch positive Anreize eine Rolle spielen, die in sozialen Netzwerken wirksam werden.

2.3 Arbeitspolitische Leitbilder für die Anwesenheitsverbesserung

Die Verbesserung der Anwesenheit und die Vermeidung von Fehlzeiten bildet einen Teilaspekt der allgemeinen Grundproblematik des Managements, nämlich das gegen Entgelt gekaufte Arbeits*vermögen* abhängig Beschäftigter derart in tatsächliche Arbeits*leistung* zu verwandeln, dass die Arbeitskraft möglichst intensiv wertschöpfend verausgabt wird (»Transformationsproblem«).

Daher ist es erforderlich, dass das Management geeignete Maßnahmen zur Herstellung der Integration der Beschäftigten in das Ziel- und Zwecksystem des Betriebes sowie zur Wahrung und Steigerung der Intensität der Leistungsverausgabung ergreift, die den sozioökonomischen, technisch-organisatorischen und politisch-gesellschaftlichen Rahmenbedingungen, innerhalb derer sich der Arbeitsprozess vollzieht, Rechnung tragen. Im Laufe der letzten hundert Jahre wurde eine Vielzahl solcher Maßnahmen entwickelt, die im Wesentlichen vier unterschiedlichen arbeitspolitischen Leitbildern (»*Paradigmen*«) folgen, die aufeinander aufbauend und fortschreitend einen immer vollständiger werdenden Zugriff auf die Leistungsfähigkeit und Leistungsbereitschaft der Beschäftigten deutlich werden lassen (Volpert 1975; Moldaschl 2003). So wie auf jeder Stufe neue, zusätzliche Potentiale der Intensivierung der Arbeit und der Einbindung der Beschäftigten erschlossen werden, können dabei weitere Möglichkeiten und Ansatzpunkte zur Steigerung der Anwesenheit und zur Verringerung von Fehlzeiten gefunden werden.

1. Taylorismus, Fordismus und Psychotechnik, die in Deutschland insbesondere zwischen den beiden Weltkriegen entwickelt bzw. aus den USA übernommen wurden, setzen an den mechanisch-energetischen und an den individualpsychologischen Aspekten der menschlichen Arbeit an. Durch Arbeitsstudien, Arbeitsteilung und Leistungsentlohnung sowie durch ergonomische Arbeitsgestaltung soll der Arbeitsvollzug rationalisiert und intensiviert werden. Die Anwesenheit im Betrieb wird durch ein engmaschiges Netz der Kontrolle und Überwachung, durch ein System von Sanktionen und Anreizen sowie durch eine bessere Anpassung der Arbeit an den Menschen und des Menschen an die Arbeit gesichert und verbessert.
2. Gruppenwissenschaftliche Erkenntnisse über die Bedeutung der betrieblichen Sozialbeziehungen, wie sie zunächst Ende der 1920er bis Anfang der 1930er Jahre in den USA gewonnen und dann in den 1950er/60er Jahren in der Bundesrepublik in den Konzepten zur Förderung des »Betriebsklimas« umgesetzt wurden, setzen an den zwischenmenschlichen Beziehungen (»human relations«) und den sozialen Bedürfnissen nach Zugehörigkeit und wechselseitiger Anerkennung an. Die Anwesenheit wird durch Förderung der Zufriedenheit mit den zwischenmenschlichen

Beziehungen (»Betriebsklima«) und dem Zusammengehörigkeitsgefühl im Betrieb stabilisiert und verbessert.

3. Aktionswissenschaftliche Erkenntnisse (z.B. »Soziotechnischer Ansatz«), wie sie Ende der 1960er Jahre und im Lauf der 1970er Jahre zunächst vor allem in Skandinavien und Großbritannien (»quality of working life«) entwickelt und schließlich auch in der Bundesrepublik unter dem Stichwort »Humanisierung der Arbeit« bei der Gestaltung von Arbeitsaufgaben und Arbeitsorganisation umgesetzt wurden, setzen an den Arbeitsinhalten und der Partizipation der Beschäftigten an, um deren Arbeitsleistung und Arbeitsbereitschaft zu erschließen. Die Anwesenheit wird durch die Gestaltung attraktiver Arbeitsinhalte, durch die Mobilisierung intrinsischer Motivation und durch die Gelegenheit zur Übernahme von Verantwortung innerhalb eines erweiterten Handlungsspielraumes gefördert.
4. Subjektwissenschaftliche Überlegungen, die sich einer indirekten Steuerung der Leistungsverausgabung bedienen, indem die Erfordernisse »des Marktes« bis auf die Arbeitsebene durchgereicht werden, erschließen zusätzliche Potentiale der Leistungsbereitschaft über die Gewährung eines größeren Handlungsspielraums bei der Erfüllung vorgegebener Leistungsziele und setzen auf eine »Selbstökonomisierung« der Beschäftigten bei der Erledigung ihrer Arbeitsaufgaben. Die Anwesenheit der Beschäftigten wird hierbei durch Maßnahmen der Organisationsentwicklung zur Selbsteinbindung (»involvement«) und Selbstverpflichtung (»commitment«) der Beschäftigten gefördert.

3. Maßnahmen zur Anwesenheitsverbesserung

Wie aus den Modellen zur Erklärung von Anwesenheit bzw. Fehlzeiten, aus den verschiedenen Pfaden im Arbeits- und Gesundheitsschutz sowie aus den unterschiedlichen arbeitspolitischen Leitbildern für die Anwesenheitsverbesserung deutlich wird, ist eine ganze Reihe von Maßnahmen denkbar, um die Anwesenheit im Betrieb zu verbessern.

Dabei zeichnen sich zwei Arten von Maßnahmen ab, die sich, vereinfacht ausgedrückt, auf der einen Seite als *korrektive* Maßnahmen, die auf eine Beeinflussung der Entscheidung der Mitarbeiter, zur Arbeit zu kommen oder nicht, und auf der anderen Seite als *präventive* Maßnahmen beschreiben lassen, die auf betriebliche Verhältnis- und Verhaltensprävention abzielen.

3.1 Korrektive Maßnahmen

Rasche und kurzfristige Erfolge bei der Verbesserung der Anwesenheit der Mitarbeiter verspricht man sich vielfach von solchen Maßnahmen, durch die stärkere bzw. höhere Legitimationsanforderungen an die wegen (tatsächlicher oder angeblicher) Krankheit fehlenden Mitarbeiter gestellt werden. *Ziel* solcher Maßnahmen ist im Wesentlichen:

a) Abschreckung »unechter Kranker«, die eventuell eine Entgeltfortzahlung im Krankheitsfall missbräuchlich in Anspruch nehmen könnten;
b) Anhebung der Schwelle subjektiv wahrgenommener Arbeitsunfähigkeit mit dem Ziel einer höheren Symptomtoleranz und größeren Duldsamkeit gegenüber gesundheitlichen Beeinträchtigungen, vor allem bei so genannten Bagatellerkrankungen.

Diese Ziele werden in der Praxis mit einer ganzen Reihe von personalpolitischen *Instrumenten* verfolgt, durch die Fehlzeiten reduziert werden sollen.

Die Schwelle subjektiv wahrgenommener Arbeitsunfähigkeit und damit die Bereitschaft zur Anwesenheit soll in der betrieblichen Praxis beispielsweise erhöht werden durch:

1. Anzeige der Arbeitsunfähigkeit beim unmittelbaren Vorgesetzten, weil dann die Schwelle dafür höher sein kann als bei einer eher »anonymen« Stelle (z.B. Sekretariat, Personalabteilung), die formal dafür in Frage kommt,
2. Anreize für Mitarbeiter zur Anwesenheit z.B. durch Anwesenheitsprämien oder Koppelung von Sonderzahlungen oder Zulagen an die Anwesenheit,
3. Anreize für Vorgesetzte durch Koppelung von Entgeltbestandteilen (Prämien, Gratifikationen) an Zielvorgaben bzgl. Anwesenheit der Mitarbeiter,
4. Krankenbesuche durch Vorgesetzte oder Personalabteilung (Hausbesuche),
5. Kontrolluntersuchungen durch den Medizinischen Dienst der Krankenkassen,
6. Dialog mit niedergelassenen Ärzten zur Information über die betrieblichen Arbeitsbedingungen zur Beeinflussung der Krankschreibungen,
7. Rückmeldungen über Fehlzeiten (Mitarbeiter, Vorgesetzte, Gruppe),
8. Information der Mitarbeiter über persönliche Fehlzeitenbilanz (Brief),
9. Gespräche zwischen Vorgesetzten und Mitarbeitern im Anschluss an Fehlzeiten (Rückkehrgespräche),

10. Thematisierung der aktuellen Fehlzeitensituation in Gruppen- bzw. Teambesprechungen.

3.2 Präventive Maßnahmen

Nachhaltig wirksam und letztlich von den Betroffenen auch akzeptiert dürften präventive Maßnahmen sein, die sowohl den Ursachen, die in den betrieblichen Verhältnissen liegen, als auch denen im Verhalten der Beschäftigten entgegenwirken können.

Vier Arten vorbeugender Maßnahmen zur Verbesserung der Fähigkeit sowie der Bereitschaft zur Anwesenheit sind zu unterscheiden, die von den Verantwortlichen ergriffen und gemeinsam mit den Beschäftigten umgesetzt werden können:

1. Durch einen präventiven Arbeits- und Gesundheitsschutz einschließlich einer menschengerechten und gesundheitsschonenden Gestaltung der Arbeit können arbeitsbedingte Gefährdungen der Gesundheit und daraus resultierende Fehlzeiten wirksam vermieden bzw. verringert werden. Der Schutz und die Verbesserung der Arbeitsbedingungen folgen einem *pathogenetischen Pfad* zur Verbesserung der Anwesenheit, indem den krank machenden Faktoren der betrieblichen Verhältnisse entgegengewirkt wird (Verhältnisprävention I).
2. Durch Maßnahmen betrieblicher Gesundheitsförderung können darüber hinaus solche Aspekte der Arbeitsbedingungen geschaffen und ausgebaut werden, die sich positiv auf die Zufriedenheit, Kompetenz und Persönlichkeit der Beschäftigten auswirken und die eine Weiterentwicklung in der Arbeit erlauben. Diese Maßnahmen haben positive Arbeitsbedingungen zur Folge und orientieren sich an einem *salutogenetischen Pfad* der Anwesenheitsverbesserung, indem sie eine Erhöhung des Gesundheitsniveaus erlauben (Verhältnisprävention II).
3. Durch betriebliche Angebote zur Förderung eines positiven *Gesundheitsverhaltens* können die persönlichen Ressourcen zur Bewältigung vorkommender kritischer Arbeitsbelastungen in einer Weise gefördert werden, dass krankheitsbedingte Beeinträchtigungen oder Störungen der beruflichen Leistungsfähigkeit und des Wohlbefindens vermieden werden (Verhaltensprävention I).
4. Durch betriebliche Angebote zur Förderung eines positiven *Krankheitsverhaltens* können auch Beschäftigte, die akut oder chronisch erkrankt sind, bei der besseren Bewältigung ihrer gesundheitlichen Beeinträchtigungen unterstützt werden, damit ihre Anwesenheit gefördert und Fehl-

zeiten-Episoden verhindert oder verkürzt werden können (Verhaltensprävention II).

4. Krankenrückkehrgespräche und Fehlzeitengespräche

Krankenrückkehrgespräche oder Fehlzeitengespräche, die in der betrieblichen Praxis mehr und mehr an Bedeutung gewonnen haben, können ganz unterschiedlich ausgestaltet und durchgeführt werden (Pfaff/Krause/Kaiser 2003; Bueren 2001; Spies/Beigel 1997; Brandenburg/Nieder 2003); meist steht allerdings der disziplinarische Aspekt im Vordergrund, manchmal aber auch der fürsorgliche und präventive Gedanke:

1. Krankenrückkehrgespräche können zum einen die Funktion haben, die Schwelle der subjektiven Arbeitsunfähigkeit anzuheben, die persönlichen Legitimationsanforderungen bei Krankmeldungen zu erhöhen und von missbräuchlicher Inanspruchnahme der Entgeltfortzahlung im Krankheitsfall abzuschrecken oder sie zumindest zu erschweren.
2. Zum anderen können Krankenrückkehrgespräche dazu dienen, insbesondere wiederkehrende oder chronische gesundheitliche Beeinträchtigungen und Leistungsminderungen von Mitarbeitern zu erkennen und nach Möglichkeiten eines alternativen, weniger belastenden und mit den individuellen gesundheitlichen Gegebenheiten besser zu vereinbarenden (ggf. mit Unterstützung des werksärztlichen Dienstes) Umgangs zu suchen oder die bessere Bewältigung häufiger auftretender, evtl. chronischer Erkrankungen (ggf. mit Unterstützung der BKK oder des betrieblichen Gesundheitsdienstes) zu fördern.

Nicht verkannt werden sollte allerdings, dass Krankenrückkehrgespräche eine Reihe negativer Begleiterscheinungen sowie *Risiken und Nebenwirkungen* haben können, die ihre beabsichtigten Haupteffekte möglicherweise konterkarieren:

1. Die disziplinierende Wirkung von Rückkehrgesprächen beruht auf der Machtasymmetrie und auf den potentiellen Sanktionen, die in der Regel von den Mitarbeitern als Bedrohung empfunden werden, was der offenen Erörterung möglicher betrieblicher oder persönlicher Probleme, die hohen Fehlzeiten zugrunde liegen können, entgegensteht.
2. Wenn sich Mitarbeiter, die zufällig oder schicksalhaft vorübergehend erhöhte Fehlzeiten aufweisen, bisher aber eine hohe Anwesenheit aufwiesen, durch die Bestellung zum Rückkehrgespräch ungerechtfertigt des

Missbrauchs verdächtigt fühlen, dann kann dies deren zuverlässige Arbeitsmoral beeinträchtigen und wäre deshalb für die Zukunft kontraproduktiv.

3. Wenn Mitarbeiter, die regelmäßig längere Fehlzeiten aufweisen, ohne dass dies von ihrer Person oder Situation her nachvollziehbar wäre und aufgrund der Struktur ihrer Fehlzeiten Anlass zu der Vermutung besteht, sie könnten die Entgeltfortzahlung im Krankheitsfall missbräuchlich in Anspruch nehmen, auch angesichts von Rückkehrgesprächen hartnäckig bei ihrem Verhalten bleiben, weil sie um Ausflüchte nicht verlegen sind und sich sehr gut abgesichert fühlen, oder sich durch die Simulation von Krankheiten gegenüber Ärzten eine formale Legitimation schaffen, so wäre dies kontraproduktiv.
4. Nicht unterschätzt werden sollten die Belastungen und der Aufwand für die Führungskräfte, die mit solchen Krankenrückkehrgesprächen verbunden sind, denn die psychische Belastung in konfliktträchtigen Gesprächen mit Mitarbeitern kann bei den Vorgesetzten gesundheitsschädliche Stressreaktionen hervorrufen, und die für solche Gespräche erforderliche Zeit fehlt den Führungskräften an anderer Stelle bei der Erfüllung ihrer fachlichen Leitungs- und Koordinationsaufgaben.
5. Letztlich sollte man auch die Gefahr sehen, dass »echte Kranke« zur Arbeit kommen, weil sie solche Rückkehrgespräche scheuen und dass dadurch vorhandene Erkrankungen verschleppt oder in ihrem Verlauf verschlimmert werden können, was sich auf die Leistungsfähigkeit der Mitarbeiter und auf ihre künftige Anwesenheit negativ auswirken würde. Hinzu kommt, dass etwa bei Infektionskrankheiten (z.B. den häufig vorkommenden grippalen Infekten) andere Mitarbeiter »angesteckt« werden können, was ebenfalls kontraproduktiv wäre.

Die bisher gemachten und z.T. in der Literatur veröffentlichten Erfahrungen machen deutlich, dass die Frage, *wie* solche Krankenrückkehrgespräche angelegt sind und umgesetzt werden, mindestens ebenso wichtig ist wie die Entscheidung darüber, *ob* sie überhaupt zum Einsatz kommen sollten, um die Anwesenheit der Mitarbeiter zu verbessern (Pfaff/Krause/Kaiser 2003; Bueren 2001; Spies/Beigel 1997).

5. Integration von Arbeit und Gesundheit in jährliche Mitarbeitergespräche

Krankenrückkehr- oder Fehlzeitengespräche werden anlassbezogen, jeweils im Anschluss an einen konkreten Arbeitsunfähigkeitsfall geführt, sie konzentrieren sich auf die konkrete krankheitsbedingte Abwesenheit und damit auf einen selektiven Aspekt des Arbeitsverhältnisses. Ihre Ziele sind die Kontrolle und Sanktion möglichen Missbrauchs der Entgeltfortzahlung, die Identifikation möglicher Angebote zur Gesundheitsförderung oder zur gefährdungsmindernden Arbeitsgestaltung sowie die Gewinnung von Informationen über das künftige Leistungs- und Fehlzeitenverhalten der betroffenen Beschäftigten als Voraussetzung weitergehender Personalentscheidungen (z.B. Umsetzung, Kündigung).

Im Unterschied zu diesem anlassbezogenen und selektiven Vorgehen bietet die Integration des Themas »Arbeit und Gesundheit« in ein als Führungsinstrument regelmäßig durchgeführtes allgemeines *jährliches Mitarbeitergespräch* im Sinne einer »Regelkommunikation« bessere Möglichkeiten, diese selektive und negative Fokussierung auf die Fehlzeiten zu vermeiden und tendenziell alle wichtigen Aspekte der Arbeitsbedingungen zu reflektieren.

In der Regel haben solche jährlichen Mitarbeitergespräche, die im Wesentlichen der Rückmeldung zwischen Vorgesetztem und Mitarbeiter über ihr wechselseitiges Verhalten, ihre Erwartungen und ihre Leistung dienen, im Großen und Ganzen vier inhaltliche Themenbereiche (Neuberger 1998; Hofbauer/Winkler 1999; Nagel/Oswald/Wimmer 2002):

1. Rückblick: Schwerpunkte und Ergebnisse der Arbeit, Aufgaben und Leistung des Mitarbeiters/der Mitarbeiterin,
2. Zusammenarbeit des Vorgesetzten mit dem Mitarbeiter/der Mitarbeiterin und innerhalb der Gruppe bzw. des Teams,
3. Förderung, Entwicklung und Qualifizierung des Mitarbeiters,
4. Ausblick, Planung und Zielvereinbarungen.

Diese vier Themenbereiche werden im Allgemeinen durch für die betrieblichen Gegebenheiten wichtige Merkmale (im Sinne von Fragen) aufgeschlüsselt bzw. operationalisiert. Im Gespräch erfolgt dann ein Dialog, in den sowohl der/die Vorgesetzte als auch der/die Mitarbeiter/in seine/ihre Sichtweise einbringen kann. Dabei geht es in den ersten drei Punkten im Wesentlichen um die zeitliche Perspektive der Vergangenheit und Gegenwart, während im vierten Punkt die Zukunft in den Blick genommen wird.

Bei dieser Vorgehensweise werden die für die Anwesenheit ausschlaggebenden Faktoren eher *implizit* thematisiert. Wenn wir die Anwesenheit als Ergebnis von Sollen, Wollen und Können unter Bedingungen einer bestimmten betrieblichen Arbeitssituation verstehen, dann können die für das »individuelle Wollen« wichtigen Faktoren der Zufriedenheit mit den quantitativen und qualitativen Leistungsanforderungen, mit der Beteiligung an Entscheidungen oder mit der Möglichkeit zur Umsetzung eigener Ideen erfasst und verbessert werden.

Das Gleiche gilt für die Faktoren, die z.T. für das »persönliche Können« mit verantwortlich sind, wie z.B. die vorhandene Qualifikation und ggf. ein erforderlicher Qualifizierungsbedarf. Auch das »soziale Sollen« wird als maßgeblicher Anwesenheitsfaktor implizit angesprochen, wenn z.B. nach der Zufriedenheit mit den Beziehungen zum Vorgesetzten und innerhalb der Gruppe gefragt wird.

Im Sinne eines *»anerkennenden Erfahrungsaustauschs«* (Geißler u.a. 2003) kann den Mitarbeitern und Mitarbeiterinnen gegenüber zum Ausdruck gebracht werden, dass

1. die Person und die Leistung des einzelnen Mitarbeiters und ggf. der Gruppe bzw. des Teams vom Vorgesetzten bzw. der Firma gewürdigt und geschätzt wird sowie
2. das Interesse an den Erfahrungen und Einschätzungen der Mitarbeiter im Hinblick auf eine Sicherung und Verbesserung der betrieblichen Arbeitsprozesse Ernst genommen wird.

Dieses Vorgehen der *anerkennenden Rückmeldung* von Person, Leistung und Engagement der Mitarbeiter und Mitarbeiterinnen ist besonders geeignet, die intrinsische und extrinsische Motivation zur Anwesenheit im Betrieb und zum Engagement bei der Arbeit zu fördern.

Darüber hinaus kann die Wirksamkeit der zum Zwecke der »Verbesserung der Anwesenheit« geführten Mitarbeitergespräche durch die Aufnahme thematisch spezifischer und für die Fehlzeitenproblematik *expliziter* Punkte erhöht werden. Dabei können zusätzliche Ebenen des Anwesenheitsverhaltens gefördert werden, insbesondere gilt dies für

1. die Selbsteinbindung (»commitment«, »involvement«) der Mitarbeiter in die betrieblichen Prozesse im Sinne der Erfüllung des impliziten, »psychologischen Arbeitsvertrags«, der auf der Überzeugung einer wechselseitigen Verpflichtung des Gebens und Nehmens zwischen dem Mitarbeiter auf der einen und der Firma, den Vorgesetzten und der Gruppe bzw. dem Team auf der anderen Seite beruht;

2. die Bewältigung (»coping«) vorübergehender Perioden herabgesetzter Leistungsfähigkeit oder erhöhter Leistungsanforderungen durch Unterstützung und Beratung (»coaching«) seitens der Vorgesetzten, der Kollegen/innen oder betrieblicher Experten (z.B. arbeitsmedizinischer Dienst, Sozialberatung), durch die Fehlzeiten vermieden oder verkürzt werden können.

Die Aufnahme solcher anwesenheitsrelevanter Themenstellungen kann dadurch erfolgen, dass zusätzlich zu den allgemeinen Fragenkomplexen weitere spezifische, explizit anwesenheitsbezogene Module eingefügt werden, die je nach individuellem *Fehlzeitenprofil* zu differenzieren erlauben. Je nach Dauer und Häufigkeit sowie je nach Art und Anlass der Fehlzeiten kann der Tenor der Rückmeldung dem Mitarbeiter gegenüber unterschiedlich gestaltet werden. Dabei kann man nach drei Typen des Fehlzeitenprofils differenziert vorgehen, z.B.

1. bei hoher Anwesenheit und keinen bzw. geringen Fehlzeiten kann dieser Umstand im jährlichen Mitarbeitergespräch entsprechend positiv gewürdigt und anerkennend hervorgehoben werden;
2. bei häufigen Fällen krankheitsbedingter Abwesenheit von jeweils kurzer Dauer können im jährlichen Mitarbeitergespräch die negativen Konsequenzen für den Arbeitsablauf und für die Mehrbelastung der Gruppe bzw. des Teams zur Sprache gebracht werden;
3. bei länger dauernden krankheitsbedingten Fehlzeiten können im jährlichen Mitarbeitergespräch verschiedene Möglichkeiten einer Unterstützung bei der besseren Bewältigung gesundheitlicher Probleme (z.B. durch arbeitsmedizinische Betreuung oder Maßnahmen betrieblicher Gesundheitsförderung) angesprochen werden.

Die Bereitstellung von Mitteln und Ressourcen für personalpolitische Maßnahmen im Betrieb verlangt zu ihrer Legitimation in der Regel eine plausible Begründung der Erwartung, dass sich die angestrebten Wirkungen mit den beabsichtigten Mitteln tatsächlich erreichen lassen. Daher sollten die durch die Integration der Fehlzeiten- bzw. Anwesenheitsproblematik erzielten Effekte und die dabei gesammelten Erfahrungen einer sorgfältigen *Evaluation* unterzogen werden.

Grundlagen einer solchen Evaluation müssen *objektive* Daten über die Struktur und Entwicklung der Fehlzeiten, differenziert nach Funktionsbereichen und Gruppen, sowie Informationen über *subjektive* Wahrnehmungen und Einschätzungen der Beschäftigten und der Führungskräfte sein. Drei Leitfragen sind dabei besonders wichtig:

1. Ist die *Struktur* der Mitarbeitergespräche (Verantwortliche, Instrumente, Ressourcen) geeignet, die relevanten Fragen der Anwesenheitsverbesserung angemessen zu thematisieren (Inhalt und Form der Gespräche)?
2. Ist der *Prozess* der Mitarbeitergespräche (Durchführung, Vorgehensweise, Ablauf, Rahmenbedingungen) geeignet, eine Erfolg versprechende Mitwirkung und Akzeptanz aller Beteiligten sicher zu stellen (hemmende und fördernde Faktoren bei der Umsetzung)?
3. Wie sind die *Ergebnisse* der Mitarbeitergespräche im Hinblick auf ihren konkreten Nutzen für die Anwesenheit (objektive, quantitative Indikatoren: Fehlzeiten bzw. Anwesenheit) sowie für die Motivation und Zufriedenheit der Beschäftigten (qualitative, subjektive Indikatoren: Gespräch, Mitarbeiterbefragung) zu beurteilen?

Kapitel 6
Betriebliches Eingliederungsmanagement (BEM): Vermeidung der Ausgliederung wegen chronischer Krankheit oder Behinderung

1. Institutionelle und rechtliche Rahmenbedingungen des BEM

Im Zuge der Novellierung des SGB IX ist eine seit dem 1.5.2004 geltende Bestimmung in Kraft getreten, die eine für die frühzeitige betriebliche Prävention bedeutsame Regelung enthält, die nicht allein für behinderte Menschen gilt. Die Neufassung des § 84 Abs. 2 SGB IX schreibt nämlich vor, dass der Arbeitgeber bei *allen* Beschäftigten, die innerhalb eines Jahres ununterbrochen oder wiederholt länger als sechs Wochen arbeitsunfähig sind, ein »betriebliches Eingliederungsmanagement« durchzuführen hat, durch das die Arbeitsunfähigkeit möglichst überwunden, erneuter Arbeitsunfähigkeit vorgebeugt und der Arbeitsplatz für die Betroffenen erhalten werden soll.

Gegenüber der früheren Regelung sind zwei Neuerungen in dieser Bestimmung hervorzuheben, die auf die Verstärkung der betrieblichen Prävention hinwirken, damit chronische Krankheiten und die verschiedenen Grade der Behinderungen, die insbesondere für ältere Beschäftigte ein erhebliches Risiko in sich bergen, den Arbeitsplatz zu verlieren, indem Langzeitkrankheit vielfach zur Arbeitslosigkeit aufgrund gesundheitlicher Einschränkungen führt. Damit die präventiven Maßnahmen möglichst wirksam sind, sollen sie möglichst früh einsetzen. Daher wurden die Voraussetzungen gegenüber den früheren Regelungen in zweierlei Hinsicht erweitert. Der Arbeitgeber muss nunmehr bereits bei einer Arbeitsunfähigkeit von sechs Wochen (und nicht erst nach drei Monaten) ein BEM durchführen, und er muss *alle Langzeitkranken* (und nicht nur schwerbehinderte, gleichgestellte und von Behinderung bedrohte Menschen) einbeziehen.

Durch diesen Ausbau betrieblicher Prävention soll verhindert werden, dass Behinderungen und chronische Krankheiten entstehen und sich verschlimmern, die vielfach zur Arbeitslosigkeit führen (vgl. Bericht der Bundesregierung über die Lage behinderter Menschen und die Entwicklung ihrer Teilhabe vom 16.12.2004, in: Bundestags-Drucksache 15/4575). Deshalb soll der Grundsatz »Rehabilitation und Eingliederung statt Entlassung« gelten (vgl. Amtliche Begründung zum »Entwurf eines Gesetzes zur Förderung der Ausbildung und Beschäftigung schwerbehinderter Menschen« in: Bundestags-Drucksache 15/1783), der durch das BEM zu verwirklichen ist. Beim BEM muss es sich dem zu Folge um ein gezieltes »Ausgliederungsverhinderungsmanagement« handeln (Brader u.a. 2004: 28).

Obwohl sich die Bestimmungen zum BEM in § 84 Abs. 2 im SGB IX befinden, das der »Rehabilitation und Teilhabe behinderter Menschen« gewidmet ist, gelten sie für *alle* Beschäftigten, die länger als sechs Wochen innerhalb eines Jahres (gemeint ist hier nicht ein Kalenderjahr, sondern der Zeitraum eines Jahres) ununterbrochen oder wiederholt arbeitsunfähig sind, und nicht nur für behinderte, schwerbehinderte, gleichgestellte behinderte oder von Behinderung bedrohte Menschen im Sinne von § 2 SGB IX (Gagel 1/2005; Düwell 19/2004, Düwell 2004, Kohte 2005; Feldes 2004: 275). Man mag zwar den Standort dieser Regelungen zum BEM im SGB IX, die für alle Beschäftigten gelten, sofern sie die Voraussetzung einer Langzeiterkrankung von mehr als sechs Wochen erfüllen, aus rechtssystematischen Gründen für »nicht glücklich« (Düwell 2004) oder für »verunglückt« (Kohte 2005: 15) halten und einwenden, dass »ein anderer Standort für diese Regelung als im Schwerbehindertenrecht angebracht« wäre (Düwell 2004). Aber das ändert nichts daran, dass diese Bestimmungen in der Tat für *alle* von Langzeiterkrankung betroffenen Beschäftigten gelten (vgl. auch »Bericht der Bundesregierung über die Lage behinderter Menschen und die Entwicklung ihrer Teilhabe« vom 16.12.2004, BT-Drucksache 15/4575, Ziffer 6.6).

2. Mitbestimmung des Betriebsrates

Der Mitwirkung der »*zuständigen Interessenvertretung*« der Beschäftigten (meist Betriebsrat oder Personalrat) wird bei der Durchführung des BEM vom Gesetzgeber ausdrücklich besondere Bedeutung beigemessen. Denn nach § 84 Abs. 2 SGB IX »klärt der Arbeitgeber mit der zuständigen Interessenvertretung«, wie das betriebliche Eingliederungsmanagement durchzuführen ist; die Interessenvertretungen »können die Klärung verlangen« und sie »wachen darüber, dass der Arbeitgeber die ihm nach dieser Vorschrift obliegenden Verpflichtungen erfüllt«. Daraus ergibt sich in Verbindung mit § 87 Abs. 1 Nr. 1 und Nr. 7 BetrVG ein volles Mitbestimmungsrecht des Betriebsrates bei der Durchführung des BEM, was ein Initiativrecht für die

Einführung und die Modalitäten einer Verfahrensordnung für das BEM einschließt; erforderlichenfalls kann der Betriebsrat diese Initiativ-, Mitbestimmungs- und Kontrollrechte auf dem Wege über die Einigungsstelle (nach § 87 Abs. 2 in Verbindung mit § 76 BetrVG) sowie letztlich über das arbeitsgerichtliche Beschlussverfahren durchsetzen (Gagel 5/2004: 3; Gagel 4/2004: 6; Kohte 2005: 28f.).

Je nach dem, auf welchen Aspekt des BEM das Mitbestimmungsrecht des Betriebsrates sich erstreckt bzw. der Absicht nach erstrecken soll, kommt entweder die Bestimmung des § 87 Abs. 1 Nr. 1 BetrVG (»Fragen der *Ordnung* des Betriebs und des *Verhaltens* der Arbeitnehmer im Betrieb«) oder die Regelung des § 87 Abs. 1 Nr. 7 (»Regelungen über die *Verhütung* von Arbeitsunfällen und Berufskrankheiten sowie über den *Gesundheitsschutz* im Rahmen der gesetzlichen Vorschriften oder der Unfallverhütungsvorschriften«) in Betracht. Sowohl im Hinblick auf die organisatorische Ausgestaltung und den prozessualen Ablauf, als auch in Bezug auf die Festlegung der materiellen Inhalte hat der Betriebsrat dem zu Folge ein Mitbestimmungsrecht im Rahmen des BEM.

Die Wahrnehmung des erzwingbaren Mitbestimmungsrechts des Betriebsrats nach § 87 Abs. 1 Nr. 1 BetrVG bildet die Basis für betriebliche Regelungen zur Verfahrensweise und über den Ablauf des Eingliederungsmanagements. Da es sich beim BEM nach § 84 Abs. 2 SGB IX um ein spezifisches, ergebnisoffenes, rechtlich strukturiertes Verfahren handelt, das einem reflexivrechtlichen Ansatz folgt, sollen durch das Gesetz die Rahmenbedingungen dafür geschaffen werden, dass »durch das rechtlich strukturierte Interagieren der verschiedenen – von unterschiedlichen Interessenlagen geprägten – Akteure am ehesten auch sachnahe und problemadäquate Lösungen für die Erhaltung des Arbeitsplatzes von gesundheitlich beeinträchtigten Beschäftigten gefunden werden.« (Kohte 2005: 19) Dadurch wird ein breiter Handlungs- und Entscheidungsspielraum für den internen Willensbildungsprozess auf betrieblicher Ebene eröffnet, der vom Arbeitgeber unter Beachtung der Ziele des BEM und unter Berücksichtigung der besonderen Gegebenheiten auszufüllen ist, wobei dem Betriebsrat ein Mitbestimmungsrecht bei der Ausgestaltung von Fragen, die das Verhalten der Arbeitnehmer und die Ordnung des Betriebs betreffen, zukommt.

Das Mitbestimmungsrecht des Betriebsrates nach § 87 Abs. 1 Nr. 7 BetrVG wird im Rahmen der Ausgestaltung und Durchführung des BEM wirksam, soweit es sich um »Regelungen zur Ausbildung von Arbeits- und Gesundheitsschutzregelungen« handelt (Gagel 2/2005: 5). Sofern es bei den Maßnahmen im Rahmen des BEM um ausfüllungsbedürftige Rahmenvorschriften des Arbeits- und Gesundheitsschutzes geht, die einer konkretisierenden Ausgestaltung im Betrieb bedürfen, greifen nämlich die Bestimmungen des § 87 Abs. 1 Nr. 7, in dem die Mitbestimmung des Betriebsrates bei der Ausgestaltung von »Regelungen über die Verhütung von Arbeitsunfällen und Berufskrankheiten sowie über den Gesundheitsschutz im Rahmen der gesetzlichen Vorschriften oder Unfallverhütungsvorschriften« festgelegt ist.

Sofern im Rahmen des BEM Regelungen getroffen werden, die betriebliche Maßnahmen zum Schutz vor arbeitsbedingten Gefährdungen der Gesundheit und zur betrieblichen Gesundheitsförderung betreffen, wodurch erneuter Arbeitsunfähigkeit vorgebeugt und die Arbeitsunfähigkeit überwunden werden kann, damit der Arbeitsplatz erhalten werden kann, wie dies in § 84 Abs. 2 Satz 1 SGB IX verlangt wird, erfolgt die Mitbestimmung des Betriebsrates nach § 87 Abs. 1 Nr. 7 BetrVG (Kohte 2005: 28/29).

Hebt also das Mitbestimmungsrecht des Betriebsrates nach Nr. 1 (§ 87 Abs. 1 BetrVG) vor allem auf den *prozessualen* Verlauf des BEM ab, so bezieht sich das Mitbestimmungsrecht nach Nr. 7 (§ 87 Abs. 1 BetrVG) letztlich auf den *materiellen* Inhalt von Maßnahmen zur betrieblichen Prävention, durch die im Rahmen des BEM langdauernde Arbeitsunfähigkeit überwunden, erneuter Arbeitsunfähigkeit vorgebeugt und der Arbeitsplatz erhalten werden kann. In § 83 Abs. 2a Nr. 5 SGB IX wird auf solche Regelungen »zur Durchführung der betrieblichen Prävention (betriebliches Eingliederungsmanagement) und zur Gesundheitsförderung« ausdrücklich hingewiesen. Über die für den jeweiligen Fall geeigneten Ansatzpunkte (im Sinne der Verhältnis- und Verhaltens-Prävention durch bedingungs- und personenbezogene Interventionen) und Maßnahmearten (z.B. Gestaltung von Arbeitszeit, Arbeitsorganisation und Arbeitsaufgabe, technische Hilfen und Schutzeinrichtungen, Qualifizierungsmaßnahmen) ist im Rahmen des BEM zu entscheiden; dabei kommt dem Betriebsrat ein Mitbestimmungsrecht bei der Ausfüllung des vorhandenen betrieblichen Spielraumes gemäß § 87 Abs. 1 Nr. 7 BetrVG zu.

3. Beteiligung der betroffenen Beschäftigten

Der Arbeitgeber hat nach § 84 Abs. 2 SGB IX die Klärung der »Möglichkeiten, wie die Arbeitsunfähigkeit möglichst überwunden werden und mit welchen Leistungen oder Hilfen erneuter Arbeitsunfähigkeit vorgebeugt und der Arbeitsplatz erhalten werden kann (betriebliches Eingliederungsmanagement)« ausdrücklich »*mit Zustimmung und Beteiligung der betroffenen Person*« vorzunehmen. Daraus folgt, dass der betroffene Arbeitnehmer, der innerhalb eines Jahres länger als sechs Wochen ununterbrochen oder wiederholt arbeitsunfähig war, »in jeder Phase Herr des Verfahrens ist, jeder Schritt also von seiner Zustimmung abhängt«; d.h., der Betroffene ist »in jeder Phase mitwirkungsberechtigter Partner im Eingliederungsmanagement und kann entscheiden, wie das Verfahren betrieben werden soll« (Gagel 2004: 1359f.)

Die Pflicht zur Einleitung und Durchführung des Eingliederungsmanagements liegt zwar beim Arbeitgeber, aber er ist dabei »vom ersten Schritt an auf das Einverständnis des Arbeitnehmers angewiesen«. (Gagel 2004: 1360) Die Zustimmung und Beteiligung der betroffenen Personen ist bei allen Entscheidungen »über Art, Umfang, Qualität und Zielsetzung der Präventionsmaßnahmen des betrieblichen Eingliederungsmanagements« erforderlich (Feldes 2004b: 275f.).

Nicht nur infolge des *normativen* Gebotes, das Selbstbestimmungsrecht behinderter und chronisch kranker Personen zu achten und jede Form von Fremdbestimmung zu vermeiden (»Nichts über uns ohne uns!«), das dem Rehabilitationsgedanken des SGB IX zugrunde liegt, sondern auch weil es eine Grundvoraussetzung dafür ist, dass das Eingliederungsmanagement wirksam und nachhaltig gerät, ist die Zustimmung und Beteiligung der betroffenen Personen unabdingbar (Feldes 2004b: 275). Denn das Eingliederungsmanagement wird im Grunde genommen nur dann erfolgreich sein können, wenn es gelingt, die Betroffenen selbst für eine engagierte und motivierte Mitwirkung im Rahmen der erforderlichen Maßnahmen zu gewinnen (Gagel 2004: 1361). Letztlich werden die *Effektivität* (Grad der Zielerreichung) und die *Effizienz* (Verhältnis von Aufwand und Ergebnis) des Eingliederungsmanagements im Hinblick auf die Überwindung aktueller und die Vorbeugung erneuter Arbeitsunfähigkeit sowie der Erhalt des Arbeitsplatzes entscheidend auch von der Motivation und Bereitschaft der betroffenen Personen zur aktiven Mitwirkung (»Compliance«) abhängig sein.

Ohne Zustimmung und Beteiligung der betroffenen Personen kann und darf das Eingliederungsmanagement den Bestimmungen des § 84 Abs. 2 SGB IX zufolge nicht durchgeführt werden. Es handelt sich beim Eingliederungsmanagement zunächst einmal um ein *Hilfsangebot* an chronisch oder wiederholt kranke Personen, die dadurch in Gefahr geraten, ihren Arbeitsplatz zu verlieren. Eine Verpflichtung, dieses Angebot anzunehmen, besteht für die betroffenen Beschäftigten indes nicht, vielmehr muss ihre Entscheidung, einem Eingliederungsmanagement zuzustimmen und sich daran zu beteiligen, in jedem Falle *freiwillig* erfolgen (Kohte 2005: 17f.; Gagel 2004: 1361).

Die Bereitschaft der betroffenen Personen, dem Eingliederungsmanagement zuzustimmen und sich daran zu beteiligen sowie mit der Erhebung und Verwendung der hierfür erforderlichen Daten einverstanden zu sein, sollte nicht mit dem Hinweis auf einen sonst drohenden Verlust des Arbeitsplatzes und auf absehbare Nachteile im Kündigungsschutzprozess faktisch erzwungen werden. Der Betroffene sollte nicht zur Mitwirkung gedrängt, sondern vielmehr vom persönlichen Nutzen des Eingliederungsmanagements überzeugt werden, sodass er in der Tat *freiwillig* handelt. Aus arbeitsrechtlicher Sicht wurde hierzu betont: »Für die Beschäftigten besteht keine Rechtspflicht zur Teilnahme an diesem Verfahren, das nur unter Zustimmung und Beteiligung der Betroffenen durchgeführt werden kann. Wenn sie diese Zustimmung verweigern, dürfen ihnen daraus keine Rechtsnachteile entstehen; nur so kann die Freiwilligkeit des Verfahrens gesichert werden.« (Kohte 2005b, Folie 12 These 6) Dieses *Benachteiligungsverbot* kann in einer Betriebsvereinbarung zum Eingliederungsmanagement ausdrücklich verankert werden, indem dort eine entsprechende Formulierung aufgenommen wird: »Eine Weigerung der Arbeitnehmer, an einem betrieblichen Eingliederungsmanagement teilzunehmen, darf nicht zu ihren Lasten gewertet werden. Insbesondere ist es unzulässig, hieraus arbeitsrechtliche Konsequenzen zu ziehen.« (Britschgi/Windirsch 3/2005: 3)

Es dürfte jedoch in aller Regel im wohlverstandenen eigenen Interesse der betroffenen Personen liegen, auch im Rahmen des betrieblichen Eingliederungsmanagements alle Möglichkeiten auszuschöpfen, mit denen »erneuter Arbeitsunfähigkeit vorgebeugt und der Arbeitsplatz erhalten werden kann« (§ 84 Abs. 2 SGB IX). Zudem ist nicht auszuschließen, dass in einem etwaigen Kündigungsschutzprozess den Betroffenen faktisch zum Nachteil gereicht, wenn sie nicht alle Möglichkeiten hinreichend ausgeschöpft haben, um dem krankheitsbedingten Verlust ihres Arbeitsplatzes aktiv vorzubeugen. Wenn vom *Arbeitgeber* verlangt wird, alle zumutbaren Möglichkeiten (und damit auch die des Eingliederungsmanagements nach § 84 Abs. 2 SGB IX) auszuschöpfen, damit eine krankheitsbedingte Kündigung bei langdauernder Arbeitsunfähigkeit tatsächlich die »ultima ratio« darstellt und nicht »sozial ungerechtfertigt« und damit »rechtsunwirksam« im Sinne des § 1 KSchG ist (Kohte 2005: 21; Düwell 19/2004, Nr. 7; ausführlich Brose 2005: 392ff.; Gagel 4/2004 und 1/2005), dann könnte auch vom *Arbeitnehmer* in einem eventuellen Kündigungsschutzprozess erwartet werden, dass er sich im Rahmen des Eingliederungsmanagements aktiv an Maßnahmen beteiligt hat, »die den Gesundheitszustand verbessern oder alternative Einsatzmöglichkeiten eröffnen« (Gagel 4/2004: 7).

Klar ist: »Verweigert der Arbeitnehmer die Zustimmung oder äußert er sich überhaupt nicht, kann ein betriebliches Eingliederungsmanagement nicht durchgeführt werden.« (Britschgi 2005: 286) Aber eine Verweigerung der Zustimmung und Beteiligung am Eingliederungsmanagement könnte sich für den Arbeitnehmer in einem etwaigen Prozess über die Zulässigkeit einer krankheitsbedingten Kündigung zu seinem *Nachteil* auswirken, denn: »Das BAG hat in seiner Entscheidung vom Mai 2004 (BAG, 13.5.2004 – 2 AZR 36/04, NZA 2004, 1271), deren Sachverhalt noch nicht in den Anwendungsbereich des § 84 Abs. 2 SGB IX fiel, für der Fall einer krankheitsbedingten außerordentlichen Kündigung eines Arbeitnehmers ausgeführt, dass diesen die Obliegenheit trifft, an den Versuchen des Arbeitgebers, für ihn eine anderweitige Beschäftigungsmöglichkeit zu finden, selbst kooperativ mitzuwirken, wenn er aus gesundheitlichen Gründen an seinem bisherigen Arbeitsplatz nicht mehr tätig sein kann.« (Britschgi 2005: 286) Das Bundesarbeitsgericht sieht für den Arbeitnehmer die »Obliegenheit, an den Versuchen des Arbeitgebers, für ihn eine anderweitige Beschäftigungsmöglichkeit zu finden, selbst kooperativ mitzuwirken«; denn der Verpflichtung des Arbeitgebers, für den betreffenden Arbeitnehmer eine andere Beschäftigungsmöglichkeit zu finden, um eine sonst drohende Kündigung abzuwenden, korrespondiert nach der Rechtsprechung des BAG »die Obliegenheit des Arbeitnehmers, diese Bemühungen nicht dadurch zunichte zu machen, dass er über einen längeren Zeitraum hinweg die verschiedenartigsten Angebote des Arbeitgebers zur Weiterbeschäftigung an einem anderen Arbeitsplatz ablehnt«. (BAG Urteil vom 13.5.2004 – 2 AZR 36/04, Außerordentliche Kündigung, Nr. 29)

Sofern auf Seiten der betroffenen Beschäftigten Vorbehalte und Hemmnisse bestehen, auf dem Wege des Eingliederungsmanagements nach Möglichkeiten zu suchen, durch die erneuter Arbeitsunfähigkeit vorgebeugt und der Arbeitsplatz erhalten werden kann, beruhen diese in der Regel auf der Unkenntnis oder der Unklarheit über dieses Verfahren sowie auf der Befürchtung von daraus resultierenden beruflichen Nachteilen oder auf Zweifeln am Erfolg. Beide Hindernisse für die Zustimmung und Beteiligung der Betroffenen lassen sich am besten durch die Vermittlung geeigneter *Informationen* sowie durch die Festlegung bzw. Vereinbarung einer verlässlichen *Verfahrensordnung* abbauen.

Für die Zustimmung und Beteiligung der Betroffenen ist zunächst einmal die *Information* der Beschäftigten über die »Ziele des betrieblichen Eingliederungsmanagements« sowie über »Art und Umfang der hierfür erhobenen und verwendeten *Daten*« (§ 84 Abs. 2 Satz 3 SGB IX) besonders wichtig. Bereits bei der Einleitung des Eingliederungsmanagements kommt es darauf an, »das Vertrauen und die Bereitschaft des Betroffenen für Eingliederungsmaßnahmen zu gewinnen. Die Bedeutung des Einstiegs kann gar nicht überschätzt werden; denn hier liegen die Ängste der Arbeitnehmer, hier bedarf es besonderer Überzeugungsarbeit.« (Gagel 2004: 1361) Schon bei der Frage, wer oder welches Gremium bei langdauernder oder wiederholter Arbeitsunfähigkeit auf die betreffende Person zugeht und das Angebot des Eingliederungsmanagements unterbreitet, wird implizit mit darüber entschieden, ob und inwieweit es gelingt, die Betroffenen für die Zustimmung und aktive Beteiligung zu gewinnen. »Ganz besonders wichtig ist, die Kontaktaufnahme bei längerer Arbeitsunfähigkeit so zu regeln, dass Ängste und Hemmschwellen der Beschäftigten abgebaut werden. Es muss von Anfang an für sie und alle Beteiligten klar sein, dass jede Phase des Verfahrens ihrer Zustimmung bedarf und nur mit ihrem Einverständnis möglich ist. Neben der Bestimmung einer Ansprechperson muss es für die Beschäftigten aber auch die Möglichkeit geben, über eine frei gewählte andere Person das betriebliche Eingliederungsmanagement einzuleiten.« (Gagel 3/2005: 2)

Die Regelung des Eingliederungsmanagements in einer bereits bestehenden Integrations- oder besser noch in einer eigenen *Betriebsvereinbarung* schafft für die betroffenen Personen eine größere Sicherheit und Klarheit und trägt entscheidend zur Akzeptanz des Verfahrens bei. Damit können wesentliche Voraussetzungen für die Zustimmung und die aktive Beteiligung der Betroffenen geschaffen sowie ihr Vertrauen in die Maßnahmen und deren Erfolg geschaffen werden. Welche *Form* sollte diese Verfahrensordnung haben, und welche *Inhalte* des betrieblichen Eingliederungsmanagements bedürfen einer Regelung?

4. Regelungsbedarf für das betriebliche Eingliederungsmanagement – Formen und Inhalte

Wenn man davon ausgeht, dass sich die Regelungen des § 84 Abs. 2 SGB IX zum betrieblichen Eingliederungsmanagement auf *alle* Beschäftigten erstrecken, die innerhalb eines Jahres länger als sechs Wochen ununterbrochen oder wiederholt arbeitsunfähig waren (und nicht allein auf behinderte, gleichgestellte und schwerbehinderte Personen), und wenn man berücksichtigt, dass im Hinblick auf die betriebliche Regelung der Mitbestimmung von Fragen des Arbeits- und Gesundheitsschutzes (§ 87 Abs. 1 Nr. 7 BetrVG) und der Ordnung des Betriebs sowie des Verhaltens der Beschäftigten im Betrieb (§ 87 Abs. 1 Nr. 1 BetrVG) im Allgemeinen Betriebsvereinbarungen abgeschlossen werden, ergibt sich: Für die »Verfahrensbestimmungen über den Ablauf des Eingliederungsmanagements empfiehlt sich daher in der Regel der Abschluss einer eigenen *Betriebsvereinbarung*«. (Gagel 2/2005: 5)

Grundsätzlich kann ein geeigneter Ort für die Regelung des Eingliederungsmanagements eine *Integrationsvereinbarung* sein, die zwischen dem Arbeitgeber, der Schwerbehindertenvertretung und dem Betriebsrat bzw. der gesetzlichen Interessenvertretung abgeschlossen wird; in diese können ebenfalls Regelungen aufgenommen werden »zur Durchführung der betrieblichen Prävention (betriebliches Eingliederungsmanagement) und zur Gesundheitsförderung« (§ 83 Abs. 2a Nr. 5 SGB IX). Dann würde die Integrationsvereinbarung nicht mehr nur Regelungen für Schwerbehinderte enthalten, sondern sich darüber hinaus auf das betriebliche Eingliederungsmanagement und die betriebliche Gesundheitsförderung erstrecken, die für »alle behinderten und von Behinderung bedrohten Beschäftigten sowie alle, die lange Arbeitsunfähigkeitszeiten aufweisen«, erstrecken (Gagel 2/2005: 3). Allerdings ist eine Integrationsvereinbarung von ihrem Charakter her in erster Linie ein »Steuerungs- und Planungsinstrument«, von dem »noch keine Auswirkungen auf den Inhalt der Beschäftigungsverhältnisse (Normwirkung)« ausgehen (Gagel 2/2005: 2).

Wie eine »Regelungsabrede« wirkt auch die Integrationsvereinbarung nur im Verhältnis zwischen dem Arbeitgeber und dem Betriebsrat bzw. der gesetzlichen Interessenvertretung und »erfasst auch nicht alle Arbeitnehmer.« (Gagel 2004: 1360) Denn die Integrationsvereinbarung bindet, ähnlich wie eine »Regelungsabrede«, nur die Vertragspartner und hat daher keine normative Wirkung, aus der die Arbeitnehmer selbst individuelle arbeitsvertragliche Ansprüche ableiten könnten.

Zur Aufstellung einer Verfahrensordnung für das Eingliederungsmanagement ist am besten eine *Betriebsvereinbarung* geeignet (Gagel 2004: 1360), weil sie »den Vorteil unmittelbarer normativer Wirkung« bietet (Gagel 2/2005: 2). Daher sollte das Eingliederungsmanagement langfristig weitgehend aus der Integrationsvereinbarung herausgenommen und in einer gesonderten Betriebsvereinbarung geregelt werden, denn die »Schaffung normativ wirkender Verfahrensregelungen, an die alle Beteiligten gebunden« sind, kann »letztlich nur durch Betriebsvereinbarung erfolgen« (Gagel 2/2005: 7) Der Betriebsrat kann auf der Grundlage von § 87 Abs. 1 Nr. 1 und Nr. 7 BetrVG vom Arbeitgeber eine solche Betriebsvereinbarung zum Eingliederungsmanagement verlangen und dies erforderlichenfalls im arbeitsgerichtlichen Beschlussverfahren durchsetzen. »Führt der Arbeitgeber ein betriebliches Eingliederungsmanagement oder Teile davon ohne Zustimmung des Betriebsrats ein, hat der Betriebsrat einen Anspruch auf Unterlassung, den er gegebenenfalls auch durch eine einstweilige Verfügung durchsetzen kann.« (Britschgi 2005: 287)

Davon abgesehen kann man durch vielfältige Kombinations- und Regelungsmöglichkeiten von Integrationsvereinbarungen und Betriebsvereinbarungen den jeweiligen betrieblichen Gegebenheiten Rechnung tragen, so dass »der Betriebsrat sehr flexible Möglichkeiten hat, durch die verschiedenen Regelungsformen und ihre Kombination die für den Betrieb und die jeweiligen Gegebenheiten sinnvollste Kombination zu wählen.« (Gagel 2/2005: 7).

Wenn man die betroffenen Beschäftigten einbeziehen und zur aktiven Mitarbeit gewinnen möchte, wenn man den internen und externen Sachverstand der Experten nutzen will und wenn man die Effektivität und Effizienz des Eingliederungsmanagements sichern will, ist es besonders wichtig, einige Inhalte am besten in einer Betriebsvereinbarung zu regeln. Dabei kommt folgenden *Regelungsinhalten* besondere Bedeutung zu (vgl. Gagel 3/2005; Stegmann u.a. 2005: 37ff.; Britschgi/Windirsch 2005):

1. Regelungsbedürftig ist zunächst einmal das betriebliche *System der Informationen* (»Frühwarnsystem«) über Umfang und Struktur der krankheitsbedingten Fehlzeiten, das es erlaubt, rechtzeitig zu erkennen, wer aufgrund seines persönlichen Fehlzeitenprofils zum Kreis der chronisch oder wiederholt Kranken gehört.
2. Regelungsbedürftig ist insbesondere die *Kontaktaufnahme* mit den betroffenen Beschäftigten, wobei vor allem die Zuständigkeit (»Ansprechperson« bzw. »Vertrauensperson«, »Integrationsteam«) dafür, wer in wel-

cher Form gegenüber den durch krankheitsbedingten Arbeitsplatzverlust potentiell gefährdeten Beschäftigten tätig wird, einer Klärung bedarf.

3. Regelungsbedürftig ist auch die Mitwirkung des *Betriebsrats* und seiner Zuständigkeiten und Kompetenzen bei der Durchführung des Eingliederungsmanagements generell und im konkreten Einzelfall, insbesondere bei der Klärung von Möglichkeiten eines Erhalts des bisherigen oder des Wechsels auf einen anderen, anforderungsgerechteren Arbeitsplatzes im Betrieb sowie bei der Durchführung von Maßnahmen zum Arbeits- und Gesundheitsschutz, zur Gesundheitsförderung und zur menschengerechten Arbeitsgestaltung.
4. Regelungsbedürftig ist darüber hinaus die Ausgestaltung der Zustimmung und Beteiligung der *betroffenen Personen* sowie der Umgang mit den sensiblen Daten über Krankheit und Arbeitsunfähigkeit (Datenschutz und Vertraulichkeit); hierzu gehört auch die Art und Weise der Hinzuziehung des Werks- oder Betriebsarztes (unter Wahrung der ärztlichen Schweigepflicht).
5. Regelungsbedürftig ist schließlich die gesamte Konzeption des Eingliederungsmanagements als einem *Managementsystem* mit seinen einzelnen Stufen und seiner festzulegenden Schrittfolge (»Verfahrensordnung«) von der Schaffung der strukturellen Voraussetzungen über die Bedarfsermittlung, die Planung und Durchführung von Maßnahmen sowie über die Bewertung der Ergebnisse im Sinne eines »kontinuierlichen Verbesserungsprozesses«.

5. Abgrenzung des betrieblichen Eingliederungsmanagements von Krankenrückkehrgesprächen

Das Eingliederungsmanagement setzt ein besonderes *Vertrauen* der Betroffenen in die beteiligten Akteure voraus (insbesondere in das Integrationsteam sowie in die Ansprechperson, den ArbG-Beauftragten und in die Interessenvertretung oder in den Betriebsarzt). Damit es seinen gesetzlichen Zweck tatsächlich erfüllen kann, sollte der Eindruck vermieden werden, es könnte sich um eine Form von *Krankenrückkehrgesprächen* handeln. Daher sollten die ersten Gespräche mit den Betroffenen zu Beginn des Eingliederungsmanagement besser nicht von den Führungskräften, sondern von anderen Ansprechpersonen geführt werden, die das besondere Vertrauen der betroffenen Beschäftigten genießen. Denn: »Das Gespräch muss frei von

Zielkonflikten geführt werden können, damit es zu einer umfassenden und bedarfsgerechten Beratung und Maßnahmenentwicklung kommt. *Deshalb sind Mitarbeitergespräche im Rahmen eines betrieblichen Eingliederungsmanagements keine Krankenrückkehrgespräche.* Sie dienen nämlich nicht der Disziplinierung der MitarbeiterInnen, sondern im Gegenteil, der Hilfe und Unterstützung, der sinnvoll geplanten und durchgeführten Beschäftigungssicherung und -förderung für die Betroffenen. Sehen also Arbeitgeber vor dem Hintergrund der Neuregelung des § 84 Abs. 2 die Chance, auf diesem Wege Krankenrückkehrgespräche mit den bekannten Disziplinierungsmaßnahmen durchzuführen, stellen sie sich gegen die Zielrichtung des Gesetzes. In diesem Falle würde aus dem betrieblichen Eingliederungsmanagement ein Ausgliederungsmanagement!« (Stegmann u.a. 2005: 30)

Arbeitgeber bzw. Geschäftsführung, Schwerbehindertenvertretung und Betriebsrat sollten sich besser auf eine besondere *Ansprechperson* einigen, die »gleichermaßen das Vertrauen des Arbeitgebers und der Arbeitnehmer genießt«; in Betrieben, in denen bereits ein *Integrationsteam* besteht, dem Mitglieder aus der Personalabteilung, der Schwerbehindertenvertretung und des Betriebsrats sowie dem Betriebsarzt und einer Fachkraft für Arbeitssicherheit angehören, bietet es sich an, »dass ein Mitglied dieses Integrationsteams die Aufgabe übernimmt«. (Gagel 3/2005: 6) *Vertrauensperson* kann in diesem Zusammenhang auch der Beauftragte des Arbeitgebers im Sinne des § 98 SGB IX oder ein Ansprechpartner in der Interessenvertretung oder der Schwerbehindertenvertretung sein (Gagel 24/2004: 1361). Die »Vertrauenspersonen der schwerbehinderten Menschen«, deren Rechte und Pflichten in § 96 SGB IX geregelt sind, eignen sich im Prinzip ebenfalls als *Ansprechpersonen* für die Beschäftigten. »Neben der Bestimmung einer Ansprechperson muss es für die Beschäftigten aber auch die Möglichkeit geben, über eine frei gewählte andere Person das BEM einzuleiten. Hier wäre denkbar, dass eine Wahlmöglichkeit eröffnet wird, an wen sich Beschäftigte zunächst wenden, wenn sie von sich aus ein Eingliederungsmanagement anstreben.« (Gagel 3/2005: 2)

Für die Rolle des »Eingliederungsmanagers« kommen grundsätzlich auch der Betriebsarzt, der Personalchef, die Schwerbehindertenvertretung oder der Betriebsrat in Frage; entscheidend ist, dass dieser »*Kümmerer*« alle Beteiligten im Betrieb einzubeziehen und externe Leistungen einzuwerben versteht (Mehrhoff 10/2005: 320).

Gerade der *Betriebsarzt* kann sowohl ein Mitglied des Integrationsteams sein als auch als Ansprechperson fungieren und das erste Gespräch mit den betroffenen Beschäftigten führen, um Möglichkeiten der individuellen Gesundheitsförderung und der betrieblichen Arbeitsgestaltung zu finden (Panter 2005: 44).

Ziel des Eingliederungsmanagements ist nicht die *Abschreckung* vor dem Missbrauch der Entgeltfortzahlung im Krankheitsfall; »§ 84 Abs. 2 SGB IX zielt nicht auf ein ›Blaumacher-Management‹ ab!« (Mehrhoff 10/2005: 320) Dennoch sind Betriebsräte in diesem Zusammenhang »oft skeptisch, ob hinter dem vordergründigen Engagement der Arbeitgeber nur ein Blaumacher-Management steckt« (Mehrhoff 10/2005: 322). Daher sollte bei der Entscheidung über die Person, die für die Gesprächsführung beim BEM verantwortlich ist, auf mögliche Interessenkonflikte geachtet werden, und es sollte bedacht werden, dass das Vertrauen der Betroffenen in das BEM umso eher entsteht, wenn sie die Ansprechperson als fürsorglichen und fachlichen »Kümmerer« wahrnehmen, der über keine disziplinarische Funktion ihnen gegenüber verfügt. Eine vergleichbare Erwägung hat den Gesetzgeber seinerzeit dazu veranlasst, in § 3 Abs. 3 ASiG über die Aufgaben der Betriebsärzte eine Bestimmung aufzunehmen, in der ausdrücklich erklärt wird: »*Zu den Aufgaben der Betriebsärzte gehört es nicht, Krankmeldungen der Arbeitnehmer auf ihre Berechtigung hin zu überprüfen.*« Diese Regelung wurde seinerzeit als notwendig erachtet, »um ein vernünftiges Vertrauensverhältnis zwischen Arbeitnehmern und Betriebsärzten zu gewährleisten.« (Hk-ASiG/Brunhöber 2004, § 3 Rn. 21)

Auf diese Weise soll unter anderem der Gefahr begegnet werden, dass die fürsorglichen präventiven und kurativen Aufgaben der Betriebsärzte bei der Verhütung arbeitsbedingter Unfall- und Krankheitsgefahren in Konflikt geraten können mit Aspekten der disziplinarischen Verhaltenskontrolle. Nur wenn der Betriebsarzt über eine gefestigte Vertrauensposition bei den Beschäftigten verfügt, kann er seine gesetzlichen Aufgaben wahrnehmen; das Verbot der Kontrolle von Krankmeldungen soll daher die Akzeptanz und Compliance zur Mitwirkung der Betroffenen sichern und verbessern.

Ein solches Vertrauensverhältnis zwischen den Gesprächspartnern ist im Allgemeinen nicht die Grundlage für die *Krankenrückkehrgespräche*, wie sie vielfach anlässlich überdurchschnittlicher oder auffälliger Fehlzeiten geführt werden (Brandenburg/Nieder 2003: 110ff.). Vielmehr ist der *Zweifel* auf Arbeitgeberseite darüber, ob überhaupt eine Erkrankung der Abwesenheit zugrunde liegt und ob die geltend gemachte Krankheit eine Arbeitsunfähigkeit tatsächlich rechtfertigt, in der Regel der Ausgangspunkt für solche Gespräche.

Die strukturelle Machtasymmetrie zwischen Vorgesetzten und Rückkehrern, durch die sich die Krankenrückkehrgespräche auszeichnen, sowie ihr ambivalenter Charakter, auf der einen Seite Kontrollinstrument gegenüber Missbrauch der Entgeltfortzahlung und auf der anderen Seite Mittel zur Identifikation arbeitsbedingter Gefährdungen der Gesundheit sein zu sollen (Neuberger 1997: 400), tragen kaum dazu bei, das Vertrauensverhältnis zwischen den Gesprächspartnern zu fördern. In der Tat sind die Krankenrückkehrgespräche, insbesondere wenn sie mit einem System *gestufter Sanktionen* verknüpft sind (wie z.B. im so genannten Opel-Modell; vgl. Spies/Beigel 1997), eher Ausdruck einer »*Misstrauens-Kultur*« im Unternehmen als Zeichen des Vertrauens in die Mitarbeiter. Letztlich heben Krankenrückkehrgespräche im Wesentlichen darauf ab, auf Seiten der Beschäftigten zum einen die Symptomtoleranz gegenüber so genannten Bagatellerkrankungen und zum anderen den Kontrolldruck zur Vermeidung des Missbrauchs der Entgeltfortzahlung zu erhöhen, damit »echte« Kranke erst bei ernsteren gesundheitlichen Beeinträchtigungen und »unechte« Kranke gar nicht der Arbeit fernbleiben. Daran ändern auch die eher euphemistischen Bezeichnungen kaum etwas, mit denen stärker der präventive, fürsorgliche und gesundheitsfördernde Aspekt solcher Gespräche betont werden soll, wie z.B. »*fürsorgliche Rückkehrgespräche*«, »*Integrationsgespräche*«, »*Präventionsgespräche*«, »*Gesunde Gespräche*«, »*Kümmer-Gespräche*«, »*Fürsorge-Gespräche*« oder »*Rück*care-*Gespräche*« (Pfaff/Krause/Kaiser 2003: 52f.). Auch wenn die vorliegenden empirischen Ergebnisse über die präventionsorientierten und gesundheitsfördernden Effekte von Krankenrückkehrgesprächen überwiegend negativ sind, auch wenn daraus als Konsequenz der Leitsatz formuliert wurde »*Betriebliche Gesundheitspolitik statt Krankenrückkehrgespräche*« (Pfaff/Krause/Kaiser 2003: 249), so ist doch nicht gänzlich auszuschließen, dass solche Gespräche im Einzelfall auch zu einer Minderung arbeitsbedingter Gesundheitsgefährdungen beitragen können. Aber selbst wenn diese Gespräche bestimmte Mindeststandards hinsichtlich ihrer »humanen Handhabung« und »gesundheitswissenschaftlichen Zielsetzung« aufweisen, stellen sie letztlich doch bloß »*suboptimale Lösungen des Fehlzeitenproblems*« dar (Pfaff/Krause/Kaiser 2003: 251).

Das Instrument der Krankenrückkehrgespräche ist schließlich auch deshalb für das *Eingliederungsmanagement* untauglich, weil die Beteiligung der betroffenen Beschäftigten nach § 84 Abs. 2 Satz 1 SGB IX unzweifelhaft *freiwillig* sein muss und der gesamte Prozess erst »mit Zustimmung und Beteiligung der betroffenen Person« eingeleitet werden kann (Gagel

24/2004: 1360). Während ein typisches *Krankenrückkehrgespräch* seinen Zweck nicht erfüllen kann, wenn der Betroffene dem ausdrücklich zustimmen muss und sich diesem Gespräch ohne weiteres entziehen oder verweigern kann, kann das *betriebliche Eingliederungsmanagement* seine Funktion nur dann erfüllen, wenn es gelingt, das Vertrauen und die Bereitschaft des Betroffenen »für eine engagierte Mitwirkung am Eingliederungsmanagement zu gewinnen, weil nur so Erfolge erzielt werden können«. (Gagel 24/2004: 1361) Beschäftigte, ihre betrieblichen Interessenvertretungen und Gewerkschaften stehen indes formalisierten und standardisierten Krankenrückkehrgesprächen im Allgemeinen skeptisch oder ablehnend gegenüber (vgl. Bueren 2001; IG Metall 2005), insbesondere wenn die Disziplinierungsfunktion (z.B. bei Gesprächsmodellen mit gestuften Sanktionen) im Vordergrund steht, sodass eine aktive Akzeptanz, geschweige denn eine engagierte Mitwirkung seitens der Betroffenen, kaum zu erwarten ist.

6. Auswirkungen des Eingliederungsmanagements auf den Kündigungsschutz

Die Vorschriften über das Eingliederungsmanagement sind zwar selbst nicht sanktionsbewehrt; wenn der Arbeitgeber es unterlässt, das Eingliederungsmanagement einzurichten bzw. durchzuführen, stellt dies keine Ordnungswidrigkeit (§ 156 SGB IX) dar (Britschgi 2005: 285). Die negativen Sanktionen, die der »reformresistente Arbeitgeber« (Britschgi 2005: 285) zu erwarten hätte, sind indes *mittelbarer* Art. Denn: »Versäumnisse im Zusammenhang mit dem betrieblichen Eingliederungsmanagement führen für den säumigen Arbeitgeber insbesondere bei der Darlegungs- und Beweislast im Hinblick auf die soziale Rechtfertigung einer krankheitsbedingten Kündigung zu erheblichen Problemen. So dürften sich regelmäßig die Anforderungen an die Substantiierung der negativen Gesundheitsprognose erhöhen, denn das betriebliche Eingliederungsmanagement ist darauf ausgerichtet, für eine solche Prognose wesentliche Erkenntnisse zu generieren. Der Arbeitgeber muss insoweit dann substantiiert darlegen und ggf. beweisen, dass ungeachtet des Verstoßes gegen § 84 SGB IX alle wesentlichen Aspekte in seiner Kündigungsentscheidung berücksichtigt wurden.« (Kohte 2005: 21) Es droht daher für den Arbeitgeber die Unwirksamkeit einer krankheitsbedingten Kündigung, wenn im entsprechenden Fall kein BEM durchgeführt wurde. »Individualrechtlich kann eine ausgesprochene Kündigung, der keine

Prüfung und Erörterung von Beschäftigungssicherungsmöglichkeiten vorausgegangen ist, sich als ungerechtfertigt erweisen, wenn der Beschäftigte darlegen kann, dass es Möglichkeiten zur erfolgreichen Vermeidung des Arbeitsplatzverlustes gegeben hätte.« (Feldes 2004b: 278)

Weil das betriebliche Eingliederungsmanagement eine weitere Wirksamkeitsvoraussetzung für eine krankheitsbedingte Kündigung ist, riskiert der Arbeitgeber, der ein solches Eingliederungsmanagement unterlässt, grundsätzlich die Unwirksamkeit der später ausgesprochenen Kündigung (Brose 2005: 393f.). Denn die Pflicht, Maßnahmen zu erörtern und erforderlichenfalls zu ergreifen, die die Schwierigkeiten, die das Beschäftigungsverhältnis gefährden, beheben können, stellt eine Konkretisierung des *Ultima-Ratio-Prinzips* dar.

Bei Verstoß gegen dieses Ultima-Ratio-Prinzip ist jedoch die Kündigung unwirksam, weil sie »sozial ungerechtfertigt« ist (§ 1 Abs. 1 KSchG). »Eine Kündigung wegen krankheitsbedingter Leistungsminderung kann daher nur zulässig sein, wenn der Arbeitgeber erfolglos geprüft hat, ob der Leistungsminderung nicht durch zumutbare organisatorische Maßnahmen (Änderung des Arbeitsablaufs, Umverteilung der Aufgaben etc.) begegnet werden kann (BAG, NZA 1995, 1100). Es liegt auf der Hand, dass Arbeitsgerichte in Zukunft krankheitsbedingte Kündigungen für unverhältnismäßig und damit unwirksam erklären werden, wenn der Arbeitgeber nicht nachweisen kann, das mildere Mittel des betrieblichen Eingliederungsmanagements zumindest versucht zu haben.« (von Steinau-Steinrück/Hagemeister 2005: 130)

Nach der Rechtsprechung des BAG zur sozialen Rechtfertigung von Kündigungen, die aus Anlass *langanhaltender Krankheit* ausgesprochen werden, ist in solchen »Fällen eine dreistufige Prüfung vorzunehmen. Die Kündigung ist sozial gerechtfertigt (§ 1 Abs. 2 KSchG), wenn eine *negative Prognose* hinsichtlich der voraussichtlichen Dauer der Arbeitsunfähigkeit vorliegt – erste Stufe –, eine darauf beruhende erhebliche Beeinträchtigung betrieblicher Interessen festzustellen ist – zweite Stufe – und eine Interessenabwägung ergibt, dass die betrieblichen Beeinträchtigungen zu einer billigerweise nicht mehr hinzunehmenden Belastung des Arbeitgebers führen – dritte Stufe« (BAG Urteil vom 12.4.2002, 2 AZR 148/01 Krankheitskündigung – negative Prognose, Nr. 41). Dabei kommt der Dauer der Arbeitsunfähigkeit zwar »unter Umständen eine gewisse Indizwirkung« zu, aber: »Ein Erfahrungssatz des Inhalts, bei langanhaltenden Krankheiten sei für die Zukunft mit ungewisser Fortdauer der Krankheit zu rechnen, besteht nicht« (BAG Urteil vom 12.4.2002, 2 AZR 148/01 Krankheitskündigung – negative Prognose, Nr. 43).

Das Eingliederungsmanagement zielt im Kern darauf ab, vorzubeugen, dass bereits die *erste Stufe* der Voraussetzungen für eine krankheitsbedingte Kündigung bzw. für einen Verlust des Arbeitsplatzes aufgrund langdauernder Arbeitsunfähigkeit abgewendet werden kann, weil eine negative gesundheitliche Prognose bzw. eine *negative Prognose* der Beschäftigungsfähigkeit (auf dem bisherigen oder einem anderen Arbeitsplatz in demselben Betrieb) *vermieden* werden kann. Eine krankheitsbedingte Kündigung als *»ultima ratio«* bei langdauernder Arbeitsunfähigkeit wird unter Berücksichtigung der Verpflichtungen des ArbG zum BEM nach § 84 Abs. 2 SGB IX künftig erst dann die Prüfung auf ihre soziale Rechtfertigung erfüllen können, wenn zuvor ein BEM durchgeführt wurde (Kohte 2005; Düwell 19/2004, Nr. 7; Gagel 4/2004 und 1/2005). Das ultima-ratio-Prinzip gebietet hier: »Der Arbeitgeber muss alle zumutbaren Möglichkeiten ausgeschöpft haben, die Kündigung zu vermeiden (z.B. Überbrückungsmaßnahmen, Überstundenabbau, Kurzarbeit, anderweitige Beschäftigung).« (Gagel 4/2004: 7f.) Zur Abwendung einer negativen Prognose gehört indes »auch die Bereitschaft des Arbeitnehmers sich an Maßnahmen zu beteiligen, die den Gesundheitszustand verbessern oder alternative Einsatzmöglichkeiten eröffnen.« (Gagel 4/2004: 7) Arbeitgeber, die den Verpflichtungen, ein Eingliederungsmanagement einzurichten und durchzuführen, nicht nachkommen, gehen ggf. auch das Risiko von *Schadensersatzforderungen* ein, die Beschäftigte einklagen könnten, wenn sie z.B. aufgrund chronischer Erkrankung in die Frühinvalidität geraten und dadurch ihren Arbeitsplatz verlieren. Sie könnten gegenüber dem Arbeitgeber geltend machen, dass ein rechtzeitig durchgeführtes Eingliederungsmanagement sie vor diesem ungünstigen Verlauf ihrer krankheitsbedingten Leistungseinschränkungen bewahrt hätte; sie könnten dann versuchen, die durch ein Eingliederungsmanagement vermeidbaren, tatsächlich erlittenen Einkommenseinbußen auf dem Wege des Schadensersatzes vom ArbG zu verlangen.

Auch die Träger der Sozialversicherung (vor allem die gesetzliche Rentenversicherung und die gesetzliche Krankenversicherung, aber auch die gesetzliche Unfallversicherung und die Arbeitslosenversicherung) könnten den Arbeitgeber unter Umständen für die Kosten, die ihnen aufgrund von krankheitsbedingter Frühinvalidität und Arbeitslosigkeit anfallenden Leistungen (Behandlung, Rehabilitation, Rente, Leistungen der Arbeitslosenversicherung) entstehen und die ganz oder teilweise durch das gesetzlich vorgeschriebene Eingliederungsmanagement vermeidbar gewesen wären, »haftbar« machen bzw. in Regress nehmen (*Regressforderungen*).

7. Qualitätskriterien für das betriebliche Eingliederungsmanagement

Welche Anforderungen sind an ein betriebliches Eingliederungsmanagement zu stellen, damit es den Bestimmungen des § 84 Abs. 2 SGB IX entspricht? Mit anderen Worten: Wann ist ein Eingliederungsmanagement ein Eingliederungsmanagement? Anhand welcher Dimensionen und Kriterien kann die Qualität eines betrieblichen Eingliederungsmanagements beurteilt werden? – Die Grundlage für solche Qualitätskriterien bilden zunächst der Wortlaut der Bestimmungen des § 84 Abs. 2 SGB IX sowie die amtliche Begründung für dieses Gesetz seitens der Bundesregierung und des Bundestages; daraus ergibt sich die Ziel- und Zwecksetzung dieser Regelung – sozusagen der »Geist des Gesetzes«. Was die institutionelle und organisatorische Umsetzung in Gestalt eines *Management*-Systems betrifft, können wir durch Analogie mit anderen Management-Systemen, die sich ebenfalls auf den Bereich des Arbeits- und Gesundheitsschutzes (z.B. betriebliches Gesundheitsmanagement, Arbeitsschutzmanagement) auf Prävention und Gesundheitsförderung (Aktionszyklus betrieblicher Gesundheitsförderung, Sekundäre Individualprävention, Disability Management und berufliche Rehabilitation) oder auf die Gesundheitspolitik und das Gesundheitswesen insgesamt (Public Health Policy Circle) erstrecken, entsprechende Anforderungen entwickeln. Darüber hinaus liefern allgemeine Management-Ansätze (vor allem das integrierte Management, das Case Management oder das Qualitätsmanagement z.B. nach ISO EN DIN 9000 oder nach TQM-Systemen wie EFQM sowie der PDCA-Management-Zyklus nach Deming oder das Qualitätsmanagement nach Donabedian) grundlegende Anforderungen auch für die Ausgestaltung eines regelgerechten betrieblichen Eingliederungsmanagements (siehe Abb. 1).

7.1 Ebenen des Eingliederungsmanagements

Überträgt man die allgemeinen Überlegungen zum »integrierten Management« (Bleicher 1996) sowie zum »integrierten Qualitätsmanagement« (Seghezzi 2003) auf das betriebliche Eingliederungsmanagement, so ergeben sich Anforderungen auf *drei* Ebenen (siehe Abbildung 1):

Abbildung 1: Ebenen des betrieblichen Eingliederungsmanagements

Normative Ziele des BEM: Rechtliche Grundlagen und politische Ziele § 84 Abs. 2 SGB IX – Ausbau betrieblicher Prävention mit dem Ziel: »Rehabilitation statt Entlassung« Ziele: (1) Überwindung der Arbeitsunfähigkeit (2) Vorbeugung erneuter AU (3) Erhaltung des Arbeitsplatzes Realisierung der Vorteile für (1) Unternehmen (2) betroffene Beschäftigte (3) soziale Sicherungssysteme	*normative Ebene*
Strategien der Zielerreichung: Struktur und System des BEM Schaffung von organisatorischen Strukturen für das BEM (BEM-System) zur Ausrichtung aller Ressourcen Rahmenordnung für Zuständigkeiten, Verantwortlichkeiten, Abläufe, Beteiligungsrechte, Entscheidungen Kooperation aller Beteiligten im Betrieb und Strategische Allianzen mit externen Stellen (Reha-Trägern)	*strategische Ebene*
Operative Prozesse des BEM zur Problemlösung Operative Lenkung des BEM als Prozess nach dem PDCA-Zyklus (Kernprozesse): (1) Diagnose und Bedarfsermittlung (2) Interventions- und Maßnahmenplanung (3) Intervention und Maßnahmendurchführung (4) Bewertung (Evaluation) der erzielten Ergebnisse	*operative Ebene*

1. Auf der *normativen* Ebene muss das Eingliederungsmanagement entsprechende Spezifikationen über die Ziele (»Rehabilitation statt Entlassung«) treffen, wie sie sich aus den rechtlichen Bestimmungen des § 84 Abs. 2 SGB IX ergeben: Überwindung der Arbeitsunfähigkeit, Vorbeugung erneuter Arbeitsunfähigkeit und Erhaltung des Arbeitsplatzes. Hinzu kommt die Verankerung in die allgemeinen Ziele des Betriebes und die Integration der Ziele des BEM in alle betrieblichen Entscheidungen.
2. Auf der *strategischen* Ebene hat das Eingliederungsmanagement geeignete Strategien zur Zielerreichung zu entwickeln, wobei insbesondere die Einrichtung organisatorischer Strukturen zur Ausrichtung aller Ressourcen sowie die Schaffung einer Rahmenordnung, in der die Zuständigkeiten und Verantwortlichkeiten, die Entscheidungen und Abläufe, die Beteiligungsrechte und sowohl die Kooperation aller Beteiligten im Betrieb als auch mit externen Stellen (Reha-Trägern) im Rahmen strategischer Allianzen festgelegt werden.
3. Auf der *operativen* Ebene sind durch das Eingliederungsmanagement die erforderlichen operativen Prozesse zu etablieren und zu lenken, wobei man sich am Management-Zyklus PDCA (Plan-Do-Check-Act) orientieren kann. Das Eingliederungsmanagement beginnt mit der Diagnose

und Bedarfsermittlung, anschließend wird die Planung der Maßnahmen und schließlich die Durchführung der Maßnahmen vorgenommen; letztlich wird eine Bewertung (Evaluation) der erzielten Ergebnisse vorgenommen.

7.2 Kernprozesse des Eingliederungsmanagements

Für die Beurteilung der Frage, ob ein betriebliches Eingliederungsmanagement den erforderlichen Kriterien eines modernen Managements entspricht, sind die *vier Kernprozesse* wesentlich, die alle einschlägigen Managementsysteme, auf die hier zurückgegriffen wird, gemeinsam haben. Zusammen mit der Schaffung der Voraussetzungen für dieses Managementsystem sind es insgesamt fünf Punkte, die darüber Aufschluss geben, ob ein Eingliederungsmanagement dem aktuellen Standard entspricht (siehe Abbildung 2).

1. Zunächst sind im Betrieb die *strukturellen Voraussetzungen* dafür zu schaffen. Dazu müssen zuerst auf der normativen Ebene die Ziele des Eingliederungsmanagement in das gesamte Zielsystem des Betriebes integriert und die öffentlich-rechtlichen Pflichten ermittelt werden. Auf der strategischen Ebene sind dann die erforderlichen Strukturen zu schaffen und in die Aufbau- und Ablauforganisation des Betriebes zu integrieren. Zu diesem Zweck sind Verfahrensregeln zur Einleitung und Durchführung des Eingliederungsmanagements (z.B. eine Verfahrensordnung in Form einer Betriebsvereinbarung) aufgestellt worden. Der Kreis der verantwortlichen und der beteiligten Personen muss festgelegt werden (z.B. Beauftragte des Arbeitgebers, Integrationsteam, Ansprech- bzw. Vertrauenspersonen) und die Zuständigkeiten und Befugnisse sowie der Umgang mit den Daten müssen geklärt werden. Die erforderlichen personellen, sachlichen und zeitlichen Ressourcen müssen zur Verfügung gestellt werden (z.B. durch ein eigenes Budget). Schließlich muss die Kooperation mit den externen Partnern im betrieblichen Eingliederungsmanagement (z.B. Integrationsamt, Servicestellen, Reha-Träger) kontinuierlich organisiert werden.
2. Auf der Grundlage einer *Diagnose* der Arbeitsunfähigkeit im Betrieb sind die betroffenen Personen zu ermitteln, die länger als sechs Wochen innerhalb eines Jahres ununterbrochen oder wiederholt krank waren. Für diese Personen ist unter Berücksichtigung der besonderen Gegebenheiten in jedem einzelnen Fall zu entscheiden, ob und in welcher Form ein Eingliederungsmanagement eingeleitet werden soll. Hierzu ist die Kontaktaufnahme mit den Betroffenen und deren Information über das Eingli-

Abbildung 2: Kernprozesse des betrieblichen Eingliederungsmanagements

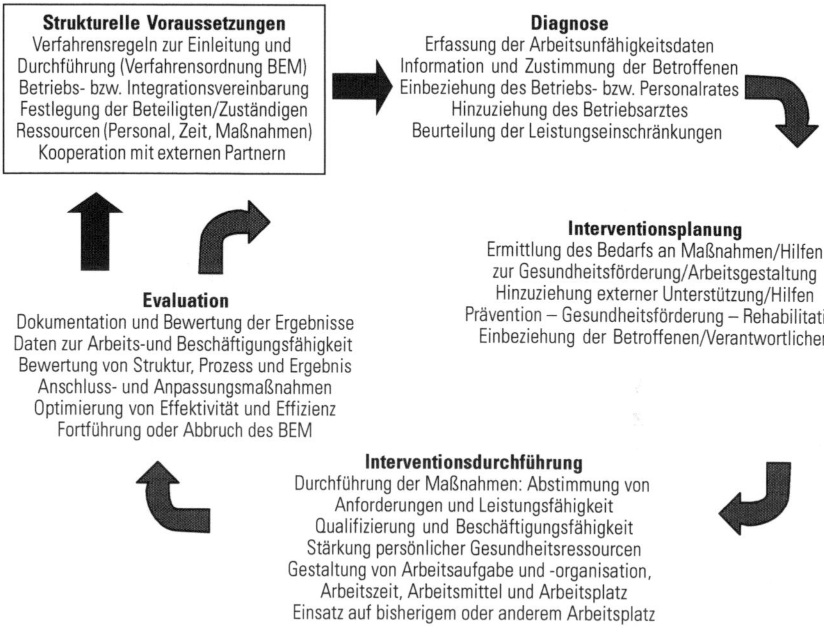

derungsmanagement zu regeln sowie die Zustimmung der Betroffenen einzuholen. Diese Schritte müssen mit der zuständigen Interessenvertretung der betroffenen Beschäftigten (in der Regel mit dem Betriebsrat oder der Schwerbehindertenvertretung) geklärt werden. Der Betriebsarzt ist, so weit erforderlich, hinzuzuziehen, und die notwendigen Daten sind hierfür heranzuziehen, wobei der Datenschutz zu gewährleisten ist.

3. Die Planung der erforderlichen Maßnahmen (*Interventionsplanung*) verlangt nach einer Ermittlung des Bedarfs an Maßnahmen und Hilfen zur Arbeitsgestaltung sowie zur Gesundheitsförderung. Es müssen konkrete Ziele festgelegt werden, die erreicht werden sollen, damit eine bestehende Arbeitsunfähigkeit möglichst überwunden und künftiger Arbeitsunfähigkeit vorgebeugt sowie der Arbeitsplatz erhalten werden kann. Ausgehend von den spezifischen Leistungsvoraussetzungen der betroffenen Personen und deren Einschränkungen sind Maßnahmen zu entwickeln und zu planen, die der Prävention, Gesundheitsförderung und Rehabilitation dienen. In den Prozess der Entwicklung und Planung von Maßnahmen des Eingliederungsmanagements sind die Betroffenen selbst und

ihre Interessenvertretung ebenso einzubeziehen wie die verantwortlichen Führungskräfte, die Betriebsärzte und die Fachkräfte für Arbeitssicherheit sowie bei schwerbehinderten Beschäftigten auch die Schwerbehindertenvertretung. Schließlich ist die Unterstützung externer Partner (Servicestellen, Integrationsamt, Reha-Träger) einzuholen.

4. Die Durchführung der Maßnahmen (*Interventionsdurchführung*) sorgt für eine Anpassung bzw. Heranführung der individuellen Leistungsfähigkeit der Betroffenen an die Anforderungen des Arbeitsplatzes und bewirkt eine Abstimmung der Arbeitsbedingungen auf die Leistungsvoraussetzungen der betroffenen Personen. Zu diesem Zweck eignen sich auf der Seite der Beschäftigten (personbezogene Intervention) insbesondere Maßnahmen zur Qualifizierung und zur Stärkung persönlicher Gesundheitsressourcen durch Gesundheitsförderung, die der Erhaltung der Arbeits- und Beschäftigungsfähigkeit (»workability« bzw. »employability«) dienen. Auf der Seite des Betriebes (bedingungsbezogene Intervention) kommen im Hinblick auf die Arbeitsplatz- und Aufgabengestaltung vor allem Maßnahmen zur Anpassung der Arbeitszeit, der Arbeitsmittel und des Arbeitsplatzes an die individuell gesundheitsbedingt gewandelten Leistungsvoraussetzungen der betroffenen Personen in Betracht. Auf diese Weise soll letztlich sichergestellt werden, dass die betroffenen Personen entweder an ihrem bisherigen Arbeitsplatz oder aber auf einem anderen, geeigneten Arbeitsplatz im selben Betrieb weiterbeschäftigt werden können. Die Umsetzung der erforderlichen Maßnahmen muss mit der Einbeziehung der Betroffenen, ihrer Interessenvertretung und der verantwortlichen Führungskräfte sowie mit Unterstützung der internen und externen Partner im Arbeits- und Gesundheitsschutz erfolgen.
5. Nach Abschluss der Maßnahmen muss eine auswertende Bewertung der erzielten Ergebnisse (*Evaluation*) erfolgen, um festzustellen, inwieweit die gesetzten Ziele erreicht wurden. Voraussetzung dafür ist, dass alle Schritte des Eingliederungsmanagements dokumentiert werden, damit nicht nur die *Ergebnisse* in der Art eines Soll-Ist-Vergleichs im Hinblick auf den Grad der Zielerreichung (Effektivität) bewertet, sondern auch der gesamte *Prozess* von der Diagnose über die Planung bis zur Durchführung der Maßnahmen in Bezug auf das Verhältnis von Aufwand und Ergebnis (Effizienz) beurteilt werden können. Auf dieser Grundlage ist schließlich zu entscheiden, inwieweit Anschluss- oder Anpassungsmaßnahmen erforderlich sind, um den Grad der Zielerreichung im Hinblick auf die Ergebnisse zu verbessern, oder inwieweit Schlussfolgerungen für

vergleichbare Fälle des Eingliederungsmanagements im Hinblick auf eine Optimierung der Prozesse gezogen werden können.

7.3 Dimensionen und Kriterien zur Evaluation des Eingliederungsmanagements

Damit die Erfolge des Eingliederungsmanagements beurteilt und bewertet werden können, ist eine Evaluation durchzuführen. Diese Evaluation im Sinne einer auswertenden Beurteilung kann sowohl abschließend (summativ) als auch begleitend (formativ) vorgenommen werden. Die summative Evaluation bewertet im nachhinein, inwieweit die angestrebten Ziele erreicht wurden (Effektivität: Grad der Zielerreichung) und in welchem Verhältnis diese Effekte zu dem hier erforderlichen Aufwand stehen (Effizienz), um für künftige Maßnahmen des Eingliederungsmanagements entsprechende Schlussfolgerungen zu ziehen, während die formative Evaluation dazu dient, die laufenden Maßnahmen systematisch darauf hin auszuwerten, inwieweit durch nachsteuernde Korrekturen deren Effektivität und Effizienz gesichert und verbessert werden können. Die Qualität des Eingliederungsmanagements kann in Anlehnung an Donabedians Trias des Qualitätsmanagements im Gesundheitswesen (Donabedian 2003: 49; vgl. hierzu ausführlicher Punkt 2.3 im Kapitel »Betriebliche Gesundheitspolitik und betriebliches Gesundheitsmanagement«) anhand der drei qualitätsrelevanten Dimensionen *Struktur*, *Prozess* und *Ergebnis* präventiver Maßnahmen und Programme evaluiert werden (siehe Abbildung 3):

1. Im Hinblick auf die *Struktur*-Dimension des Eingliederungsmanagements kommt es darauf an, inwieweit der Betrieb die erforderlichen materiellen, sachlichen, personellen und organisatorischen Ressourcen zur Verfügung stellt. Dabei kommt der finanziellen Ausstattung (Budget) ebenso Bedeutung zu, wie der Festlegung der Verantwortlichen und Beteiligten sowie der Klärung ihrer Zuständigkeiten und Verantwortlichkeiten; auch die Schaffung der Voraussetzungen für eine zielführende Kooperation und Vernetzung aller Mitwirkenden ist von Bedeutung.
2. In Bezug auf die *Prozess*-Dimension des Eingliederungsmanagements geht es im Wesentlichen darum, wie im Betrieb der zeitliche Ablauf und die inhaltliche Abstimmung der einzelnen Schritte einer Maßnahme sowie die Kommunikation und Kooperation und die Partizipation und Einbeziehung aller Beteiligten auf eine wirksame Weise geregelt wird.
3. Was die *Ergebnis*-Dimension des Eingliederungsmanagements betrifft, muss der Nutzen für die Betroffenen und für den Betrieb erfasst werden,

Abbildung 3: Bewertung der Qualität des Eingliederungsmanagements

Bewertung der Qualität des Eingliederungsmanagements Dimensionen und Kriterien zur Evaluation des betrieblichen Eingliederungsmanagements		
Struktur-Dimension (structure) Ressourcen (sachlich, personell, organisational)	**Prozess-Dimension** (process) Ablauf, Durchführung, Verknüpfung, PDCA-Kreis	**Ergebnis-Dimension** (outcome) Wirkungen, Haupt- und Nebeneffekte, Nutzen
Struktur-Kriterien (1) Materielle bzw. sachliche Ressourcen: Infrastruktur, Technik, Budget (2) Personelle bzw. Human-Ressourcen: Verantwortliche, Qualifikation, Position (3) Organisationale Ressourcen: Beteiligung, Kooperation, Vernetzung	**Prozess-Kriterien** (1) Verlauf der Aktivitäten: Abfolge bzw. Abstimmung der Schritte (2) Zusammenwirken der Beteiligten: Einbeziehung der Betroffenen (3) Information und Kommunikation: »Daten für Taten« – beschaffen und nutzen	**Ergebnis-Kriterien** Erfassung der beabsichtigten Effekte (1) Überwindung der Arbeitsunfähigkeit (2) Vorbeugung erneuter AU (3) Erhaltung des Arbeits-platzes Kriterien zur Beurteilung der Wirkungen (1) Effektivität – Grad der Zielerreichung (2) Effizienz – Wirtschaftlich-keitsgrad (3) Akzeptanz – Erwartungs-konformität (4) Chancengleichheit – Gerechtigkeit

wobei die Fragen, inwieweit die bestehende Arbeitsunfähigkeit überwunden, erneuter Arbeitsunfähigkeit vorgebeugt und der Arbeitsplatz erhalten werden konnte, zu den Schlüsselkriterien zur Beurteilung des Erfolgs gehören. Effektivität und Effizienz sowie Akzeptanz und Angemessenheit der Maßnahmen sind weitere wesentliche Beurteilungskriterien für den Erfolg des Eingliederungsmanagements.

Literatur

Ahlers, E./Trautwein-Kalms, G. (2004): Arbeitsbedingungen: Hohe Leistung braucht Erholzeit, in: WSI-Mitteilungen 8/2004. 2-3.

Ahrend, K.D./Konietzko, J. (1995): Der ältere Mensch am Arbeitsplatz, in: Handbuch Arbeitsmedizin (Hrsg. Konietzko/Dupuis), 15. Erg. Lfg. 12/95.

Albus, C. u.a. (2005): Psychosoziale Faktoren bei koronarer Herzkrankheit – wissenschaftliche Evidenz und Empfehlungen für die klinische Praxis, in: Gesundheitswesen 2005/67; 1-8.

Aldana, S.G. (2001): Financial impact of health promotion programs: a comprehensive review of literature, in: American Journal of Health Promotion, 15 (5); 2001: 296-320.

Aldana, S.G./Merrill, R.M./Price, K./Hardy, A./Hager, R. (2005): Financial impact of a comprehensive multisite workplace health promotion program, in: Preventive Medicine 40 (2); 2005: 131-137.

Allmer, H. (1996): Erholung und Gesundheit, Göttingen.

Amagasa, T./Nakayama, T./Takahashi, Y. (2005): Karojisatsu in Japan, Characteristics of 22 Cases of Work-Related Suicide, in: Journal of Occupational Health 2005: 47: 157-164.

Angestelltenkammer Bremen (Hrsg.) (1993): Gesundheit und Lebensqualität. Bremen.

Antonovsky, A. (1987): Unraveling the Mystery of Health. How People Manage Stress and Stay Well, San Francisco.

Antonovsky, A. (1997): Salutogenese. Zur Entmystifizierung der Gesundheit. (Deutsche erweiterte Ausgabe von Alexa Franke), Tübingen.

Aronsson, G. u.a. (2001): Arbeit über 45. Historische, psychologische und physiologische Perspektiven älterer Menschen im Berufsleben. Hrsg. BAuA, Dortmund/ Berlin.

Aronsson, G./Gustafsson, K./Dallner, M. (2000): Sick but yet at work. An empirical study of sickness presenteeism, in: Journal of Epidemiological and Community Health, vol. 54, 2000: 502-509.

Aufhauser, R./Brunhöber, H./Igl, P. (2004): Arbeitssicherheitsgesetz, Handkommentar (3. Aufl.). Baden-Baden (Hk-ASiG/Brunhöber 2004)

Bäcker, G. (2006): Rente mit 67: Länger arbeiten oder länger arbeitslos? Probleme einer Heraufsetzung der Altersgrenze, in: Rente mit 67, Steuerungspotentiale in der Renten- und Beschäftigungspolitik (Hrsg. Friedrich-Ebert-Stiftung, Gesprächskreis Sozialpolitik), Bonn: 6-22.

Badura, B./Hehlmann, T. (Hrsg.) (2003): Betriebliche Gesundheitspolitik. Der Weg zur gesunden Organisation. Berlin.

Badura, B./Litsch, M./Vetter, C. (1999): Fehlzeiten-Report 1999. Psychische Belastung am Arbeitsplatz, Berlin.

Badura, B./Ritter, W. (1998): Qualitätssicherung in der betrieblichen Gesundheitsförderung; in: Bamberg, Eva u.a. (Hrsg.): Handbuch Betriebliche Gesundheitsförderung, Göttingen.

Badura, B./Ritter, W./Scherf, M. (1999): Betriebliches Gesundheitsmanagement, ein Leitfaden für die Praxis, Berlin.

Badura, B./Schellschmidt, H./Vetter, C. (2003): Fehlzeiten-Report 2002. Demographischer Wandel: Herausforderung für die betriebliche Personal- und Gesundheitspolitik, Berlin.

BAuA (2004): Ratgeber zur Ermittlung gefährdungsbezogener Arbeitsschutzmaßnahmen im Betrieb, Hrsg. Bundesanstalt für Arbeitsschutz und Arbeitsmedizin (4. Auflage), Dortmund/Berlin.

BAuA (2008): Arbeitswelt im Wandel, Zahlen, Daten, Fakten, Ausgabe 2008, Dortmund.

Beermann, B. (2004): Arbeitswissenschaftliche und arbeitsmedizinische Erkenntnisse zu überlangen Arbeitszeiten, in: Nickel, P. u.a. (2004): Aspekte der Arbeitspsychologie in Wissenschaft und Praxis, Lengerich: 181-205.

BKK Gesundheitsreport 2005: Krankheitsentwicklungen – Blickpunkt: Psychische Gesundheit. Hrsg. BKK Bundesverband, Essen, 09/2005.

Blachnitzky, H. (2000): Bildschirmarbeitsverordnung. Erläuterungen, in: Kollmer, N.F. (2000): Praxiskommentar Arbeitsschutzgesetz, Verordnungen und Richtlinien. (D 5.2: 1-14) München.

Bleicher, K. (1996): Das Konzept integriertes Management. (4. Aufl.) Frankfurt a.M./ New York.

Bödeker, W./Friedel, H./Röttger, Chr./Schröer, A. (2002): Die Kosten arbeitsbedingter Erkrankungen in Deutschland 1998, in: Die BKK 2/2002: 45-49.

Bödeker, W./Friedel, H./Röttger, Chr./Schröer, A. (2002a): Kosten arbeitsbedingter Erkrankungen in Deutschland (Schriftenreihe der Bundesanstalt für Arbeitsschutz und Arbeitsmedizin: Forschungsbericht, Fb 946), Bremerhaven.

Bokranz, R. (1997): Pausengestaltung, in: Handbuch Arbeitsgestaltung. Hrsg. Luczak, H./Volpert, W., Stuttgart.

Bortz, J./Döring, N. (2003): Forschungsmethoden und Evaluation für Human- und Sozialwissenschaftler, (3., überarb. Aufl.) Berlin.

Brader, D. u.a. (2005): Case Management zur Erhaltung von Beschäftigungsverhältnissen behinderter Menschen (CMB). Zentrale Ergebnisse und Schlussfolgerungen einer Modellinitiative der Bundesarbeitsgemeinschaft für Rehabilitation, (Hrsg. Bundesarbeitsgemeinschaft für Rehabilitation BAR) Frankfurt a.M.

Brader, D. u.a. (Institut für empirische Soziologie Nürnberg) (2004): Case Management zur Erhaltung von Beschäftigungsverhältnissen behinderter Menschen (CMB), Nürnberg.

Brandenburg, S. (2005): Aktuelle Rechtsprechung und Maßnahmen nach § 3 BKV, Referat auf der Gutachtertagung BK 2108 bis 2110 am 11. Juni 2005, BGAG Dresden.

Brandenburg, U./Nieder, P. (2003): Betriebliches Fehlzeiten-Management. Anwesenheit der Mitarbeiter erhöhen. Instrumente und Praxisbeispiele, Wiesbaden.

Brandenburg, U./Nieder, P./Susen, B. (Hrsg.) (2000): Gesundheitsmanagement im Unternehmen. Grundlagen, Konzepte und Evaluation. Weinheim und München.

Britschgi, S. (2005): Betriebliches Eingliederungsmanagement. Das geht alle Arbeitnehmer an; in: AiB 2005 Heft 5.

Britschgi, S./Windirsch, R. (2005): Stellungnahme zum Diskussionsbeitrag 3/2005, in: Institut für Qualitätssicherung in Prävention und Rehabilitation GmbH an der Deutschen Sportschule Köln, Forum B, Schwerbehindertenrecht und Fragen des betrieblichen Gesundheitsmanagements, Diskussionsbeitrag Nr. 3/2005.

Brose, W. (2005): Das betriebliche Eingliederungsmanagement nach § 84 Abs. 2 SGB IX als eine neue Wirksamkeitsvoraussetzung für die krankheitsbedingte Kündigung? in: Der Betrieb, Heft 7 vom 18.2.2005.

Bueren, H. (2001): Weiteres Fehlen wird für Sie Folgen haben! Fehlzeitenmanagement und Belegschaftsinteressen. Ratgeber für Beschäftigte und Interessenvertretungen, Bremen.

Burisch, M. (1989): Das Burnout-Syndrom. Theorien der inneren Erschöpfung, Heidelberg.

Burton, Wayne N./Morrison, A./Wertheimer, A.I. (2003): Pharmaceuticals and Worker Productivity Loss: A Critical Review of the Literature, in: Journal of Occupational and Environmental Medicine, vol. 45, 2003: 610-621.

Chatterji, M./Tilley, C. J. (2002): Sickness, absenteeism, presenteeism, and sick pay, in: Oxford Economic Papers, 2002, vol. 54: 669-687.

Commentary »Towards responsible use of cognitive-enhancing drugs by the healthy«, in: Nature 2008; 456: 702-705.

DAK-Gesundheitsreport (2009): Analyse der Arbeitsunfähigkeitsdaten, Schwerpunktthema Doping am Arbeitsplatz, Erstellt im Auftrag der DAK von IGES Institut GmbH, Hamburg, Februar 2009.

Danabneh, A.J./Swanson, N./Shell, R.L. (2001): Impact of added rest breaks on the productivity and well being of workers, in: Ergonomics 44 (2001): 164-174.

Däubler, W./Kittner, M./Klebe, T. (2002): Betriebsverfassungsgesetz, Kommentar für die Praxis, (8. Aufl.) Frankfurt a.M.

Dembe, A.E./Erickson, J.B./Delbos, R.G./Banks, S.M. (2005): The impact of overtime and long work hours on occupational injuries and illnesses: new evidence from the United States, in: Occupational and Environmental Medicine 2005; 62: 588-597.

Deming, W. E. (1988): Out of the Crisis, (3rd printing) Cambridge (Mass.): Massachusetts Institute of Technology, Center for Advanced Engineering Study.

Deutsche Bank Research (2002): Die demographische Herausforderung, Frankfurt/M.

DGFP (Hrsg.) (2004): Unternehmenserfolg durch Gesundheitsmanagement. Grundlagen, Handlungshilfen, Praxisbeispiele. (Hrsg. von der Deutschen Gesellschaft für Personalführung e.V.) Bielefeld.

Dia.L.O.G. (1999): Beurteilung der Arbeitsbedingungen an Bildschirm- und Büroarbeitsplätzen (Hrsg. von der Verwaltungs-Berufsgenossenschaft), CD.

Donabedian, A. (1980): Explorations in Quality Assessment and Monitoring, volume 1, The Definition of Quality and Approaches to its Assessment. Ann Arbor (Michigan).

Donabedian, A. (2003): An Introduction to Quality Assurance in Health Care. Oxford (Mass.).

Dostal, W. (2005): Demographischer Wandel: Stand und Perspektiven, in: Arbeitsmedizin, Sozialmedizin, Umweltmedizin 40 (2005): 86-91.

Ducki, A. (2008): Weiche Faktoren, harte Folgen, in: Gesundheit und Gesellschaft 2008; 11: 4-6.

Düwell, F.-J. (19/2004): Überblick über das Gesetz zur Förderung der Ausbildung und Beschäftigung schwerbehinderter Menschen vom 23.4.2004; in: juris PraxisReport Arbeitsrecht 19/2004.

Düwell, F.-J. (2004): Der Kündigungsschutz schwerbehinderter Beschäftigter nach der Novelle vom 23.4.2004, in: Betriebs-Berater (BB) 59. Jg., Heft 51/52, 20. Dezember 2004.

Ehrenberg, A. (2004): Das erschöpfte Selbst, Depression und Gesellschaft in der Gegenwart, Frankfurt a.M.

»Eingliedern statt kündigen«. Gesundheit und demografischer Wandel im Betrieb, Handlungshilfe von IG Metall/Gute Arbeit, November 2005.

Epel, E.S./Blackburn, E.H./Lin, J./Dhabhar, F.S./Adler, N.E./Morrow, J.D./Cawthorn, R.M. (2004): Accelerated telomere shortening in response to life stress, in: PNAS, vol. 101, no. 49, December 7, 2004: 17312-17315.

EU-OSHA (2009): Europäische Meinungsumfrage zu Sicherheit und Gesundheit am Arbeitsplatz, Hrsg. Europäische Agentur für Sicherheit und Gesundheitsschutz am Arbeitsplatz, Bilbao.

Europäische Stiftung zur Verbesserung der Arbeits- und Lebensbedingungen: Die Arbeitsbedingungen in der EU in den vergangenen fünfzehn Jahren, Auswertung der Trends. TJ-76-06-340-DE-C (2006).

Feldes, W. (2004a): Kündigungsprävention und betriebliches Eingliederungsmanagement im novellierten SGB IX; in: Behindertenrecht, br 2004 Heft 7.

Feldes, W. (2004b): Rehabilitation vor Entlassung. Geänderte Kündigungsprävention und neues betriebliches Eingliederungsmanagement im SGB IX – nicht nur für behinderte Beschäftigte, auch für längerfristig Kranke, in: Soziale Sicherheit 8-9/2004.

Ferrie, J.E./Head, J./Shipley, M.J./Vahtera, J./Marmot, M.G./Kivimäki, M. (2006): Injustice at work and incidence of psychiatric morbidity: the Whitehall II study, in: Occupational and Environmental Medicine 2006; 63: 443-450.

Frieling, E./Sonntag, Kh. (1999): Lehrbuch Arbeitspsychologie, 2. Aufl., Bern/Göttingen.

Fürstenberg, F. (2002): Zumutbarkeit als Akzeptanzkriterium des Arbeitsvollzugs, in: Moldaschl, M. (Hrsg.): Neue Arbeit – Neue Wissenschaft der Arbeit? Festschrift zum 60. Geburtstag von Walter Volpert, Heidelberg: 383-398.

Gagel, A. (4/2004): Bedeutung des Eingliederungsmanagements (§ 84 Abs. 2 SGB IX) für den Kündigungsschutz, Teil I; in: Institut für Qualitätssicherung in Prävention und Rehabilitation GmbH an der Deutschen Sportschule Köln, Forum B, Schwerbehindertenrecht und Fragen des betrieblichen Gesundheitsmanagements, Diskussionsbeitrag Nr. 4/2004.

Gagel, A. (5/2004): Bedeutung des Eingliederungsmanagements (§ 84 Abs. 2 SGB IX) für den Kündigungsschutz, Teil II; in: Institut für Qualitätssicherung in Prävention und Rehabilitation GmbH an der Deutschen Sportschule Köln, Forum B, Schwerbehindertenrecht und Fragen des betrieblichen Gesundheitsmanagements, Diskussionsbeitrag Nr. 5/2004.

Gagel, A. (24/2004): Betriebliches Eingliederungsmanagement. Rechtspflicht und Chance; in: NZA Heft 24/2004.

Gagel, A. (1/2005): Stärkung des Kündigungsschutzes durch § 84 Abs. 1 und 2 SGB IX; in: Institut für Qualitätssicherung in Prävention und Rehabilitation GmbH an der Deutschen Sportschule Köln, Forum B, Schwerbehindertenrecht und Fragen des betrieblichen Gesundheitsmanagements, Diskussionsbeitrag Nr. 1/2005.

Gagel, A. (2/2005): Regelung des betrieblichen Eingliederungsmanagements durch Integrationsvereinbarung und/oder Betriebsvereinbarung; in: Institut für Qualitätssicherung in Prävention und Rehabilitation GmbH an der Deutschen Sportschule Köln, Forum B, Schwerbehindertenrecht und Fragen des betrieblichen Gesundheitsmanagements, Diskussionsbeitrag Nr. 2/2005.

Gagel, A. (3/2005): Betriebsvereinbarung zur Regelung des betrieblichen Eingliederungsmanagements nach § 84 Abs. 2 SGB IX, in: Institut für Qualitätssicherung in Prävention und Rehabilitation GmbH an der Deutschen Sportschule Köln, Forum B, Schwerbehindertenrecht und Fragen des betrieblichen Gesundheitsmanagements, Diskussionsbeitrag Nr. 3/2005.

Garms-Homolova, V./Schaeffer, D. (1998): Ältere und Alte, in: Das Public Health Buch. Gesundheit und Gesundheitswesen. (Hrsg. Schwartz, F.W./Badura, B./Leidl, R./Raspe, H./Siegrist, J.) München: 536-549.

Gash, V./Mertens, A./Romeu Gordo, L. (2006): Are Fixed-Term Jobs Bad for your Health? A Comparison of Western Germany and Spain. IAB-Discussion Paper (Beiträge zum wissenschaftlichen Dialog aus dem Institut für Arbeitsmarkt- und Berufsforschung), No. 8/2006, Nürnberg.

Gefährdungsbeurteilung psychischer Belastungsfaktoren. Handlungskonzept zur Beurteilung von Arbeitsplätzen (Hrsg. Freie und Hansestadt Hamburg, Behörde für Arbeit, Gesundheit und Soziales, Amt für Arbeitsschutz), (1. Auflage Mai 2001).

Genz, H.O. (2001): Gesundheitsförderung durch Organisationsentwicklung (Hrsg. Berufsgenossenschaft für Gesundheitsdienst und Wohlfahrtspflege; Ratgeber Gesundheitsmanagement RGM 4), Hamburg.

Gimeno, D./Benavides, F. G. et al. (2004): Psychological factors and work related sickness absence among permanent and non-permanent employees, in: Journal of Epidemiology and Community Health, 2004; 58: 870-876.

Goetzel, R. Z./Long, S. R./Ozminkowski, R. J./Wang, S./Lynch, W. (2004): Health, Absence, Disability, and Presenteeism. Cost Estimates of Certain Physical and Mental Health Conditions Affecting U.S. Employers, in: Journal of Occupational and Environmental Medicine, vol. 46, 2004: 398-412.

Goetzel, R.Z./Juday, T.R./Ozimkowski, R.J. (1999): What's the ROI? A systematic review of return-on-investment studies of corporate health and productivity management initiatives, in: AWHP's Worksite Health (Association for Worksite Health Promotion, Summer 1999), 12-21.

Goudswaard, A./de Nanteuil, M. (2000): Flexibility and working conditions, The impact of flexibility strategies on »conditions of work« and »conditions of employment«. Dublin 2000 (European Foundation for the Improvement of Living and Working Conditions, Project no. 0203 – 11th April 2000)

Graf, O. (1960): Arbeitsphysiologie, Wiesbaden.

Graf, O. (1961): Arbeitsablauf und Arbeitsrhythmus, in: Handbuch der gesamten Arbeitsmedizin, Bd. 1, Hrsg. Lehmann, G. (1961), Berlin.

Grandjean, E. (1991): Physiologische Arbeitsgestaltung, Leitfaden der Ergonomie (4. Auflage), Thun.

Gröben, F. (2003): Betriebliche Gesundheitspolitik, Frankfurt a.M.

Grossmann, R. (Hrsg.) (1996): Gesundheitsförderung und Public Health. Öffentliche Gesundheit durch Organisation entwickeln, Wien.

Grüsser, S.M./Thalemann, C.N. (2006): Verhaltenssucht, Bern.

Hacker, W. (1995): Arbeitstätigkeitsanalyse. Analyse und Bewertung psychischer Arbeitsanforderungen, Heidelberg.

Hallowell, E. (2005): Overload Circuits, Why Smart People Underperform, in: Harvard Business Review, Vol. 83, No. 1 (Jan. 2005), 55-62.

Harfts, T./Marstedt, G. (2009): Psychische Gesundheit in Deutschland, Erkrankungen bleiben oft unentdeckt, in: Gesundheitsmonitor, Ein Newsletter der Bertelsmann Stiftung, 1/2009.

Harris, J. (2007): The Ethical Case for Making Better People, Princeton.

Hartley, J. et al. (1991): Job Insecurity, Coping with Jobs as Risk. London.

Haubl, R./Voß, G. G. (2009): Psychosoziale Kosten turbulenter Veränderungen, Arbeit und Leben in Organisationen 2008, Kassel 2009; Positionen, Beiträge zur Beratung in der Arbeitswelt, Heft 1_2009.

Hauß, F. (1992): Produktionsfaktor Gesundheit. Daten und Fakten zum Krankenstand, Eschborn.

Heide, H. (Hrsg.) (2002): Massenphänomen Arbeitssucht, Bremen.

Hemp, P. (2004): Presenteeism: At Work – But Out of It, in: Harvard Business Review, vol. 82, No. 10, October 2004: 49-58. [Deutsche Fassung: Hemp, P. (2005): Krank am Arbeitsplatz, in: Harvard Business Manager, Nr. 1, Januar 2005: 47-60.]

Henning, R.A./Jacques, P./Kissel, G.V./Sullivan, A.A./Alteras-Webb, S.M. (1997): Frequent short rest breaks from computer work: effects on productivity and well-being at two field sites, in: Ergonomics 40 (1997): 78-91.

Henninges, H. v. (1998): Arbeitsbelastungen aus der Sicht von Erwerbstätigen (BeitrAB 219) Nürnberg.

Hettinger, T. (1993): Ermüdung und Pausen, in: Hettinger/Wobbe (Hrsg.) (1993): Kompendium der Arbeitswissenschaft, Ludwigshafen: 461-474.

Heuchert, G./Horst, A./Kuhn, K. (2001): Arbeitsbedingte Erkrankungen, Probleme und Handlungsfelder, in: Bundesarbeitsblatt 2/2001: 24-28.

Hochschild, A.R. (2006): Das gekaufte Herz. Die Kommerzialisierung der Gefühle, (erw. Neuausgabe) Frankfurt/New York.

Hofbauer, H./Winkler, B. (1999): Das Mitarbeitergespräch als Führungsinstrument, Ein

Leitfaden, München/Wien.
Hollederer, A. (2003): Arbeitslos – Gesundheit los – chancenlos? (IAB-Kurzbericht, Ausgabe Nr. 4/21.3.2003, Aktuelle Analysen aus dem Institut für Arbeitsmarkt- und Berufsforschung der Bundesanstalt für Arbeit) Nürnberg.
Holz, M./Zapf, D./Dormann, Chr. (2004): Soziale Stressoren in der Arbeitswelt: Kollegen, Vorgesetzte und Kunden, in: Arbeit 3/2004: 278-291.
Hu, X./Henry, M./Leona E./Lipton, R. B./Stewart, W. F./Berger, M. L. (1999): Burden of Migraine in the United States, in: Archives of Internal Medicine, vol. 159, No. 8, April 26, 1999: 813-818.
Hurrelmann, K./Klotz, T./Haisch, J. (Hrsg.) (2004): Lehrbuch Prävention und Gesundheitsförderung. Göttingen.
Ilmarinen, J./Tempel, J. (2002): Arbeitsfähigkeit 2010, Hamburg.
ILO-OSH (2001): Guidelines on Occupational Safety and Management Systems. Safe-Work, ILO Geneva 2001.
Jancik, J. (2002): Betriebliches Gesundheitsmanagement. Produktivität fördern, Mitarbeiter binden, Kosten senken, Wiesbaden.
Jansen, R. (2000): Arbeitsbedingungen, Arbeitsbelastungen und Veränderungen auf betrieblicher Ebene, in: Dostal, W. u.a. (Hrsg.): Wandel der Erwerbsarbeit: Arbeitssituation, Informatisierung, berufliche Mobilität und Weiterbildung. (BeitrAB 231) Nürnberg: 39-65.
Kaiser, H./Heither, F./Engels, G./Schmidt (2002): Betriebsverfassungsgesetz, Handkommentar, (21. Aufl.), München.
Kass, L.R. (2007): Beyond Therapy: Biotechnology and the Pursuit of Human Improvement (President's Council on Bioethics, 2003).
Kempen, O.E./Zachert, U. (2006): Tarifvertragsgesetz, 4. Aufl., Frankfurt/M.
Kentner, M. (2003): Betriebliches Gesundheitsmanagement, in: Triebig, G./Kentner, M./Schiele, R. (Hrsg.): Arbeitsmedizin, Handbuch für Theorie und Praxis. Stuttgart: 879-890.
Kirchner, J.H./Rohmert, W. (1973): Ergonomische Leitregeln zur menschengerechten Arbeitsgestaltung, München/Wien.
Kistler, E. (2005): Demographie, in: Berichterstattung zur sozioökonomischen Entwicklung in Deutschland, Arbeit und Lebensweisen, Erster Bericht. Redaktion: Baethge, M. u.a., Wiesbaden: 63-70.
Kittner, M. (1999): Die Mitbestimmung des Betriebsrats beim Arbeitsschutz – zur Reichweite des § 87 Abs. 1 Nr. 7 BetrVG, in: Recht und soziale Arbeitswelt: Festschrift für Wolfgang Däubler zum 60. Geburtstag, Hrsg. Klebe, Th./Wedde, P./Wolmerath, M., Frankfurt a.M.: 690-699.
Kivimäki, M./Head, J./Ferrie, J. E./Hemingway, H./Shipley, M. J./Vahtera, J./Marmot, M. G. (2005): Working While Ill as a Risk Factor for Serious Coronary Events: The Whitehall II Study, in: American Journal of Public Health, vol. 95, January 2005: 98-102.
Kivimäki, M./Virtanen, M./Elovainio, M. et al. (2006): Work stress in the etiology of coronary heart disease: a meta-analysis, in: Scandinavian Journal of Work and Envi-

ronmental Health 2006; 32: 431-442.
Kivimäki. M./Virtanen, M./Vartia, M./Elovainio, M./Vahtera, J./Keltikangas-Järvinen, L. (2003): Workplace bullying and the risk of cardiovascular disease and depression, in: Occupational and Environmental Medicine 2003; 60: 779-783.
Knauth, P./Rutenfranz, J. (1987): Arbeitszeitgestaltung, in: Kleinbeck, U./Rutenfranz, J. (Hrsg.) (1987): Arbeitspsychologie, Göttingen.
Kohte, W. (1997): Stand der Technik und gesicherte arbeitswissenschaftliche Erkenntnisse, in: Europäisches Recht, Arbeitsgestaltung, Arbeits- und Gesundheitsschutz. (Schriftenreihe der Bundesanstalt für Arbeitsschutz und Arbeitsmedizin, Tagungsbericht Tb 93) Bremerhaven: 79-90.
Kohte, W. (2004): BAG-Beschluss zur Mitbestimmung: Zeit für Grundsatzstreitigkeiten beendet, in: Arbeit & Ökologie-Briefe 8/9 2004: 54-55.
Kohte, W. (2005): Das SGB IX als arbeits- und sozialrechtliche Grundlage der Teilhabe am Arbeitsleben; in: ZSR Sonderheft 2005: 7-35.
Kollmer, N.F. (2005): Arbeitsschutzgesetz. Kommentar, München 2005.
Kouvonen, A./Kivimäki, M./Virtanen, M./Pentti, J./Vahtera, J. (2005): Work stress, smoking status, and smoking intensity: an observational study of 46.190 employees, in: Journal of Epidemiology and Community Health, 2005; 59: 63-69.
Kouvonen, A./Kivimäki, M./Elovaino, M./Väänänen, A./De Vogli, R./Heponiemi, T./ Linna, A./Pentti, J./Vahtera, J. (2008): Low organisational justice and heavydrinking: a prospective cohort study, in: Occupational and Environmental Medicine 2008; 65: 44-50.
Kreis, J./Bödeker, W. (2003): Gesundheitlicher und ökonomischer Nutzen betrieblicher Gesundheitsförderung und Prävention, Zusammenstellung der wissenschaftlichen Evidenz. IGA-Report 3 (Hrsg. BKK Bundesverband, HVBG Hauptverband der gewerblichen Berufsgenossenschaften und BGAG Berufsgenossenschaftliches Institut Arbeit und Gesundheit) Essen.
Kuhn, K. (1995): Arbeitsschutz und Wirtschaftlichkeit. Erkenntnisse und Erfahrungen auf betrieblicher und überbetrieblicher Ebene, in: WSI-Mitteilungen 2/1995: 89-98.
Kuhn, K. (Hrsg.) (1999): Zukunft der Arbeitsbedingungen. (Schriftenreihe der Bundesanstalt für Arbeitsschutz und Arbeitsmedizin, Tb 101), Bremerhaven.
Kundenkompass Stress (2009): Aktuelle Bevölkerungsbefragung: Ausmaß, Ursachen und Auswirkungen von Stress in Deutschland, Hrsg. F.A.Z.-Institut für Management-, Markt- und Medieninformationen und Techniker Krankenkasse, Frankfurt a.M./Hamburg.
Lehmann, G. (1962): Praktische Arbeitsphysiologie. 2. Aufl., Stuttgart.
Lehr, U. (2003): Psychologie des Alterns. (10. Auflage), Wiebelsheim.
Lenhardt, U. (2001): Neue Arbeitsformen zwischen Gesundheitsrisiken und -ressourcen, in: Arbeiten ohne Ende. (Hrsg. Pickshaus, K./Schmitthenner, H./Urban, H.-J.) Hamburg: 51-68.
Lenhardt, U. (2007): Arbeitsbedingungen in Deutschland, Nichts für schwache Nerven, in: Gute Arbeit 3/2007, (36-39)
Lenhardt, U./Priester, K. (2005): Flexibilisierung – Intensivierung – Entgrenzung: Wandel

der Arbeitsbedingungen und Gesundheit, in: WSI-Mitteilungen 9/2005: 491-497.

Liu, Y./Tanaka, H. (2002): Overtime work, insufficient sleep, and risk of non-fatal acute myocardial infarction in Japanese men, in: Occupational and Environmental Medicine 2002; 59: 447-451.

Luczak, H. (1983): Pausen, in: Rohmert, W./Rutenfranz, J. (Hrsg.): Praktische Arbeitsphysiologie, 3. Aufl., Stuttgart: 358-368.

Luczak, H. (1997): Kerndefinition und Systematiken der Arbeitswissenschaft, in: Luczak, H./Volpert, W. (Hrsg.): Handbuch Arbeitswissenschaft, Stuttgart: 11-19.

Luczak, H. (1998): Arbeitswissenschaft. (2. Auflage), Berlin/Heidelberg.

Luczak, H./Volpert, W./Raeithel, A./Schwier, W. (1987): Arbeitswissenschaft. Kerndefinition, Gegenstandskatalog, Forschungsgebiete, Eschborn.

Maintz, G. (2003): Leistungsfähigkeit älterer Arbeitnehmer, Abschied vom Defizitmodell, in: Badura/Schellschmidt/Vetter, a.a.O.: 43-55.

Malinauskiene, V./Theorell, T./Grazuleviciene, R./Malinauskas, R./Azaraviciene, A. 2004): Low job control and myocardial infarction risk in the occupational categories of Kaunas men, Lithuania, in: Journal of Epidemiology and Community Health, 2004; 58: 131-135.

Mark, G./Gonzalez, V.M./Harris, J. (2005): No Task Left Behind? Examining the Nature of Fragmentend Work, in: Computer Human Interaction (CHI), April 2-7, 2005, Portland, Oregon, USA, Proceedings of the SIGGHI conference on Human factors in computing systems, 321-330.

Marstedt, G./Müller, R. (1998): Ein kranker Stand? Fehlzeiten und Integration älterer Arbeitnehmer im Vergleich Öffentlicher Dienst – Privatwirtschaft, Berlin.

Martin, H. (1994): Grundlagen der menschengerechten Arbeitsgestaltung. Köln.

McLean, L./Tingley, M./Scott, R.N./Rickards, J. (2001): Computer terminal work and the benefit of microbreaks, in: Applied Ergonomics 32, 225-237.

Mehrhoff, F. (10/2005): Betriebliches Eingliederungsmanagement für kranke Mitarbeiter: Externe Dienstleister helfen beim Disability Management; in: Soziale Sicherheit 10/2005.

Meifert, M./Kesting, M. (Hrsg.) (2004): Gesundheitsmanagement im Unternehmen. Konzepte, Praxis, Perspektiven, Berlin.

Merllié, D./Paoli, P. (2001): Ten Years of Working Conditions in the European Union (Summary). Hrsg. European Foundation for the Improvement of Living and Working Conditions, Dublin.

Moldaschl, M. (2003): Subjektivierung. Eine neue Stufe in der Entwicklung der Arbeitswissenschaften, in: Moldaschl, M./Voß, G.G. (2003): Subjektivierung von Arbeit. (2. Aufl.) München und Mering: 25-56.

Möller, J./Theorell, T./de Faire, U./Ahlbom, A./Hallqvist, J. (2005): Work related stressful life events and the risk of myocardial infarction. Case-control and case-crossover analyses within the Stockholm heart epidemiology programme (SHEEP), in: Journal of Epidemiology and Community Health, 2005; 59: 23-30.

Nagel, R./Oswald, M./Wimmer, R. (2002): Das Mitarbeitergespräch als Führungsinstrument (3. Aufl.), Stuttgart.

Neuberger, O. (1990): Miteinander arbeiten – miteinander reden! Vom Gespräch in unserer Arbeitswelt (12., unveränderte Auflage) (Hrsg. Bayerisches Staatsministerium für Arbeit und Sozialordnung), München.

Neuberger, O. (1997): Personalwesen 1, Stuttgart.

Nickel, P. (2004): Es ist Arbeitszeit in psychischer Belastung, Beanspruchung und Beanspruchungsfolgen?! in: Nickel, P. u.a. (2004): Aspekte der Arbeitspsychologie in Wissenschaft und Praxis, Lengerich: 35-62.

Nitsche, D. (2003): Mitbestimmung des Betriebsrats bei Maßnahmen des gesetzlichen Arbeitsschutzes – Zulässigkeit von Feststellungsanträgen, in: AiB 2003: 110-114.

Noer, D.M. (1997): Layoff survivor sickness, in: Gowing, M.K. et al. (Hrsg.): The new organizational reality. (207-220) Washington D.C.

Nyberg, A./Alfredsson, L./Theorell, T./Westerlund, H./Vahtera, J./Kivimäki. M. (2009): Managerial leadership and ischaemic heart disease among employees: the Swedish WOLF study, in: Occupational and Environmental Medicine 2009; 66: 51-55.

Ohl, Kay/Klaus Pickshaus (2006): Belastungen abbauen – aber wie? In: Christoph Ehlscheid/Hartmut Meine/Kay Ohl (Hrsg.), Arbeit – Entgelt – Leistung, Frankfurt a.M.: 472-502

Okudaira, M. (2004): Karoshi (Death from Overwork) from a Medical Point of View, in: Japan Medical Association Journal 2004; 47: 205-210.

Ophir, E./Nass, C./Wagner, A.D. (2009): Cognitive control in media multitaskers, in: Prodeedings of the National Academy of Sciences in the United States of America (PNAS pulished online before print August 24, 2009, doi: 10.1073/pnas.0903620106)

Oppolzer, A. (1989): Handbuch Arbeitsgestaltung. Leitfaden für eine menschengerechte Arbeitsorganisation, Hamburg.

Oppolzer, A. (1992): Kurzpausen für Kassiererinnen, Köln.

Oppolzer, A. (1993): Ökologie der Arbeit. Mensch und Arbeitsumwelt: Belastungen und Gestaltungserfordernisse, Hamburg.

Oppolzer, A. (1994): Rückbau oder Ausbau des Arbeits- und Gesundheitsschutzes? Zum Vergleich der Gesetzentwürfe von Bundesregierung und SPD-Fraktion für ein neues Arbeitszeitgesetz, in: Arbeit und Recht, 2/94: 41-49.

Oppolzer, A. (1999a): Einbeziehung psychischer Belastungen in den gesetzlichen Arbeits- und Gesundheitsschutz, in: Die BG 12/1999: 735-742.

Oppolzer, A. (1999b): Psychische Belastungen in der Arbeitswelt als Herausforderung für den Arbeits- und Gesundheitsschutz, Hrsg. Norddeutsche Metall-Berufsgenossenschaft (1. Auflage), Hannover, 09/1999.

Oppolzer, A. (2000): Psychische Belastungen als »Risikofaktoren« arbeitsbedingter Gesundheitsgefährdungen, in: Die BG 9/2000: 508-513.

Oppolzer, A. (2001): Was sind psychische Belastungen? Auswirkungen und Gestaltungserfordernisse, in: Pickshaus, K./Schmitthenner, H./Urban, H.-J. (Hrsg.): Arbeiten ohne Ende, Hamburg: 84-100.

Oppolzer, A. (2002a): Bildschirmpausen sind für die Erholung wichtig – Die arbeitswissenschaftliche Sicht, in: Arbeit & Ökologie-Briefe 8/2002: 22-25.

Oppolzer, A. (2002b): Psychische Belastungen in der Arbeitswelt, Hrsg. Großhandels-

und Lagerei-Berufsgenossenschaft (1. Auflage), Mannheim.
Oppolzer, A. (2003): Überstunden und Überlastung, Risikofaktoren gesundheitlicher Gefährdung, in: Arbeitsrecht im Betrieb 6/2003: 349-355.
Oppolzer, A. (2004): Gefährdungsbeurteilung psychischer Belastungen. Neue Aufgaben für die Fachkräfte für Arbeitssicherheit, in: Technische Überwachung, 10/2004: 25-29.
Oppolzer, A. (2005): Ein humanes Maß für die Arbeitszeit, in: Perspektive neue Zeitverteilung. Hrsg. Bsirske, F./Mönig-Raane, M./Sterkel, G./Wiedemuth, J. (2005), Hamburg: 144-148.
Oppolzer, A. (2009): Psychische Belastungsrisiken aus Sicht der Arbeitswissenschaft und Ansätze für die Prävention, in: Badura, B./Schröder, H./Klose, J./Macco, K. (Hrsg.): Fehlzeiten-Report 2009, Arbeit und Psyche: Belastungen reduzieren, Wohlbefinden fördern. Berlin, S. 13-22.
Ortlieb, R. (2003): Betrieblicher Krankenstand als personalpolitische Arena, Wiesbaden.
Panter, W. (2005): Der Betriebsarzt als Gesundheitsmanager im Betrieb, in: Arbeitsmedizinisches Kolloquium 2005 des Hauptverbandes der gewerblichen Berufsgenossenschaften am 7. April 2005 in Bochum, Hrsg. HVBG, Sankt Augustin: 43-45.
Paridon, H./Bindzius, F./Windemuth, D./Hanßen-Pannhausen, R./Boege, K./Schmidt, N./Bochmann, F. (2004): Ausmaß, Stellenwert und betriebliche Relevanz psychischer Belastungen bei der Arbeit. Ergebnisse einer Befragung von Arbeitsschutzexperten. IGA-Report 5 (Hrsg. Hauptverband der gewerblichen Berufsgenossenschaften und BKK Bundesverband), Essen.
Pelikan, J./Demmer, H. /Hurrelmann, K. (Hrsg.) (1993): Gesundheitsförderung durch Organisationsentwicklung. Konzepte, Strategien und Projekte für Betriebe, Krankenhäuser und Schulen, Weinheim/München.
Pfaff, H./Krause, H./Kaiser, C. (2003): Gesundgeredet? Praxis, Probleme und Potenziale von Krankenrückkehrgesprächen, Berlin.
Phillips, J.J./Schirmer, F.C. (2005): Return on Investment in der Personalentwicklung, Der 5-Stufen-Evaluationsprozess, Berlin.
Pieper, R./Vorath, B.-J. (Hrsg.) (2005): Handbuch Arbeitsschutz, Sicherheit und Gesundheitsschutz bei der Arbeit, (2., überarb. Aufl.) Frankfurt a.M.
Pines, A.M./Aronson, E./Kafry, D. (1993): Ausgebrannt. Vom Überdruss zur Selbstentfaltung, (8. Aufl.) Stuttgart.
Poppelreuter, S. (2007): Arbeitssucht, Erholungsunfähigkeit, pathologische Anwesenheit, in: Weber, A./Hörmann, G. (Hrsg.): Psychosoziale Gesundheit und Beruf, Stuttgart 2007 (167-183).
»Psychische Belastungen beurteilen – aber wie?« Handlungshilfe von IG Metall/Gute Arbeit, Mai 2005.
Ramge, Th. (2007): Sie haben Ablenkung!, in: brand eins 7/2007: 62-68.
Rastetter, D. (2007): Zum Lächeln verpflichtet, Emotionsarbeit im Dienstleistungsbereich, Frankfurt a.M./New York.
Rau, A. (2009): Suizid und neue Leiden am Arbeitsplatz, in: Widerspruch, Beiträge zu

sozialistischer Politik, Nr. 56, 29: 2009, 67-77, Zürich.
Reusch, J. (2001): Mehr Arbeitsintensität, mehr Zeit- und Leistungsdruck. Forschungsergebnisse zum Belastungswandel, in: Arbeiten ohne Ende (Hrsg. Pickshaus, K./ Schmitthenner, H./Urban, H.-J.), Hamburg: 51-68.
Richenhagen, G. (1997): Bildschirmarbeitsplätze, Mehr Arbeitsschutz am Computer, (3., erweiterte und überarbeitete Aufl.), Neuwied/Kriftel/Berlin.
Richenhagen, G./Prümper, J./Wagner, J. (2002): Handbuch der Bildschirmarbeit, Mit einer Kommentierung der BildscharbV. (3. aktualisierte und ergänzte Aufl.), Neuwied/Kriftel.
Richter, G. (1997): Psychische Belastung und Beanspruchung. Stress, psychische Ermüdung, Monotonie, psychische Sättigung. (Schriftenreihe der Bundesanstalt für Arbeitsschutz und Arbeitsmedizin, Forschungsanwendung Fa 36) Dortmund/Berlin.
Rodriguez, E. (1999): Marginal Employment and Health in Germany and the United Kingdom: Does Unstable Employment Predict Health? Berlin (Wissenschaftszentrum Berlin für Sozialforschung, Discussion Paper FS I 99-203).
Rohmert, W./Rutenfranz, J. (1983): Erholung und Pause, in: Rohmert, W./Rutenfranz, J. (Hrsg.): Praktische Arbeitsphysiologie, 3. Aufl., Stuttgart: 86-93.
Rosengren, A./Hawken, S./u.a. (2004): Association of psychological risk factors with risk of acute myocardial infarction in 11 119 cases and 13 648 controls from 52 countries (the INTERHEART study): case-control study, in: Lancet, vol. 364, September 11, 2004: 953-962.
Rosenmayr, L. (Hrsg.) (1978): Die menschlichen Lebensalter, München.
Rosenstiel, L. v. (1998): Wertewandel und Kooperation, in: Formen der Kooperation, Bedingungen und Perspektiven (Hrsg. Spieß, E.), Göttingen: 279-294.
Rösler, U./Stephan, U./Hoffmann, K. et al. (2008): Psychosoziale Merkmale der Arbeit, Überforderungserleben und Depressivität, in: Zeitschrift für Arbeits- und Organisationspsychologie 2008; 52: 191-203.
Rossi, P. H./Freeman, H. E./Lipsey, M. W. (1999): Evaluation, A Systematic Approach. (6. Aufl.) Thousand Oaks/London/New Delhi.
Röttger, Chr./Friedel, H./Bödecker, W. (2003): Arbeitsbelastungen und gesellschaftliche Kosten – Fokus und Perspektiven der Prävention, in: WSI-Mitteilungen 10/2003: 591-596.
Rousseau, D.M. (1995): Psychological Contracts in Organizations. Understanding Written and Unwritten Agreements. Thousand Oaks.
Rutenfranz, J./Knauth, P./Nachreiner, F. (1993): Untergliederung der Arbeitszeit durch Pausen, in: Ergonomie. 3. Aufl. (Hrsg. Schmidtke, H.), München/Wien: 590-599.
Sahakian, B./Morein-Zamir, S. (2007): Professor's little helper, in: Nature 2007; 450: 1157-1159.
Sauer, D./Boes, A./Kratzer, N. (2005): Reorganisation des Unternehmens, in: Berichterstattung zur sozioökonomischen Entwicklung in Deutschland, Arbeit und Lebensweisen, Erster Bericht. Redaktion: Baethge, M. u.a., Wiesbaden: 323-350.
Saurel-Cubizolles, M.J./Zeitlin, J./Lelong, N./Papiernik, E./Di Renzo, G.C./Bréart, G. (2004): Employment, working conditions, and preterm birth: results from the Euro-

pop case-control survey, in: Journal of Epidemiology and Community Health, 2004; 58: 395-401.
Schaefer, B./Blohmke, M. (1978): Sozialmedizin. 2. Aufl., Stuttgart.
Schmager, B. (1999): Leitfaden Arbeitsschutz-Managementsystem. Aufbau und Umsetzung in der betrieblichen Praxis, München.
Schmidtke, H. (1965): Die Ermüdung, Bern.
Schwartz, F.W. (1998): Das Public Health Buch, Gesundheit und Gesundheitswesen (Hrsg. Schwartz, F.W./Badura, B./Leidl, R./Raspe, H./Siegrist, J.), München.
Schwartz, F.W./Walter, U. (1998): Altsein – Kranksein? In: Das Public Health Buch, Gesundheit und Gesundheitswesen (Hrsg. Schwartz, F.W./Badura, B./Leidl, R./Raspe, H./Siegrist, J.), München: 124-140.
Seghezzi, H. D. (2003): Integriertes Qualitätsmanagement, Das St. Galler Konzept (2., vollst. überarb. u. erw. Aufl.) München/Wien.
Sicherheit und Gesundheit bei der Arbeit 2005, Unfallverhütungsbericht Arbeit, hrsg. vom BMAS, Dortmund, Berlin, Dresden 2007.
Simonson, E. (1971): Recovery and fatigue, in: Ders. (Hrsg.): Physiology of work capacity and fatigue, Springfield: 440-458.
Sperling, H.J. (1983): Pause als soziale Arbeitszeit, Berlin.
Spies, S./Beigel, H. (1997): Einer fehlt und jeder braucht ihn. Wie Opel die Abwesenheit senkt. (2., erw. Aufl.) Wien/Frankfurt.
Stadler, P./Spieß, E. (2009): Arbeit – Psyche – Rückenschmerzen: Einflussfaktoren auf die Beschäftigungsfähigkeit und betriebliche Präventionsstrategien. Zeitschrift für Arbeitswissenschaft (63) 2009/4: 331-338.
Staehle, H.W. (1983): Funktionen des Managements, Bern/Stuttgart.
Staehle, H.W. (1994): Management, Eine verhaltenswissenschaftliche Perspektive, (7. Aufl.) München.
Steers, R.M./Rhodes, S.R. (1978): Major Influences on employee attendance: A process model, in: Journal of Applied Psychology, 63: 391-407.
Stegmann, R./Berger, J.-J./Dering C./Huber A./Kossak D. (2005): Prävention und Eingliederungsmanagement. Arbeitshilfe für Schwerbehindertenvertretungen, Betriebs- und Personalräte, Frankfurt a.M.
Steinau-Steinrück, R. v./Hagemeister, V. (2005): Das neue betriebliche Eingliederungsmanagement; in: NJW-Spezial, Heft 3/2005.
Stewart, W. F./Ricci, J.A./Chee, E./Hahn, S. R./Morganstein, D. (2003a): Cost of Lost Productive Work Time Among US Workers With Depression, in: Journal of the American Medical Association, vol. 289, No. 23, June 18, 2003: 3135-3144.
Stewart, W.F./Ricci, J.A./Chee, E./Morganstein, D./Lipton, R. (2003b): Lost Productive Time and Cost Due to Common Pain Conditions in the US Workforce, in: Journal of the American Medical Association, vol. 290, No. 18, November 12, 2003b: 2443-2454.
Stitzel, M. (1985): Der gleitende Übergang in den Ruhestand, eine Pensionierungsform der Zukunft? in: MittAB 1/85, 116ff.
Streß im Betrieb? Handlungshilfen für die Praxis. Hrsg. Bundesanstalt für Arbeitsschutz

und Arbeitsmedizin. Dortmund/Berlin/Dresden 1999.
Sverke, M./Hellgren, J. (2002): The nature of job insecurity. Applied Psychology, An International Review, 51(1), 23-42.
Theorell, T./Oxenstierna, G./Westerlund, H./Ferrie, J./Hagberg, J./Alfredsson, L. (2003): Downsizing of staff is associated with lowered medically certified sick leave in female employees, in: Occupational and Environmental Medicine, 2003; 60: e9.
Tieste, O. (2003): Der Tod durch Überarbeitung, Arbeits- und sozialversicherungsrechtliche Hintergründe, Frankfurt a.M.
TK-Gesundheitsreport 8 (2009): Auswertungen 2009, Arbeitsunfähigkeiten und Arzneiverordnungen, Schwerpunkt: Gesundheit von Beschäftigten in Zeitarbeitsunternehmen, hrsg. von der Techniker-Krankenkasse, Hamburg 2009.
Tombaugh, J.R./White, L.P. (1990): Downsizing, An empirical assessment of survivor's perception in a post layoff environment, in: Organization Development Journal, Summer 1990, 32-43.
Trimpop, R./Kirkcaldy, B. (1995): Arbeitsbedingte Teilnahme am Straßenverkehr. Hrsg. Berufsgenossenschaft für Gesundheitsdienst und Wohlfahrtspflege, BGW (Arbeitsberichte zur Verkehrssicherheit), Hamburg.
Trojan, A./Legewie, H. (2001): Nachhaltige Gesundheit und Entwicklung. Leitbilder, Politik und Praxis der Gestaltung gesundheitsförderlicher Umwelt- und Lebensbedingungen, Frankfurt.
Tsutsumi, A./Kayaba, K./Theorell, T./Siegrist, J. (2001): Association between job stress and depression among Japanese employees threatened by job loss in a comparison between two complementary job-stress models, in: Scandinavian Journal of Work and Environmental Health 2001; 27(2): 146-153.
Tucker, P./Folkard, S./Macdonald, I. (2003): Rest breaks and accident risk, in: The Lancet 361, 680.
Ulich, E. (2001): Arbeitspsychologie (5. vollst. überarb. und erw. Aufl.), Stuttgart.
Ulich, E./Wülser, M. (2005): Gesundheitsmanagement im Unternehmen, Arbeitspsychologische Perspektiven, (2., aktualisierte Auflage), Wiesbaden.
Unger, H.-P./Kleinschmidt, C. (2006): Bevor der Job krank macht. München.
Väänänen, A./Kouvonen, A./Kivimäki, M./Oksanen, T./Elovainio, M./Virtanen, M./Pentti, J./Vahtera, J. (2009): Workplace social capital and co-occurence of lifestyle risk factors: the Finnish Public Sector Study, in: Occupational and Environmental Medicine 2009; 66: 432-437.
Vahtera, J./Kivimäki, M./Pentti, J./Linna, A./Virtanen, M./Virtanen, P./Ferrie, J.F. (2004): Organisational downsizing, sickness absence, and mortality: 10-town prospective cohort study, in: BMJ, doi: 10.1136/bmj.37972.496262.OD (published 23 February 2004).
Virtanen, M./Kivimäki, M./Elovainio, M./Vahtera, J./Ferrie, J.E. (2003): From insecure to secure employment: changes in work, health, health related behaviours, and sickness absence, in: Occupational and Environmental Medicine, 2003; 60: 948-953.
Virtanen, P./Vahtera, J./Kivimäki, M./Pentti, J./Ferrie, J. (2002): Employment security and health, in: Journal of Epidemiology and Community Health, 2002; 56: 569-574.

Volpert, W. (1975): Die Lohnarbeitswissenschaft und die Psychologie der Arbeitstätigkeit, in: Groskurth, P./Volpert, W. (1975): Lohnarbeitspsychologie, Frankfurt a.M.: 13-196.

Walter, U. (2003): Vorgehensweisen und Erfolgsfaktoren, in: Badura, B./Hehlmann, T.: Betriebliches Gesundheitsmanagement. Der Weg zur gesunden Organisation, Berlin: 73-108.

Weber, M. (1921/1956): Wirtschaft und Gesellschaft. Grundriss der verstehenden Soziologie, Tübingen (zuerst 1921).

Wenchel, K. (2001): Psychische Belastungen am Arbeitsplatz. Ursachen, Auswirkungen, Handlungsmöglichkeiten, Berlin.

Windel, A./Salewski-Renner, M./Hilgers, S./Zimolong, B. (1997): SIGMA – Screening Instrument zur Bewertung und Gestaltung von menschengerechten Arbeitstätigkeiten, Ruhr-Universität, Bochum.

Zapf, D./Holz, M. (2006): On the positive and negative effects of emotion work in organizations, in: European Journal of Work and Organizational Psychology 2006; 15 (1): 1-28.

Zapf, D./Seifert, C./Mertini, H./Voigt, C./Holz, M./Vondran, E./Isic, A./Schmutte, B. (2000): Emotionsarbeit in Organisationen und psychische Gesundheit, in: H.-P. Musahl/T. Eisenhauer (Hrsg.), Psychologie der Arbeitssicherheit. Beiträge zur Förderung von Sicherheit und Gesundheit in Arbeitssystemen, Heidelberg: 99-106.

Zimolong, B. (2001): Arbeitsschutz-Managementsysteme, in: Zimolong, B. (Hrsg.): Management des Arbeits- und Gesundheitsschutzes, Wiesbaden: 13-30

Zok, K. (2004): Einstellungen und Verhalten bei Krankheit im Arbeitsalltag, Ergebnisse einer repräsentativen Umfrage bei Arbeitnehmern, in: Fehlzeiten-Report 2003, (Hrsg. Badura, B./Schellschmidt, H./Vetter, Chr.) Berlin: 243-261.

Abbildungsverzeichnis

Sachregister